高等院校独立学院系列教材

大学物理实验教程

（第二版）

EXPERIMENTAL TUTORIAL
OF COLLEGE PHYSICS

主　编：张明高　叶瑞英

副主编：廖均梅　张　鲁

编　委：（以姓氏笔画排序）

陈泽先　张益珍

饶大庆　瞿华富

四川大学出版社

责任编辑：毕　潜
责任校对：杨　果
封面设计：墨创文化
责任印制：王　炜

图书在版编目（CIP）数据

大学物理实验教程 / 张明高，叶瑞英主编. —2 版.
—成都：四川大学出版社，2016.7（2023.12 重印）
ISBN 978－7－5614－9689－3

Ⅰ.①大⋯　Ⅱ.①张⋯　②叶⋯　Ⅲ.①物理学－实验
－高等学校－教材　Ⅳ.①O4-33

中国版本图书馆 CIP 数据核字（2016）第 162493 号

书名	大学物理实验教程(第二版)	
	DAXUE WULI SHIYAN JIAOCHENG	

主　编	张明高　　叶瑞英	
出　版	四川大学出版社	
地　址	成都市一环路南一段 24 号 (610065)	
发　行	四川大学出版社	
书　号	ISBN 978－7－5614－9689－3	
印　刷	成都金阳印务有限责任公司	
成品尺寸	185 mm×260 mm	
印　张	17.75	
字　数	323 千字	
版　次	2016 年 8 月第 2 版	◆ 读者邮购本书,请与本社发行科联系。
印　次	2023 年 12 月第 4 次印刷	电话:(028)85408408／(028)85401670/
定　价	53.00 元	(028)85408023　邮政编码:610065

◆ 本社图书如有印装质量问题,请
　寄回出版社调换。

版权所有◆侵权必究　　　　　◆ 网址:http://press.scu.edu.cn

序

近年来，随着我国高等教育形势的大发展，独立学院如雨后春笋般成长起来了。根据独立学院的定位和人才培养目标的需要，加强实践能力培养是各高校普遍采用的行之有效的办法。因此，在大学物理的学习中，重视物理实验的教学和改革，为独立学院理工科学生编写一本好的物理实验教材，满足应用型人才培养目标的需要，是实现这一目标的重要环节。

我很高兴地看到，以四川大学张明高教授为首的编写组承担了此教材的编写任务，该教材内容丰富、知识涵盖面广，上承物理学前沿，下接工程应用，不少实验还介绍了具有一定应用价值的实例。特别是本书在每个实验前后所提出的富于启发性的思考题和与经典实验相关的科学家简介贯穿于本书，以从自然到科学、从物理到技术、从实验到理论的脉络，向学生介绍了一些经典实验在历史发展中曾起到的重要作用，把侧重点放在引导学生的科学思维方式上，使学生了解物理规律、定律乃至重大发现都是从大量实验中产生的。在寻找这些规律时，当初的物理学家们是怎么思考的？现在的物理学家们又在想些什么？因此，这是一本具有独特风格、值得推荐的好教材。它具有以下特点：

第一，全。它既涵盖大学物理实验领域，又包括了物理学前沿和工程应用，特别适合独立学院理工科学生各层次教学的需要。

第二，新。它反映了物理应用科学领域内的新成果，拓宽了基础知识的范围。

第三，实。它既不过于原则、抽象，又不刻意追求物理公式的推导和定理的证明，而是深入浅出、循序渐进地引导学生的科学思维，具有较强的启发性和趣味性。

科学教育，尤其是物理学教育，是提高人的科学素质非常重要的途径，也可以说是现代教育的核心问题之一。让学生接受严谨科学的物理实验训练，不仅仅是为了获得物理知识，更重要的是获得科学思想、科学精神、科学态度和科学方法的培养与熏陶。

希望本书能在独立学院应用型人才的培养和教育中有所帮助和作为。

是为序。

2007 年 7 月

第二版前言

自 2007 年本书第一版出版以来，我国的独立学院大学物理实验教学有很大的发展，为了适应这种发展，更好地探索应用型人才培养的路子，承四川大学出版社大力协助，我们对本书第一版进行了较大幅度的修订。在此将修订工作中的几点考虑简单介绍如下：

一、总体设想

1. 注重加强学生的基本训练，特别是加强操作技能及分析问题能力的培养。
2. 适当增加了一些新的选题，扩充了一些实验内容（如数码相机），以供教师选择。
3. 适当简化有关实验步骤的描述，促使学生在实验中独立思考。
4. 修改了一部分实验的论述，订正了发现的错误。
5. 组合实验仪器，尽量使用通用设备和实验教师自制装置。

二、关于数据处理

在绪论中对直接测量，间接测量和组合测量进行了比较详细的说明，对实验结果的评价引用了不确定度，并且结合杨氏模量实验给出了数据处理实例，目的在于使学生理解不确定度的分析与计算是实验工作的重要方面，提高学生分析实验数据与处理数据能力。

三、关于实验评价

在实验报告要求中加入了一节关于实验的评价问题，我们认为引导学生去分析和评价自己的工作，对学生深入掌握实验的要求，提高分析问题的能力都有很大帮助，希望学生在这方面发挥自己的智慧。

本书由四川大学锦城学院教授张明高、叶瑞英担任主编，锦江学院副教授廖均梅、锦城学院张鲁博士担任副主编。由主编撰写第二版前言并统编全稿。本书绪论部分由陈泽先、廖均梅编写，力学部分由叶瑞英、饶大庆编写，热学部分由饶大庆、陈泽先编写，电磁学部分由瞿华富、张鲁编写，光学部分由陈泽先、张鲁、张益珍编写，近代与现代物理部分由张明高、叶瑞英、张鲁编写。

本书自 2007 年出版以来，得到了一些兄弟院校教师的批评与建议，我们除了感谢之外，希望使用和参考本书的老师和学生能继续提出宝贵意见。

编　者

2016 年 7 月于四川大学

第一版前言

为了适应独立学院的快速发展，探索应用型人才培养的路子，组织编写一本适应独立学院理工科学生的物理实验教材是十分必要的。本书编写组在四川大学多年从事物理实验教学的基础上，根据独立学院理工科学生的教学计划和学生特点，组织编写了这本教材，以期满足独立学院理工科学生的学习需要。

本书是编写组教师多年教学经验的积累和结晶。写作过程中，我们试图做到让每一个实验的目的明确，物理思想清晰，并富有启发性和趣味性，让学生在实验过程中感受到学科学的乐趣，引导学生们对实验和科学产生浓厚的兴趣，为他们今后的工作和学习奠定坚实的基础。

本书每个实验前后附有思考题，部分经典实验后附有科学家简介。其目的是让学生认真思考为什么要做这个实验，怎样做好这个实验，做这个实验后有什么收获等，以期达到既动脑又动手的目的。在实验过程中培养学生严谨的科学思维方法，实事求是的科学态度，以及分析问题和解决问题的能力，提高学生们的科学素养和实际动手能力。

本书在内容安排上贯穿培养应用型学生学习能力这一主线。编写时既照顾实验的基础性、应用性，又兼顾实验的综合性、设计性、研究性，并充分考虑到不同学校教学安排，使其有很大的选择性，故本书各部分的内容基本上是相对独立的，各学校可根据不同专业的特点及实际需要，灵活组合实验内容。

物理实验教学是一个集体的事业。从实验仪器的研制到实验内容的组合，以及实验教材的编写，都需要许多教师和实验技术人员长期的努力和改进，本书就是实验教学集体的劳动成果。

本书由四川大学锦城学院副院长张明高、锦城学院终身教授叶瑞英担任主编，撰写前言并统编全稿。其中绪论部分由陈泽先编写；力学部分由叶瑞英、饶大庆编写；热学部分由饶大庆、陈泽先编写；电磁学部分由瞿华富编写；光学部分由陈泽先、张益珍编写；近代与现代物理部分由张明高、叶瑞英编写。

本书在编写过程中得到著名计量学专家、中国工程院高洁院士的热情指导和帮助，他在百忙当中为本书作序；同时，本书的编写还参考了许多兄弟院校的教材，在此一并表示诚挚的感谢和深深的敬意。由于编者水平有限，书中难免还存在一些缺点和不妥之处，殷切希望广大读者批评指正。

编　者

2007 年 7 月于四川大学

目　录

绪论　实验误差与数据处理

物理实验是物理学的基础。从内容上说，大学物理实验课程都是理想化和简化了的物理过程，是经过精心设计而形成必定可以成功的实验。

根据本课程教学环节的需要，绪论的内容包括物理实验的方法和测量技术、实验测量误差、实验数据处理三个部分。它们是"大学物理实验"的预备知识和重要组成部分，贯穿于整个实验课程中，同时也为进一步的学习和科研工作提供了基础工具。

绪论的内容由教师课堂讲授。在课堂上，限于学时安排，教师只能够进行基本的综合介绍，因此要求学生做到以下方面：

● 在课前必须认真阅读本实验教材，对误差和数据处理有所认识；

● 在学习绪论的内容时不动手做实验，同学们必须带上教材，做好课堂笔记；

● 课后认真复习教材，完成老师布置的书面作业。

大学物理实验，同理论课一样，从目标上讲，是以教学为目的，传授知识、培养人才。因此，本课程的教学环节主要包括以下方面：

● 根据已经拟订的目标、计划、方案进行实验操作；

● 观察实验现象，测量实验数据；

● 记录实验现象和实验数据；

● 对实验结果和实验数据进行分析、整理，得出实验结果；

● 对实验结果做出评价和讨论。

在五个环节中，学生常常忽略对实验结果的总结、讨论和评价，应该特别予以注意。实验的总结是通过填写实验报告完成的，必须充分反映自己的学习收获和结果，反映自己的能力水平，注意科学性、条理性和准确性。最后应该做到：

● 对实验数据做出正确的处理和对处理结果给出正确的表达式；

● 要有实验结论和对实验结果的讨论、分析或评价。

对实验中的定量测量结果如何评价？在实际工作中，对测量的质量总是有要求的，比如实验要求相对不确定度不能大于百分之几，在学生实验中往往不明确提出具体指标，这时该如何评价测量质量呢？

（1）计算不确定度和相对不确定度。如果合成的不确定度比来源于仪器的不确定度不是显著过大，可以认为测量达到了仪器可以达到的精度。

（2）测量结果和其公认值相差不超过其标准不确定度的 3 倍，可以认为测量结果和公认值在测量误差范围内是一致的。

（3）当测量结果和其公认值相差超过 3 倍时，可能是以下原因造成的：

● 测量有错误；

● 存在未发现的比较大的不确定度来源；

● 作为测量结果的近真值是不合适的，即不可与之进行比较。

（4）实际工作中的未知测量，需要在不断地学习中，对各种测量做分析，提高测量与分析的准确性，使我们对自己的测量结果和不确定度的计算越来越有信心，这样实验报告不仅是针对一个实验，而且和我们的科学素质的提高密切相关。

第一节　物理实验的方法和测量技术简介

物理实验就是再现某个物理过程并做出具体的描述。因此，首先必须对该物理概念有清晰的认识，建立起准确的物理模型；进而安排实验的过程，选择样品，确定观察、测量的对象；然后进行实验的具体操作、记录数据等；最后是实验的总结，包括数据处理、误差分析、结果的评价等。

在大学基础物理实验中，对上述问题已经做了详细的安排，以便初学者理解和掌握，除此之外，还应当在实验过程中注意学习，培养自己独立思考和设计的能力。

一、常用物理量的测量

在实验中常用的测量包括长度、时间、质量、压力、温度、电流、电压、相位（差）等。

对这些量的测量又可以分为一般量和微小量的测定。

对于一般量的测定，采用简单的工具和直接的方法即可完成。比如通过米尺、游标卡尺、秒表、天平、温度计、电压表等直接读数。这些简单工具的使用和读数方法是所有测量的基础，必须正确掌握。

对于微小量的测定，往往需要采用间接的方法，把待测量予以放大才能完成。比如在杨氏模量实验中对钢丝长度的微小改变量的测量，就采取"光杠杆法"将其放大后才能得到精确的结果。这类间接的测量方法往往要通过相应的传感器，把待测量转化为电量来完成。比如对于短暂时间的测定（实验 3 刚体转动惯量的测定），可以通过遮光细棒遮挡光电门而产生计数光电脉冲，通过测量计数光电脉冲的宽度，得到时间的准确值。

二、实验中的常用测量方法

要对物理过程做出具体的描述，就离不开对物理量的定量测定。如何选择实验装置，怎样安排实验进程，怎样采集数据使实验误差最小，都是确定实验方法要考虑的问题。

测量，就是为了获得某个待测量的值所进行的一系列操作。实验中常用到下面的测量方法：

1. 比较法：可以用标准量的倍数来直接或间接表示待测量的方法。这是实验中使用最广泛的方法。

2. 放大法：当待测量很小，难于直接用标准量比较时，就需要先将待测量放大，比如通过排绕细丝来测量直径的机械放大、通过光学成像的光学放大以及电学量的放大等。

3. 补偿法：当测量仪器会改变待测系统的初始状态，或者在实验过程中存在无法消除的环境条件时，就会使实验结果发生偏差，这时采用补偿法是一种非常有效的方法。比如，内阻无穷大的电压表和内阻无穷小的电流表是不存在的，当把它们接入电路时就必然会改变电路的初始状态，而采用补偿法来测量则可以补偿内阻对测量结果的影响。

4. 零示法（或平衡法）：平衡状态是一种重要的物理概念，在平衡状态下，复杂的物理现象常常可以作简单的概念描述，复杂的函数关系往往可以作简明的定性和定量描述。天平和单臂（惠斯通）电桥都是零示法应用非常典型的例子。

5. 其他：根据需要和待测量的特性还可以提出各种方法。

三、实验装置的基本调整

为了使实验装置能够正常工作，读数准确，物理实验的首要操作就是对仪器作基本调整，这种调整包括：

1. 水平调整：根据三点确定一个平面的原理，所有的水平调节装置都是由三个支撑点构成。应当注意，实际中只需要两个支撑点可调就可以了，第三个只是作为支撑的参考点，比如分光计的载物台。

2. 铅直调整：凡是有一定高度并且在垂直方向上放置仪器部件的实验装

置，都必须作铅直调整，如杨氏模量测量仪。

3. 零点校正：参照有关仪器的说明要求。包括游标卡尺、螺旋测微器、物理天平、指针式电表（如检流计）等。

4. 聚焦调整：这是光学成像仪器或含有光学成像部件的仪器所必须做的第一步操作，比如分光计和杨氏模量测量仪的望远镜。

第二节　实验测量误差

一、物理实验和测量误差

（一）测量分类

物理学是一门以实验为基础的科学。物理实验，除了观察之外，还要对各种物理量进行测量。对一个物理量的测量，是将被测量与标准量（或量具）作比较，得知其大小的。显然，标准量与选用的单位有关，因此，表示物理量的测量值时，必须包括数值和单位。此外，还应该给出测量结果的质量，也就是测量结果的可信程度，用测量不确定度表示。因此，测量结果应该包括三部分：数值、单位、不确定度。

测量通常分为两种，即直接测量和间接测量。

1. 直接测量：在使用仪表或传感器进行测量时，不需要进行任何的运算，直接得到被测量的数值，这种方法称为直接测量。如使用仪表直接测量电流、电压值。

2. 间接测量：有些被测量不便于直接测量，可以先对与被测量有确定函数关系的几个物理量进行直接测量，再将直接测量值代入函数关系式，经过计算得到被测量的结果，这种方法称为间接测量。如在实验"用光电效应测普朗克常数"中，先通过直接测量得到几组不同频率的光所对应的截止电压值，再通过公式计算出普朗克常数。

（二）真值、平均值和误差

在一定实验条件下，被测物理量的大小即真值是客观存在但却未知的。这是因为测量时的种种原因，包括理论的近似性、仪器的分辨率和灵敏度的局限、环境条件的不稳定、测量方法、操作者的差别等，造成测量结果不可能绝对准确，使得物理量的真值同测量值之间总是存在一定的差异，这种差异就称为测量误差，简称误差，即

$$误差＝测量值－真值$$

误差反映了实验结果的准确程度，如何降低和控制误差是物理实验和测量的重要任务。随着科学和技术水平的不断提高，测量误差可以被控制得越来越小，但是它永远存在于一切测量之中，不可能降低到零。换言之，物理量的真值是不可能通过测量得到的。因此，用误差分析的思想方法来指导实验的全过程显得尤为重要。

测量误差反映了测量值对于真值的偏差的大小和方向，它反映了某一次测量结果的优劣，称为绝对误差：

$$\Delta N = N_i - N_0 \qquad (2-1)$$

式中，N_0 为真值，N_i 为第 i 次的测量值。

在实验数据处理时对同一物理量的测量值求算术平均值，是提高结果准确性的最简单方法。一般当测量次数不小于 3 次时，算术平均值为

$$\overline{N} = \frac{1}{n}\sum_{i=1}^{n} N_i \qquad (2-2)$$

常用算术平均值 $\overline{N}$ 来代替真值 N_0，从理论上讲，平均值 $\overline{N}$ 在 $n \to \infty$ 时，$N_0 = \overline{N}$ 成立。实际中的测量次数 n 不可能无限，此时的算术平均值也就不是真值，但它代表了最接近真值的测量值，称为近真值。这样，式（2-1）可表示为

$$\Delta N_i = N_i - \overline{N} \qquad (2-3)$$

式中，ΔN_i 是多次测量中任意一次测量值的绝对误差，称为残差（偏差）。

绝对误差仅能说明测量值与真实值的接近程度，不能说明精确程度，当需要表示和比较多个测量结果的精确程度时，则要用到相对误差。绝对误差与被测量真实值的比值称为相对误差，即

$$E = \frac{\Delta N_i}{N_0} \times 100\% \qquad (2-4)$$

由于测量得不到真值 N_0，所以由式（2-1）、式（2-4）所表示的误差也是无法定量的。因此在实际操作时，我们也用类似式（2-3）的方法来估算相对误差：

$$E = \frac{\Delta N_i}{\overline{N}} \times 100\% \qquad (2-5)$$

式（2-5）成立是有条件的，我们将在后面的章节中提到。

二、测量结果的表达

实验以及数据处理的结果需要确切地表达出来，实验测量结果的正确表达

形式应该为

$$Y = N \pm \Delta N \qquad (2-6)$$

式中，Y 为待测物理量；N 为该物理量的测量值，它既可以是单次的直接测量值，也可以是多次测量的算术平均值，还可以是从公式计算得到的间接测量值。使用式（2-6）要注意以下几个方面：

● 加减号是表示测量结果真值的所在范围，不是一般的运算符号，不可以作加减操作；

● Y 一般采用科学记数法，即用"10 的乘幂"表示；

● 在多数情况下，N 应该是算术平均值，ΔN 表示了实验的误差；

● N 和 ΔN 在记数时有确定的关系。

ΔN 是一个比较复杂的量，后面我们将进行详细讨论。

三、误差分类

误差按照其性质和产生的原因，可以分为系统误差、随机误差和粗大误差。

（一）系统误差

在相同的条件下，多次测量同一个物理量时，测量值对于真值的偏离（大小和方向）总是相同的，这类误差称为系统误差。系统误差的来源包括：

1. 方法误差和理论误差：理论公式和测量方法的近似性引起的误差，比如单摆测重力加速度时忽略了空气阻力，用伏安法测电阻时没有考虑电表的内阻等。

2. 仪器误差（又称仪表误差或工具误差）：仪器本身的缺陷引起的误差，如温度计的刻度不准，电流表的零点不准，球面镜各处的曲率半径不一样等。

3. 环境误差：测量环境和条件的变化引起的误差，如在相对湿度 50% 条件下校准的仪器在湿度 90% 的条件下使用。

4. 个人误差：测量者个人习惯性误差，如计时的时候某人总有滞后或超前的倾向等。

5. 定义误差和安装误差等。

系统误差有时是定值，如游标卡尺的零点不准；有些是积累性的，如在较高的温度下使用在较低的温度下制作的米尺做长度测量时，显示的指标值会小于真值，误差也就随待测长度成正比增加；还有些是由于周期性变化引起的，如分光计的中心转轴与刻度中心不重合而造成的偏心差，在不同位置有不同的数值，按转动周期有规律地变化，但在某一确定位置，误差又是定值。

系统误差的特点是恒定性。一方面它的出现是有规律的，全部结果要么都大于真值，要么都小于真值；另一方面，增加测量的次数并不能使它减小。它的绝对值和符号（正、负）保持不变。

发现、减小和消除系统误差的方法涉及对仪器进行校正、修正实验方法、在计算公式中引入修正项等。这是非常复杂的工作，要求操作者有丰富的实验经验。本课程只初步建立系统误差的概念，而假设测量系统误差已经排除。

（二）随机误差

在相同的条件下，由于偶然的不确定因素，会造成每一次测量结果的无规律的"涨落"，测量值对真值的偏离时大时小、时正时负，这类由大量偶然因素的影响而引起的测量误差称为随机误差或偶然误差。

形成随机误差的因素是多方面的，仪器性能和操作者感官分辨率的统计"涨落"、环境条件的微小波动、测量对象自身的不确定性等，都会带来测量结果的随机变化。

随机误差的特点是随机性，它服从一定的统计分布规律。随机误差越小，测量结果的精密度就越高。

（三）粗大误差

超出在规定条件下预期的误差称为粗大误差或疏忽误差。这类误差是由于测量者粗心大意造成的，如测错、读错、记错仪表值，计算错误，仪表操作错误等，这类测量值称为坏值，应舍去。

四、随机误差的估算方法

尽管随机误差是不确定的，但在测量次数足够多时，这些测量值却呈现出一定的规律性，服从正态分布。正态分布曲线如图 2-1 所示，可用测量值 x 的概率密度函数 $f(x)$ 表示，即

$$f(x) = \frac{1}{\sqrt{2\pi}\sigma}\exp\left[-\frac{(x-\mu)^2}{2\sigma^2}\right] \tag{2-7}$$

式（2-7）中有

$$\mu = \lim_{x\to\infty}\frac{\sum_{i=1}^{n}x_i}{n} \tag{2-8}$$

$$\sigma = \lim_{x\to\infty}\sqrt{\frac{\sum_{i=1}^{n}(x_i-\mu)^2}{n}} \tag{2-9}$$

σ 称为标准差或均方根误差（简称均方差）。

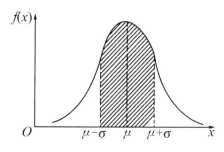

图 2-1　正态分布曲线

分析图 2-1 所示的曲线，可以得知服从正态分布的随机误差的一些特征：

1. 测量值在 $x=\mu$ 处的概率密度最大，其物理意义即测量的真值。也就是说，相应横坐标 μ 为测量次数 $n\to\infty$ 时的测量平均值。μ 在概率中被称为数学期望。

2. 横坐标上任一点 x 到 μ 值的距离 $x-\mu$，代表了与测量值相对应的随机误差分量，随机误差小的概率大，随机误差大的概率小。

3. 标准差 σ 是表征测量值分散性的参数。图中阴影区域 $(\mu-\sigma, \mu+\sigma)$ 的面积就是随机误差在 $\mu\pm\sigma$ 范围内的概率，即测量误差落在该区间内的概率，用 $P(\sigma)$ 表示，$P(\sigma)=68.3\%$；测量值落在 $(\mu-2\sigma, \mu+2\sigma)$ 区间内的概率 $P(2\sigma)=95.4\%$；测量值落在 $(\mu-3\sigma, \mu+3\sigma)$ 区间内的概率 $P(3\sigma)=99.7\%$。σ 值越小，分布曲线越尖锐，随机误差的分布越集中，测量精度越高；反之，σ 值越小，分布曲线越平坦，随机误差的分布越分散，测量精度越低。

从曲线还可以看到随机误差的一个重要特征：$f(x)$ 具有抵偿性（对称性）。即以 μ 为对称轴，x 值为 $\mu\pm N$ 的概率相等。这一特征说明测量值的算术平均值是测量值的最佳近似值，当测量次数趋于无穷时，算术平均值就等于真值。

在实际测量中，测量次数总是有限的，在测量次数不少于 3 次时，可以用以下公式对实验的随机误差作估算。

公式 1：算术平均值：

$$\bar{x} = \frac{1}{n}\sum_{i=1}^{n} x_i \qquad (2-10)$$

公式 2：有限次测量的标准差 σ：

$$\sigma = \sqrt{\frac{\sum_{i=1}^{n}(x_i - \bar{x})^2}{n-1}} \qquad (2-11)$$

公式 3：由于算术平均值 $\bar{x}$ 相对于单次测量值 x_i 的随机误差有一定抵消，更接近于真值，其误差的分散程度也小得多，因此在实验中用得更多的是算术

平均值的标准差 $\bar{\sigma}$：

$$\bar{\sigma} = \frac{\sigma}{\sqrt{n}} = \sqrt{\frac{\sum\limits_{i=1}^{n}(x_i - \bar{x})^2}{n(n-1)}} \qquad (2-12)$$

五、用不确定度表示测量结果

在前面我们已经接触到测量误差，由这个量我们可以评价测量结果的优劣。但是，随着科技和生产的发展进步，对实验测量数据的准确性和可靠性及其评价的要求越来越高。

从 20 世纪 70 年代开始，逐渐提出了不确定度的概念。1986 年，国际标准化组织（ISO）等 7 个国际组织共同组成了国际不确定度工作组，研究制定了《测量不确定度表示指南》，到 1993 年，该指南由 ISO 颁布实施；我国也制定了《测量不确定度评定与表示》的国家技术规范（JJF1059—1999），成为评定误差的理论依据和计算规范。

（一）不确定度的定义和特征

前面提到，实际测量的真值和误差都是不确定的，这就给我们对测量结果的评价造成了困难。引入不确定度（用 ΔN 表示）可以对测量结果进行准确的描述。式（2 - 6）就表明了测量结果真值所在的范围是$[N-\Delta N，N+\Delta N]$。

ΔN 称为不确定度，代表了测量值 N 不确定的程度，是对被测真值所处的量值范围的评定。它是一个恒正的量，不确定度愈小，表示测量结果与真值愈靠近，测量结果愈可信。测量不确定度表征测量值的分散程度。范围$[N-\Delta N，N+\Delta N]$称为置信区间，也就是说，被测真值以一定的概率落在此范围内，此概率称为置信概率。当 $\Delta N = \sigma$［见式（2-11）］时，置信概率为 68.3%；当 $\Delta N = 3\sigma$ 时，置信概率接近 100%。前者称为标准不确定度，后者称为极限不确定度。

不确定度是在误差的理论基础上发展起来的。在描述理论和概念的场合常常用到"误差"一词，而在需要准确表达结果和做定量运算分析的场合则必须用到不确定度；不确定度可以通过计算或评定而得到，其值永远为正，而误差一般是无法计算的，可正可负。

（二）不确定度的分类

评定不确定度实际上是对测量结果的质量进行评定，不确定度 ΔN 按评定方法可以分为两类：A 类不确定度和 B 类不确定度。以下我们采用更为通

用的记号 u 代替 ΔN 进行讨论。

u_A：**A 类不确定度**。这是符合统计规律，利用统计方法计算出的分量。A 类评定通常以算术平均值 $\bar{x}$ 作为被测量的估计值，以 $\bar{x}$ 的标准差 $\bar{\sigma}$ 作为测量结果的 A 类不确定度 u_A。

$$u_A = \bar{\sigma} = \sqrt{\frac{\sum_{i=1}^{n}(x_i - \bar{x})^2}{n(n-1)}} \qquad (2-13)$$

u_B：**B 类不确定度**。这是用统计方法之外的其他方法估算出的分量，它在实际工作中应用广泛，在不确定度评定中占有重要地位。它不是由测量值确定，而是利用影响测量值分布变化的有关信息和资料进行分析，并对测量值进行概率分布估计和分布假设的科学评定，得到 B 类不确定度 u_B，是计算不确定度的难点。

在本课程中，提出了两种 B 类不确定度的估算方法。

第一，直接取 B 类不确定度等于仪器误差。

表 1 列出了由厂家提供的一些常用实验仪器的仪器误差值（又称允差）。

表 1　实验仪器的仪器误差值

仪器名称	量程	最小分度值	允差
木尺（竹尺）	30~50mm，60~100cm	1mm	±1.0mm，±1.5mm
钢板尺	150mm，500mm，1000mm	1mm	±0.10mm，±0.15mm，±0.20mm
钢卷尺	1m，2m	1mm	±0.8mm，±1.2mm
游标卡尺	125mm	0.02mm	±0.02mm
螺旋测微器	25mm	0.01mm	±0.004mm
物理天平（7 级）	500g	0.05g	0.08g（满量程）、0.06g（1/2 量程）、0.04g（1/3 量程及以下）
分析天平（3 级）	200g	0.1mg	1.3mg（满量程）、1.0mg（1/2 量程）、0.7mg（1/3 量程及以下）
普通温度计	0℃~100℃	1℃	±1℃
精密温度计	0℃~100℃	0.1℃	±0.2℃
指针式电表			级别% × 满量程
数字式仪表			可以显示的最小分度值
电阻箱			级别% × 读数

第二，根据实际测量情况进行估计。

比如用钢卷尺（最小分度值为 1mm）测量金属丝的长度，估计其两端的对准误差为 2mm，则 B 类不确定度可估算为 $\dfrac{2\text{mm}}{\sqrt{3}}=1.2\text{mm}$。

u_C（或简称 u）：**合成不确定度：**

$$u=\sqrt{u_\text{A}^2+u_\text{B}^2} \qquad (2-14)$$

注意在此式中，若一个分量为另一个的 3 倍以上，则可以将小的一个分量忽略不计。

至此，前述测量结果的正确表达式（2-6）应为

$$Y=\overline{N}\pm u \qquad (2-15)$$

前面提到，一个物理量测量值的表述应该包括数值和单位。我们将在后面讨论有效数字时，再对式（2-15）做出更为详尽的描述。

（三）不确定度的计算或估计

1. 单次直接测量的不确定度估计。

在实际测量中，常有只作单次测量的情形。注意此时的测量结果同样需要写为式（2-6）的形式，即 $Y=N\pm\Delta N$。这里 ΔN 一般用 B 类不确定度表示。具体的估计有多种方法：直接采用仪器出厂时的允差（见表 1）；未知允差时，可取仪器可估读位的 $1/2\sim1/10$；对于不可估读的仪器，可直接取最后一位；数字式仪表，则取最低一位的值。

2. 在相同条件下多次直接测量的不确定度计算。

可用公式（2-13）来计算 A 类不确定度，再估计 B 类不确定度后，通过式（2-14）来计算合成不确定度。

例 2-1：用螺旋测微器测量钢珠的直径，对钢球进行 5 次测量，测得的值为

次数	1	2	3	4	5
D(mm)	11.932	11.913	11.921	11.914	11.930

解：由式（2-10），直径 D 的算术平均值为

$$\overline{D}=\frac{1}{5}(11.932+11.913+11.921+11.914+11.930)=11.922\text{mm}$$

由式（2-13），A 类不确定度：

$$u_\text{A}=\sqrt{\frac{(11.932-11.922)^2+(11.913-11.922)^2+(11.921-11.922)^2+(11.914-11.922)^2+(11.930-11.922)^2}{5\times(5-1)}}$$

$$=0.004\text{mm}$$

B 类不确定度：B 类不确定度主要是仪器误差，从表 1 查得螺旋测微器的

仪器误差（允差）为 0.004mm

由式（2－14），合成不确定度：$u_C(D)=\sqrt{0.004^2+0.004^2}=0.006$mm

由式（2－15），测量结果：$D=(11.922\pm0.006)$mm　　　　　　（＊）

注意：在结果的计算和估算中不确定度的有效数字只保留 1 位（本课程规定，国家标准建议保留 1～2 位），算术平均值的位数必须同不确定度的位数对齐。相关规定将在后续"数据处理"部分讨论，下同。

3. 间接测量的不确定度计算。

现实生活中存在大量的间接测量，间接测量的结果由直接测量结果通过数学计算得到，当然也就存在不确定度。

设间接测量的数学表达式为

$$\varphi=f(x,y,z,\cdots)$$

式中，φ 为间接测量结果，x，y，z，$\cdots$ 为互相独立的直接测量结果。x，y，z，$\cdots$ 的不确定度（分别表示为 u_x，u_y，u_z，$\cdots$）必然要影响到间接测量结果，而且各分量对 φ 的不确定度的影响是不一致的。从数学上可以证明，这种影响可以表达为函数 φ 对各分量的偏微分。

因此，间接测量的不确定度计算公式与数学分析中的全微分公式基本相同，只是用微小量不确定度 u_x，u_y，u_z，$\cdots$ 来替代增量 Δx，Δy，Δz，$\cdots$

根据"方和根"合成的统计性质，常用下列两式来计算间接测量的结果 φ 的不确定度 u_φ：

$$u_\varphi=\sqrt{\left(\frac{\partial f}{\partial x}\right)^2 u_x^2+\left(\frac{\partial f}{\partial y}\right)^2 u_y^2+\left(\frac{\partial f}{\partial z}\right)^2 u_z^2+\cdots}　　（2－16）$$

$$E_\varphi=\frac{u_\varphi}{\bar\varphi}=\sqrt{\left(\frac{\partial \ln f}{\partial x}\right)^2 u_x^2+\left(\frac{\partial \ln f}{\partial y}\right)^2 u_y^2+\left(\frac{\partial \ln f}{\partial z}\right)^2 u_z^2+\cdots}$$

$$（2－17）$$

式（2－17）中，$\bar\varphi=f(\bar x,\bar y,\bar z,\cdots)$ 为间接测量的算术平均值（近真值），由直接测量的算术平均值代入函数关系得到。E_φ 称为间接测量的相对不确定度。

在实际工作中，常将许多函数的不确定度以列表方式给出，计算时直接查表引用，即先求出相对不确定度，以及间接测量的算术平均值（近真值）$\bar\varphi$，最后再求得不确定度 u_φ。这样可避免计算偏微分的繁复过程，在一定程度上简化运算。

表 2 为一些常用函数的不确定度表达式。

表 2　常用函数的不确定度表达式

函数表达式	标准不确定度表达式
$\varphi = x \pm y$	$u_\varphi = \sqrt{u_x^2 + u_y^2}$
$\varphi = xy$ 或 $\dfrac{x}{y}$	$\dfrac{u_\varphi}{\varphi} = \sqrt{\left(\dfrac{u_x}{x}\right)^2 + \left(\dfrac{u_y}{y}\right)^2}$
$\varphi = \dfrac{x^k y^m}{z^n}$	$\dfrac{u_\varphi}{\varphi} = \sqrt{k^2\left(\dfrac{u_x}{x}\right)^2 + m^2\left(\dfrac{u_y}{y}\right)^2 + n^2\left(\dfrac{u_z}{z}\right)^2}$
$\varphi = kx$ （k 为常数）	$u_\varphi = k u_x$
$\varphi = \sqrt[k]{x}$ （k 为常数）	$\dfrac{u_\varphi}{\varphi} = \dfrac{1}{k} \cdot \dfrac{u_x}{x}$
$\varphi = \sin x$	$u_\varphi = |\cos x| u_x$
$\varphi = \ln x$	$u_\varphi = \dfrac{u_x}{x}$

说明：从表 2 可以看出，对于间接测量的不确定度，先分别求得各直接测量的平均值和不确定度，然后求出间接量的相对不确定度，最后通过简单四则运算就可以求得间接测量的不确定度，具体的使用方法参见例 2－3。

4. 间接测量不确定度的计算实例。

例 2－2 说明了在间接测量中，如何通过计算偏微分的方法来求不确定度。

例 2－2：测得金属管的内径 $D_1 = (2.880 \pm 0.004)$cm，外径 $D_2 = (3.600 \pm 0.004)$cm，高度 $h = (2.575 \pm 0.004)$cm。求金属管的体积 V。

解：金属管的体积公式：$V = \dfrac{\pi}{4} h (D_2^2 - D_1^2)$

体积的算术平均值：$\bar{V} = \dfrac{3.1416}{4} \times 2.575 \times (3.600^2 - 2.880^2) = 9.436$cm³

由已知条件可知：$u_h = u_{D_1} = u_{D_2} = 0.004$cm

先求 V 对各个分量的偏导数：

$$\frac{\partial V}{\partial h} = \frac{\pi}{4}(D_2^2 - D_1^2),\ \frac{\partial V}{\partial D_1} = -\frac{\pi h D_1}{2},\ \frac{\partial V}{\partial D_2} = \frac{\pi h D_2}{2}$$

由式（2－16）：

$$u_V = \sqrt{\left[\frac{\pi}{4}(D_2^2 - D_1^2)u_h\right]^2 + \left[-\frac{\pi h D_1}{2}u_{D_1}\right]^2 + \left[\frac{\pi h D_1}{2}u_{D_2}\right]^2}$$

代入各项数据：

$$u_V = \frac{\pi}{4} \times 0.004 \times \sqrt{(3.600^2 - 2.880^2)^2 + (2 \times 2.575 \times 2.880)^2 + (2 \times 2.575 \times 3.600)^2}$$

$$= 0.08\text{cm}^3$$

所以，金属管的体积为：$V = (9.44 \pm 0.08) \text{cm}^3$。 （＊）

说明：在本例中未提到数据获得的方法，因此在结果中不考虑 B 类不确定度。

例 2－3 为一个利用表 2 来简化运算的完整例子，这是在实际数据处理中最常用的方法。

例 2－3：测量一个不锈钢圆柱体棒的杨氏模量。（实验 2 用动态共振法测定杨氏模量）

先用物理天平（7 级）单次称量不锈钢圆柱体棒，得到 $m = 35.03$g；再用游标卡尺在不同的位置测量其直径 d，用米尺测量其长度 l，用共振法测量其固有频率 f，各测 4 次，数值如下：

l（cm）	15.98	15.99	16.00	15.99
d（mm）	5.98	5.98	6.00	5.98
f（Hz）	1028	1028	1029	1029

解：

（1）质量：m 为单次测量，从表 1 查得 7 级物理天平的允差为 0.04g，因此有

$$m = (35.03 \pm 0.04)\text{g}$$

（2）长度：$\bar{l} = \frac{1}{4}(15.98 + 15.99 + 16.00 + 15.99) = 15.990\text{cm}$（注意此处为中间计算结果，故多保留 1 位数）。

由式（2－13）得

$$u_{\bar{l}} = \sqrt{\frac{(15.98-15.990)^2 + (15.99-15.990)^2 + (16.00-15.990)^2 + (15.99-15.990)^2}{4 \times (4-1)}}$$
$$= 0.004\text{cm} \qquad （＊）$$

即

$$l = (15.990 \pm 0.004)\text{cm} \qquad （＊）$$

（3）直径：$\bar{d} = \frac{1}{4}(5.98 + 5.98 + 6.00 + 5.98) = 5.985\text{mm}$

同样，由式（2－13）可得

$$u_{\bar{d}} = \sqrt{\frac{(5.98-5.985)^2 + (5.98-5.985)^2 + (6.00-5.985)^2 + (5.98-5.985)^2}{4 \times (4-1)}}$$
$$= 0.04\text{mm} \qquad （＊）$$

即

$$d = (5.98 \pm 0.05)\text{mm} \qquad （＊）$$

（4）固有频率：$f = \dfrac{1}{4}(1028 + 1028 + 1029 + 1029) = 1028.5\,\mathrm{Hz}$

同样，由式（2-13）可得

$$u_{\bar{f}} = 0.3\,\mathrm{Hz} \tag{*}$$

即

$$f = (1028.5 \pm 0.3)\,\mathrm{Hz} \tag{*}$$

（5）间接测量：

$$\bar{Y} = 1.6067 \times \frac{l^3 m}{d^4} f^2 = 1.6067 \times \frac{(15.990 \times 10^{-2})^3 \times 35.03 \times 10^{-3}}{(5.98 \times 10^{-3})^4} \times (1028.5)^2$$

$$= 1.9034 \times 10^{-11}\,\mathrm{N \cdot m^{-2}} \tag{*}$$

（6）计算杨氏模量 Y 的不确定度：可按照式（2-16）、（2-17）进行计算，但这里我们直接查表 2，运算大大简化。根据表 2 的第二行、第三行，可得

$$E_Y = \sqrt{\left(\frac{u_m}{m}\right)^2 + \left(\frac{3u_{\bar{l}}}{\bar{l}}\right)^2 + \left(\frac{4u_{\bar{d}}}{\bar{d}}\right)^2 + \left(\frac{2u_{\bar{f}}}{\bar{f}}\right)^2}$$

$$= \sqrt{\left(\frac{0.04}{35.03}\right)^2 + \left(\frac{3 \times 0.004}{15.990}\right)^2 + \left(\frac{4 \times 0.05}{5.98}\right)^2 + \left(\frac{2 \times 0.3}{1028.5}\right)^2}$$

$$= 0.0033 \quad (\text{注意：此处为相对不确定度，没有单位}) \tag{*}$$

由式（2-17）可得

$$u_Y = \bar{Y} \cdot E_Y = 0.0063\,\mathrm{N \cdot m^{-2}} \approx 0.006\,\mathrm{N \cdot m^{-2}} \tag{*}$$

最后，不锈钢圆柱体棒的杨氏模量 Y 为

$$Y = (1.903 \pm 0.006)\,\mathrm{N \cdot m^{-2}} \tag{*}$$

例 2-4 反映了一种常用到的"复现性测量的数据处理"。在电学实验中就常常采用，比如用（直流）伏安法测电阻 $R = V/I$。所谓复现性测量，是指主动改变电压 V，分别测得多组不同的 V、I 值，计算出对应的 R 值，由于在实验过程中电阻 R 是同一个不变的物理量，我们就可以由各 R 值求得 R 的平均值和 A 类不确定度（这种情况不考虑 B 类不确定度）。

例 2-4：用伏安法测线性电阻，得到以下 4 组数据。求测量结果 $R = V/I$：

次数	1	2	3	4
$V(\mathrm{V})$	1.50	2.00	2.50	3.00
$I(\mathrm{A})$	0.156	0.198	0.244	0.311

解：先计算每组测量值所对应的 R：

$$R_1 = \frac{V_1}{I_1} = \frac{1.50}{0.156} = 9.62\,\Omega, \qquad R_2 = \frac{V_2}{I_2} = \frac{2.00}{0.198} = 10.10\,\Omega$$

$$R_3 = \frac{V_3}{I_3} = \frac{2.50}{0.244} = 10.25\Omega, \quad R_4 = \frac{V_4}{I_4} = \frac{3.00}{0.311} = 9.65\Omega$$

再求 R 的算术平均值：$\overline{R} = \frac{1}{4}(9.62+10.10+10.25+9.65) = 9.91\Omega$

A 类不确定度：

$$u_A(R) = \sqrt{\frac{(9.62-9.91)^2 + (10.10-9.91)^2 + (10.25-9.91)^2 + (9.65-9.91)^2}{4 \times (4-1)}}$$
$$= 0.2\Omega$$

测量结果：$R = (9.9 \pm 0.2)\Omega$ （＊）

（四）利用相对不确定度来评价测量质量

前面提到的相对不确定度 E_φ，常用来评价测量结果的质量。相对不确定度可定义为

$$E_\varphi = \frac{u(x)}{x} \times 100\%$$ （2－18）

在多次测量中，E_φ 较小者质量较高。

第三节　实验数据处理

常常容易认为，数据处理就是在做完实验以后算个数、作个图、计算一下误差。而实际上，实验的数据处理涉及很多的问题，贯穿在物理实验的全过程之中。

在开始实验之前，应该根据实验结果的精度要求，选择实验方案和方法，考虑环境条件的要求、仪器精度的选用；进一步分析每个因素对实验结果可能造成的影响以及需要做出的修正；调整各个测量量的误差分配，以得到最佳的仪器搭配和测量方案；等等。实际上，这就是一次以设计值或者估计值进行的先期的数据计算和处理。

在实验进行当中，应该在仪器调节以及实验条件的保证方面做最佳选择，既不要太粗略而影响实验结果的精度，操作上又不做过分的苛求而降低效率。比如，测量单摆周期时，摆角应不大于多少角度；怎样选择电桥桥臂，可以使电桥达到较高的灵敏度；等等。另外，还需要随时分析和判断测得的数据是否合理，这些都涉及数据的分析计算。

至于实验结束后，除了要对数据处理得出结果、给出误差范围外，还应该从数据分析中去发现误差及其规律性，再反过来去调整实验的设计和安排。通过数据处理，还可以探索各物理量之间的关系，寻找反映这些关系规律的经验

公式。

　　虽然严格的、大规模的、高精度的实验过程在大学物理的基础实验中涉及不多，但我们在任何一个实验过程中，都应该努力地、有意识地关注和思考这些方面的问题，通过对数据处理能力的训练，来提高自己实验的动手能力、处理和分析实验结果的能力，以及在实验中的观察、思考能力等。

　　下面介绍一些最基本的数据处理规则和方法。

一、有效数字及其运算规则

（一）可靠数字和可疑数字

　　从量具的有效分度所读到的数字，称为可靠数字或准确数字；通过对量具的最小分度后的一位估读得到的数字，称为可疑数字。

（二）有效数字

　　在测量和进行数字运算时，到底该用几位数字来表示测量结果或者计算结果，是需要着重考虑的重要问题，有些人认为，小数点后面的位数越多，或者在计算的时候保留的位数越多，精确度就越大，这种说法是错误的。在测量结果和计算结果中，应该只有末尾数字是存疑或者不确定的，其他各位数字都应该是准确的。

　　所谓"有效数字"，是指在表示测量值的数值中，全部有意义的数字。

　　关于数字"0"，它可以是有效数字，也可以不是有效数字。判定 0 在一个数字中是否为有效数字的方法：从左往右看，以第一个非 0 数为准，其左边的 0 不是有效数字，其右边的 0 是有效数字。比如，0.0036 为 2 位有效数字，0.03060 为 4 位有效数字。

　　有效数字及其运算的一些规定如下：

　　1. 直接测量量的有效数字位数的确定：由量具的最小分度来决定。

　　直接测量量的有效数字取决于量具的最小分度。比如，用最小分度为 1mm 的米尺测量长度，如其值记录为 24.5mm，共 3 位有效数字，其中"24"为准确（可靠）数字，而"5"是在最小分度（mm）位之后的估计值，属于可疑数字。有效数字由准确数字加上 1 位可疑数字组成；准确数字的位数由量具的最小分度值确定；可疑数字按照 B 类不确定度的估算原则，可以取为最小分度值的 1/2。

　　2. 间接测量量的有效数字的位数的确定。

　　（1）当不知道直接测量量的不确定度时，由参与运算的各个直接测量量的有效数字及其运算法则确定。

a）加减运算：当多个不同精确度的数值进行加减运算时，运算前先将精确度高的数据化整，化整的结果应比精确度最低的数据的精确度高一位。运算结果也应化整，其有效数字位数由参加运算的精确度最低的数据的精确度确定，例如，$32.13+0.222+1=32.1+0.2+1=33$。

b）乘除运算：当多个不同精确度的数值进行乘除运算时，运算前先将精确度高的数据化整，化整的结果应比精确度最低的数据的精确度高一位。运算结果也应化整，其有效数字位数由参加运算的精确度最低的数据的精确度确定，例如，$2\times3.122\div1.23=2\times3.1\div1.2=5$。

c）乘方（开方）运算：以底数（被开方数）位数为准。例如，$\sqrt{100}=10.0$。

d）对数运算：以真数的位数为准。例如，$\lg1.983=0.2973$。

e）自然数和常数：自然数的有效数字是无穷多位。例如，$D=2r$，其中"2"的有效数字是无穷多位而不是1位。对诸如π，e等常量，所取的位数应该比参与运算量中有效数字的位数最低者多1位。

（2）由不确定度决定。当已知直接测量量的不确定度时，通过不确定度的传递，可以求得间接测量量的不确定度，再由此决定间接测量量的有效数字。

例 $3-1$：已知$A=(41.7\pm0.1)\text{cm}^2$，$B=(3.248\pm0.003)\text{cm}^2$，$C=(8.26\pm0.06)\text{cm}^2$。求表达式：$N=A-B+C=?$

解：
$$u_N=\sqrt{u_A{}^2+u_B{}^2+u_C{}^2}$$
因为
$$u_B\ll\frac{1}{3}u_A,\ u_B\ll\frac{1}{3}u_C$$
因此略去u_B不计，即
$$u_N=\sqrt{u_A{}^2+u_C{}^2}=\sqrt{(0.1)^2+(0.06)^2}=0.12\text{cm}^2$$
根据规定，不确定度只保留1位有效数字，所以有
$$u_N=0.1\text{cm}^2$$
$$\overline{N}=41.7-3.248+8.26=46.712\text{cm}^2$$
即
$$N=(46.7\pm0.1)\text{cm}^2$$

上例说明，测量结果的最末位必须与不确定度的位数对齐。不确定度为±0.1，表示测量值在十分位已经有了误差，因此，平均值的十分位也已经属于可疑位，后边更低的可疑数字显然应该略去。从此意义上讲，不确定度是对有效数字中最后一位数字的不确定程度的定量描述。

（三）科学计数法与单位换算

数据的单位换算不影响有效数字位数。特别要注意，从较大的单位换算为

小的单位时容易写错。比如，有 2 位有效数字的某结果 3.5m，换算为以 mm 为单位时记成：3.5m＝3500mm，是错误的。为此应采用科学记数法：3.5m＝3.5×10^3 mm。又如，测量一个电阻，其标称电阻值为 20000Ω，但因为使用的万用表欧姆挡的有效数字只有 3 位，则应采用科学记数法记为：$2.00 \times 10^4 \Omega$。

（四）数字修约

在按照有效数字的上述规定进行处理时需要用到数字修约原则：为简化运算，中间运算的有效数字可比结果多取 1 位；最终结果作修约时，用"4 舍 6 入 5 保证最末位为偶"的原则处理。比如 1.456 和 1.350 两个结果，修约到 2 位有效数字时同为 1.4。对于十分位以后的取舍，前者因十分位是偶数而舍去；后者十分位为奇数，故百分位的"5"向前入"1"。

（五）测量"坏值"及其剔除

在实验中对一个物理量进行多次测量时，一组测量值可能出现个别偏差特别大的数据，这是因为某些条件的意外改变造成的，我们把这种数据称为"坏值"。在进行计算平均值、不确定度等数据处理之前，必须把"坏值"剔除，否则会对实验结果的准确度产生较大影响。

用数理统计的方法，可以提出判断和剔除"坏值"的依据和准则。在本课程中，根据式（2-3）：$\Delta N_i = N_i - \overline{N}$，观察各测量值的偏差，其中个别偏差特别大的测量值被认为是坏值，把它剔除后，再进行后续计算。

二、实验结果的表达

（一）测量结果的正确表示

在讨论了有效数字的各项规定后，可以把前述式（2-6）、（2-15）以及第二节例题 2-1、2-2、2-3、2-4 中各（*）式涉及的测量结果表示方法，完整地归纳如下，作为本课程中实验结果必须采用的标准表达式：

$$Y = \overline{N} \pm u \tag{3-1}$$

式中，Y 为实验结果，$\overline{N}$ 为算术平均值，u 一般为合成不确定度。此式表明测量真值所在的范围是 $[\overline{N}-u, \overline{N}+u]$，因此，$Y$ 值定量地反映了实验结果的优劣。

注意：

1. 近真值（算术平均值）、不确定度、物理量的单位三者缺一不可。

2. 不确定度的位数，按我国国家技术规范，最多取 2 位有效数字，本课程只取 1 位有效数字。

3. 近真值（算术平均值）的最低位必须与不确定度的最低位对齐。

例 3−2：对某物体体积的测量，体积 V 的近真值为 242.63cm³，不确定度 $u(V)$ 为 0.42cm³。按照国家标准（JJF1059—1999）正确地写出结果。应为

$$V = (242.6 \pm 0.4)\text{cm}^3$$

（二）列表法

在记录和处理数据时，把数据列成表格，可以简单而清晰地表示出各物理量之间的关系，便于随时检查结果和判断运算是否合理，以提高效率、减少错误。

列表法的主要要求包括：

1. 简单明了，能够反映出相关量的关系。

2. 表中符号所代表的物理量要明确，否则必须在标题栏中交代清楚。

3. 在标题栏中写明各物理量采用的单位。

4. 表中数据要能正确反映测量结果和仪器精度的有效数字，所列同类数据的有效数字应该统一。

5. 记录表格一般应该有序号，在表外还应该有标题和必要的说明。

（三）作图法

用作图法处理实验数据是常用的数据处理方法。通过它往往可以直观地研究相关物理量的关系，便于规律的发现。从图上可以由斜率、截距，用内插、叠加、相减、求极值等方法来寻找或者求出某些物理量的数值。通过作图法，还可以发现误差，发现测量数据的错误，找到减小误差的方法等。在这里介绍两种作图的方法：一种是传统的在坐标纸上作图，另一种是利用计算机作图。

纸上作图法的要求包括：

1. 正规的图形必须采用坐标纸作图。

2. 根据测量结果的有效数字的多少来确定图形和用纸的大小。

3. 各坐标轴要明确地标明所代表的物理量，并注明采用的单位。

4. 坐标原点可以不在图纸上，坐标轴的分度大小和起始值要根据数据和结果所需要的精度合理选定，使画出的图形能够充分地反映物理量有较大变化的区段，还要注意图形不偏在图纸的一角。

5. 各个数据点一般可用"＋"标注，当有多组数据在同一图形存在时，必须用不同的符号区分。

6. 由图上的各数据点作曲线时，要用直尺或者曲线尺连接。当需要连接为光滑曲线时，曲线一般并不通过所有的数据点，数据点应该合理地分布在曲线两侧。

　　直线是图形中最简单的曲线，用线性图形来反映物理量，最容易找寻和描述其变化规律，因此，在数据处理时常常希望把图形线性化。通过一些简单的数学变换和改变图形坐标轴所代表的物理量，经常可以达到目的。

　　例 3-3：研究弦线振动时，横波的波长 λ 和张力 T，有 $\lambda = \dfrac{1}{\nu}\sqrt{\dfrac{T}{\mu}}$，取对数可得：$\ln\lambda = \dfrac{1}{2}\ln T - \dfrac{1}{2}\ln\mu - \ln\nu$。当频率 ν、线密度 μ 不变时，$\ln\lambda - \ln T$ 之间为线性关系，这时采用双对数坐标纸作图，就可以很方便地获得线性图。

　　例 3-4：电流衰减曲线一般可表示为指数关系：$I = I_0 e^{-\beta t}$。通过取对数，可得：$\ln I = \ln I_0 - \beta t$，再作 $\ln I - t$，则变成了一条直线。采用单对数坐标纸可以很方便地作图。

　　在坐标纸上作图比较麻烦，得出的直线方程精度也不够。而在计算机上用 Excel 作图和处理数据则方便、准确得多。例 3-5 以用"光电效应测普朗克常数"实验为例，介绍如何用 Excel 作图和处理数据。

　　例 3-5：用 Excel 处理光电效应实验获得的实验数据，通过作图法求解普朗克常数。

　　在实验中获得的 5 个截止电压的测量值如下表：

频率 ν_i（$\times 10^{14}$ Hz）	8.214	7.408	6.879	5.49	5.196
截止电压 U_0（V）	−1.807	−1.439	−1.331	−0.64	−0.536

　　首先在 Excel 的单元格里输入实验数据，频率放在第一行，截止电压放在第二行，如图 3-1 所示。然后选中所有数据，注意只选数据，不能选文字，如图 3-2 所示。在 Excel 上方菜单栏中选择"插入"→"散点图"→"仅带数据标记的散点图"，如图 3-3 所示，弹出散点图，如图 3-4 所示，五个数据点已经在此图中标记出来。下一步进行线性化处理，点击某数据点，注意点中之后的状态是 5 个数据点都是选中的状态，如图 3-5 所示。将鼠标停留在某数据点上点击右键，在弹出的菜单里选"添加趋势线"，如图 3-6 所示。在弹出的"设置趋势线格式"对话框的"趋势预测/回归分析类型"中已默认线性，这里本来就是要作线性化处理，就用默认选项；"趋势线名称"默认"自动"或点击"自定义"输入名称；勾选"显示公式"，也可以勾选"显示 R 平方值（R）"（当趋势线的 R 平方值等于或近似于 1 时，趋势线最可靠），点击关闭，如图 3-7 所示。此时图中显示出公式 $y = -0.424x + 1.666$，如图 3-8 所示，公式中的 0.424 即是我们需要的斜率（此处只需要斜率的大小），由于普朗克常数的公认值是 $h_0 = 6.626 \times 10^{-34}$ J·s，有 4 位有效数字，中间运算的有效数字可比结果多取 1 位，所以这里的斜率可多取 1 位有效数字，即 5

位，方法是：点中公式，在 Excel 上方菜单栏中选择"格式"→"设置所选内容格式"，如图 3-9 所示，弹出"设置趋势线标签格式"对话框，如图 3-10 所示，点击"科学记数"，将小数位数改为 4，如图 3-11 所示，点击关闭，即可看到公式已变为 $y = -4.2444E-01x + 1.6666E+00$，此时斜率变为 4.2444×10^{-1}，如图 3-12 所示，代入公式即可计算出普朗克常数的值为

$$h_0 = 4.2444 \times 10^{-1} \times 10^{-14} \times 1.602 \times 10^{-19} = 6.800 \times 10^{-34} \text{J} \cdot \text{s}$$

由此可见，用 Excel 处理数据更加方便、准确。

	A	B	C	D	E	F
1	频率 $\nu_i(\times 10^{14}\text{Hz})$	8.214	7.408	6.879	5.49	5.196
2	截止电压 $U_0(\text{V})$	-1.807	-1.439	-1.331	-0.64	-0.536

图 3-1　输入实验数据

	A	B	C	D	E	F
1	频率 $\nu_i(\times 10^{14}\text{Hz})$	8.214	7.408	6.879	5.49	5.196
2	截止电压 $U_0(\text{V})$	-1.807	-1.439	-1.331	-0.64	-0.536

图 3-2　选中实验数据

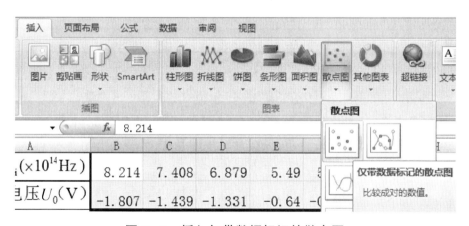

图 3-3　插入仅带数据标记的散点图

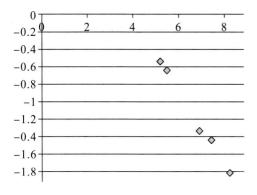

图 3-4　散点图

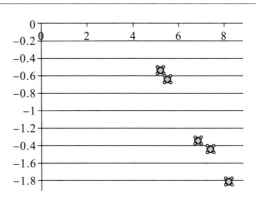

图 3-5　选中数据点

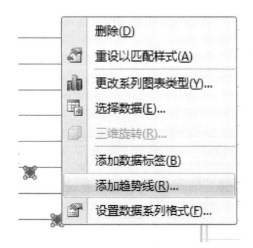

图 3-6　添加趋势线

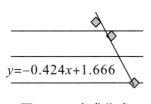

$y=-0.424x+1.666$

图 3-8　生成公式

图 3-7　设置趋势线格式对话框

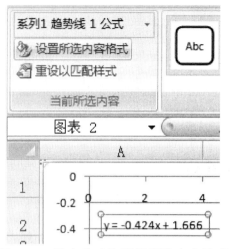

图 3-9 选中公式和设置所选内容格式

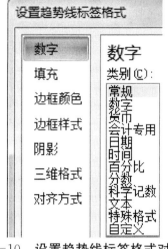

图 3-10 设置趋势线标签格式对话框

图 3-11 将科学记数的小数位数改为 4

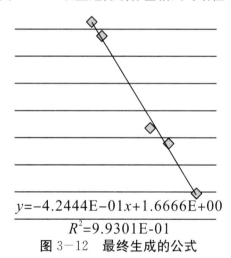

图 3-12 最终生成的公式

（四）回归法

根据实验数据求得经验方程，表述物理量之间的规律，称为方程的回归。一元线性回归即最小二乘法是最简单的回归方法，也就是说，对测量数据进行线性化处理。在非线性误差不太大的情况下，总是采用直线拟合的办法来线性化。下面举例说明。

实验测得一个质点运动的速度和时间的一组数据：

$$v = y_1, y_2, \cdots, y_k$$
$$t = x_1, x_2, \cdots, x_k$$

通过观察现象，对数据进行分析，可知该过程是一个匀变速运动。

假设 $t-v$ 直线可描述为

$$y = b_1 x + b_0 \tag{3-2}$$

其斜率 b_1 就是待测的加速度，截距 b_0 是物体运动的初始速度。

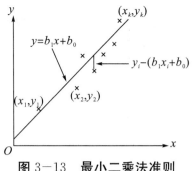

图 3-13　最小二乘法准则

若实际测量点有 k 个，则第 i 个测量数据 y_i 与拟合直线上相应值之间的残差为

$$\Delta_i = y_i - (b_1 x_i + b_0)$$

最小二乘法拟合直线的原理就是使测量数据的残差平方和 $\sum\limits_{i=1}^{k} \Delta_i^2$ 为最小值，即

$$\sum_{i=1}^{k} \Delta_i^2 = \sum_{i=1}^{k} \left[y_i - (b_1 x_i + b_0) \right]^2 = \min$$

也就是使 $\sum\limits_{i=1}^{k} \Delta_i^2$ 对 b_1 和 b_0 的一阶偏导数等于零，从而求出 b_1 和 b_0 的表达式为

$$b_1 = \frac{\overline{xy} - \overline{x} \cdot \overline{y}}{\overline{x^2} - (\overline{x})^2}$$

$$b_0 = \frac{\overline{x^2} \cdot \overline{y} - \overline{x} \cdot \overline{xy}}{\overline{x^2} - (\overline{x})^2}$$

式中

$$\overline{x} = \frac{1}{n} \sum_{i=1}^{k} x_i, \quad \overline{y} = \frac{1}{n} \sum_{i=1}^{k} y_i$$

$$\overline{xy} = \frac{1}{n} \sum_{i=1}^{k} x_i y_i, \quad \overline{x^2} = \frac{1}{n} \sum_{i=1}^{k} x_i^2 \qquad (3-3)$$

在获得了 b_1 和 b_0 的值后代入式（3-2），即可得到描述质点运动的拟合直线，也就是反映 $t-v$ 之间规律的经验方程。

至于用线性方程来描述 t，v（即 x，y）的关系是否合适，可以由相关系数 r 来衡量。它可以用来描述变量 x，y 线性关系的密切程度，其关系式为

$$r = \frac{\overline{xy} - \overline{x} \cdot \overline{y}}{\sqrt{\left[\overline{x^2} - (\overline{x})^2\right]\left[\overline{y^2} - (\overline{y})^2\right]}} = \frac{\sum\limits_{i=1}^{k} (x_i - \overline{x})(y_i - \overline{y})}{\sqrt{\sum\limits_{i=1}^{k} (x_i - \overline{x})^2 \sum\limits_{i=1}^{k} (y_i - \overline{y})^2}}$$

$$(3-4)$$

式中，$-1\leqslant r\leqslant 1$，$|r|$ 的数值越大，x，y 线性关系越密切；$|r|=0$，x，y 完全不相干；$|r|=1$，则全部测点 $(x_i, y_i)(i=1, 2, \cdots, k)$ 都在同一条直线上。

【小结】

数据处理是实验的重要内容和步骤，狭义的数据处理包括对直接测量数据根据物理和数学的相关规定进行运算、整理，以及对结果的评价、表达，不确定度是根据统计规律对测量结果的误差做出的定量评价。数据处理还应该包括对所研究的各物理量间的关系进行探索，并且尽可能用数学解析式的形式总结为经验公式。作图法和最小二乘法都是拟合经验公式的有效方法。这些就是基础物理实验所包括的内容。

在要求更高的实验中，更为广义的数据处理除了完成上述工作外，还应用在实验的前、中、后期，承担着对实验目标、方案、方法、周期乃至经费等项目的验证、评估和优化的任务。

可以看出，实验的数据处理具有重要而广泛的意义。我们要熟练掌握数据处理的基本操作方法，同时在实验中注意它的各种影响，为以后的要求更高的实验打好基础。

对实验记录进行正确的数据处理和对处理结果给出正确的表达，是实验的重要环节。其难点是测量不确定度的估算和表示。对此，在常遇到的单次和多次测量以及间接测量时，分别有不同的方法，请学习者结合例题注意使用。

【习题】

1. 指出下列各量的有效数字位数：

（1）3.25cm　　（2）53.40cm　　（3）0.0042cm　　（4）2.004cm

（5）10.010kg　　（6）0.01s　　　（7）$X=(4.325\pm 0.041)$A

（8）自然数 9

2. 有效数字四则运算：

（1）$107.50-2.5=$　　（2）$273.5\div 0.1=$　　（3）$1.50\div 0.500-2.97=$

（4）$8.0421/(6.038-6.034)+30.9=$　　　　（5）$\lg 10.00=$

（6）$1.00^2=$　　　　（7）$100^2=$　　　　（8）$\sqrt{1.00}=$

3. 改错：

（1）(123.48 ± 0.1)cm　　　　（2）$(534.21\pm 1)\Omega$

（3）$12.000\text{m}\pm 100\text{cm}$　　　　（4）$400\times 1500\div (12.60-11.6)=600000$

（5）0.1030（kg）的有效数字为 3 位　　（6）0.00035 的有效数字为 5 位

（7）$L = 17500 \pm 300$m　　　　　（8）10.433 ± 0.01mm

（9）10km± 100m　　　　　（10）$S = 20.3 \times 10^4 \pm 1000$m

4．单位变换：

（1）$m = 1.750$kg$=$（　　　　　）g$=$（　　　　　）mg$=$（　　　　　）T

（2）$L = 4.25$cm$=$（　　　　　）μm$=$（　　　　　）mm$=$（　　　　　）m

（3）$T = 1.8$s$=$（　　　　　）ms$=$（　　　　　）μs$=$（　　　　　）ns

（4）$H = (8.45 \pm 0.01)$cm$=$（　　　　　）μm$=$（　　　　　）m$=$（　　　　　）km

5．计算下列间接测量的不确定度：

（1）已知：$A = 48.75 \pm 0.03$cm，$B = 24.130 \pm 0.005$cm，$C = 9.5348 \pm 0.0002$cm，计算 $N = A - 2B + C/5$ 的结果。

（2）已知：$V = (1000 \pm 1)$cm^3，计算 $\dfrac{1}{V} = $？

6．比较下列三个实验结果的优劣：

$L_1 = 54.98 \pm 0.02$cm

$L_2 = 0.498 \pm 0.002$cm

$L_3 = 0.0098 \pm 0.0002$cm

7．自由落体实验，$g = \dfrac{2h}{t^2}$，实验中测出 $h = 101.35$cm。请考虑对 t 的测量应该保留几位有效数字？

8．找出下列正确的数据记录：

（1）用分度值为 0.05mm 的游标卡尺测得物体长度为：

　　　32.50mm，32.48mm，43.25mm，32.5mm，32.500mm

（2）用分度值为 0.01mm 的螺旋测微器测得物体的直径为：

　　　0.50mm，0.5mm，0.500mm，0.5000mm，0.324mm

【参考文献】

[1] 黄建群，胡险峰，雍志华. 大学物理实验［M］. 2 版. 成都：四川大学出版社，2005.

[2] 吴泳华，霍剑青，熊永红. 大学物理实验［M］. 北京：高等教育出版社，2001.

[3] 陈群宇. 大学物理实验（基础和综合分册）［M］. 北京：电子工业出版社，2001.

第一部分 基础与经典实验

基础与经典实验的目标是对学生进行系统的实验思想、实验方法和实验技能的训练，也是对学生进行系统科学实验能力及素质培养的开端。

本部分着重于力学、热学、电磁学、光学、近代物理等基础与经典实验，学习并掌握进行物理实验的基本物理思想和基本实验技能，这对后续课程的学习和自身能力的提高将起到非常重要的作用。

实验 1 钢丝杨氏模量的测定

力作用于物体所引起的效果之一是使受力物体发生形变，物体的形变可分为弹性形变和塑性形变。固体材料的弹性形变又可分为纵向、切变、扭转、弯曲，对于纵向弹性形变可以引入杨氏模量来描述材料抵抗形变的能力。杨氏模量是材料抵抗弹性形变能力的一个重要参数，在工程技术中又称为"刚度"，无论是对于机械设计还是材料研究与应用都是非常重要的。

在弹性限度内，固体材料的应力与应变之比是一个常数，叫弹性模量，又称杨氏模量，以纪念英国物理学家托马斯·杨（Thomas Yang，1773－1829）。杨氏模量仅与材料的性质有关，而与材料的几何形状、长短等无关。杨氏模量是选定机械构件的依据之一，也是工程技术中常用的力学参数。

实验测定杨氏模量的方法很多，如拉伸法、弯曲法和振动法（前两种方法称为静态法，后一种称为动态法）。本实验采用静态拉伸法测定钢丝的杨氏模量，此外，还引入了一种测量微小长度的实验方法，即光杠杆镜尺法。光杠杆镜尺法可以实现非接触式的放大测量，且直观、简便、精度高，工程测量中常被采用。

【预习与思考题】

1. 光杠杆镜尺法利用了什么原理？有什么优点？

2. 如何正确使用常规量具（米尺、游标卡尺、千分尺）？如何根据不同需要和条件正确选择不同的量具？

3. 一开始就在望远镜中寻找标尺的像，为什么很难找到？望远镜调节到什么情况下才算调节好了？

4. 实验中，是用什么方法从 $\overline{x_i}$ 得到 $\overline{\Delta x}$ 的，这种方法有什么优点？

【实验目的】

1. 学会用静态拉伸法测量钢丝杨氏模量的实验方法。
2. 掌握光杠杆镜尺法测量微小伸长量的原理。
3. 学会用逐差法处理实验数据。
4. 理解不同条件和要求下"一次测量、多次测量和间接测量"的物理意义，能够分别通过量具的允差、误差传递公式正确计算不确定度，并正确写出测量结果表达式。

【实验原理】

(一) 杨氏模量

● 虎克定律：在弹性限度内，物体的伸长量与其所受的外力成正比，即

$$F = k \cdot \Delta L$$

● 考虑物体单位面积和单位长度上的受力和伸长情况，即

$$\frac{F}{S} = k \cdot \frac{\Delta L}{L}$$

● 从材料力学角度，称 $\frac{F}{S}$ 为应力，$\frac{\Delta L}{L}$ 为应变，比例系数 k 称为"弹性模量"，即

$$应力 = 模量 \times 应变$$

可以认为，这是虎克定律在材料力学中的延伸。

如图 1 所示，一粗细均匀的钢丝，截面积为 S，长为 L，在外力 F 的作用下伸长 ΔL。根据虎克定律，在弹性限度内，其应力 $\frac{F}{S}$ 与应变 $\frac{\Delta L}{L}$ 成正比，即

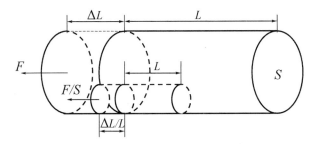

图 1　虎克定律示意图

$$\frac{F}{S}=Y\frac{\Delta L}{L} \tag{1}$$

式中，比例系数 Y 是材料的杨氏弹性模量，简称杨氏模量。它表征材料本身的性质，Y 值越大的材料，要使它发生一定应变所需的单位横截面上的力也就越大。

一些常用材料的 Y 值见表 1。Y 的国际单位制单位为帕斯卡，记为 Pa（$1Pa=1N/m^2$，$1GPa=10^9Pa$）。

表 1　一些常用材料的杨氏弹性模量

材料名称	钢	铁	铜	铝	铅	玻璃	橡胶
Y(GPa)	192~216	113~157	73~127	约 70	约 17	约 55	约 0.0078

由（1）式可得

$$Y=\frac{FL}{S\Delta L}=\frac{4FL}{\pi d^2 \Delta L} \tag{2}$$

式中，d 为钢丝直径。

在（2）式中，F，L，d 都比较容易测量，只有伸长量 ΔL 因为其值很小（约 10^{-1} mm），不能用普通测量长度的仪器测出。因此，本实验引入光杠杆镜尺法来测量。

（二）光杠杆镜尺法原理

光杠杆是一种支架，上面有可转动的平面镜。在支架的下部安装有三个脚，前两脚与镜面平行，后脚与圆柱夹头接触（圆柱夹头能随金属丝的伸缩而上下移动）。当光杠杆后脚随金属丝上升或下降微小距离 ΔL 时，镜面法线转过一个微小角度 θ，如图 2 所示。

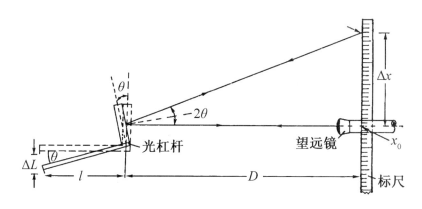

图 2　光杠杆放大原理

当 θ 很小时，有

$$\tan\theta \approx \theta \approx \frac{\Delta L}{l} \tag{3}$$

式中，l 为光杠杆的臂长，即光杠杆后脚尖到前两脚尖连线的垂直距离。根据光的反射定律，当反射角与入射角相等，即当镜面转动 θ，反射光线转动 2θ 时，由图 2 可知

$$\tan 2\theta \approx 2\theta \approx \frac{\Delta x}{D} \tag{4}$$

式中，Δx 为从望远镜中观察到标尺像的移动距离，D 为镜面到标尺的距离。

由（3）、（4）两式消去 θ 可得

$$\Delta L = \frac{l}{2D} \cdot \Delta x \tag{5}$$

由式（5）可知，光杠杆镜尺法的作用在于将微小的长度变化量经光杠杆转变为微小的角度变化，再经望远镜和标尺把它转变为标尺上较大的读数变化量 Δx。式中，$\frac{2D}{l}$ 称为光杠杆的放大倍数，通过 D，l，Δx 这些比较容易测得的量可间接地测量出 ΔL。

将（5）式代入（2）式可得杨氏模量测量式，即

$$Y = \frac{8FLD}{\pi d^2 l \Delta x} \tag{6}$$

（三）解读测量式

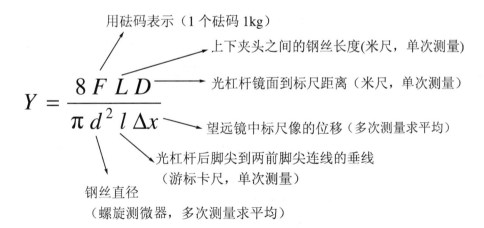

（四）应用

杨氏模量是表征减振材料的重要参数之一，在工程设计上，可以通过计算材料的损失系数和杨氏模量来进一步确定材料的抗振性能。

【实验仪器】

杨氏弹性模量测量仪、米尺、游标卡尺、螺旋测微器、待测钢丝。

（一）杨氏模量测量仪

图 3 为杨氏模量测量仪的示意图。待测钢丝的上、下端分别被支架顶端的固定夹头及平台上的活动圆柱夹头夹紧。活动圆柱夹头能随金属丝的伸缩而上下移动，其下端挂有砝码挂钩。

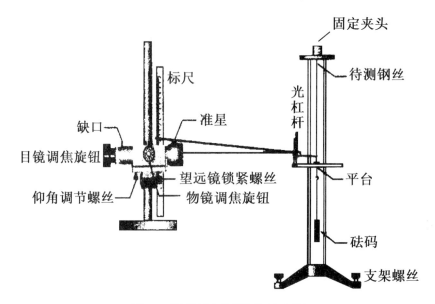

图 3　杨氏模量测量仪示意图

光杠杆的两个前脚尖放在固定平台前沿的槽内，后脚尖放在活动圆柱体的上端。当砝码钩上增加或减少砝码时，光杠杆的后脚也就随圆柱体下降或上升，钢丝将伸长或缩短。

（二）游标卡尺

游标卡尺也是一种常用的长度测量工具，由主尺和游标两部分组成，其精度介于米尺和螺旋测微器之间，可以测量物体的长度、深度、内径和外径等。测量时，主尺零线和游标零线之间的距离即为待测物体的长度。读数时，先读出游标零线所在位置主尺刻度的整毫米数 k；再看游标的第几根（假设是第 N 根）刻度线与主尺的某刻度线对齐；然后直接从游标上读出这不足 1mm 的部分。例如，图 4 所示的游标卡尺的读数为

$$L = 40.00 + 8 \times 0.05 = 40.40\text{mm}$$

读数时注意：①主尺读数应为游标零线而不是游标边缘对准主尺读数；

②若有零差，最后结果必须减去零差。

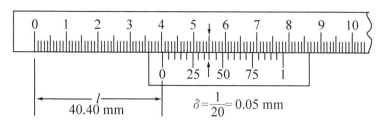

图 4　游标卡尺的读数

（三）螺旋测微器

螺旋测微器又称千分尺，是比游标卡尺更精密的长度测量工具，能估计到千分之一毫米，其外形构造如图 5 所示。主要部分是一个高精度测微螺杆，位于主尺 A 的内部，螺距是 0.5mm。套筒 D 套在主尺 A 外并与测微螺杆相连，其边缘被均匀等分为 50 个小格，D 每转一圈，测微螺杆位移一个螺距 0.5mm。所以 D 每转过一个小格，螺杆位移为 0.5mm/50＝0.01mm，因此螺旋测微器的最小分度 $\delta=0.01$mm，测量时应估读到 0.001mm。

测量时，转动套筒 D 推动螺杆前进，当 a，b 面与被测物接触时，应轻轻旋转棘轮 e，只要转动棘轮听到"喀、喀"的声音，就表示 a，b 面已经接触到被测物体，此时即可读数。

读数时，先从主尺毫米刻度线读出整毫米数，若露出半毫米刻度线，须加 0.5mm，再由套筒边缘读出小数并要估读一位。如图 5 所示，读数为 2.135mm。

测量前应先记录零差，并注意它的正负，待测物体的实际长度应为测量结果减去零差。如图 5 所示，千分尺的零差为 -0.021mm，则钢球的直径 d 为

$$d=2.135-(-0.021)=2.156\text{mm}$$

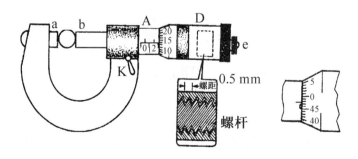

图 5　螺旋测微器

【实验内容与步骤】

（一）调整实验装置

1. 钢丝必须处于伸直状态进行测量，其结果才能满足虎克定律。为保证该条件，可先挂上 1 个砝码（此砝码作底盘，不计入所加作用力 F 之内）使钢丝拉直，然后开始对仪器进行调整。

2. 调节支架底脚螺丝，使平台水平，并使圆柱体夹头在平台孔内能无摩擦地上下移动。

3. 放置好光杠杆，使其两前脚尖放在平台的沟槽内，后脚尖放在圆柱体上，使光杠杆镜面竖直。

4. 关键步骤：目视粗调。如图 6 所示，将望远镜水平等高地对准平面镜，眼睛通过镜筒上方的准星直接观察反射镜，看看镜面中是否有标尺的像？若没有，应先看光杠杆的平面镜，找到标尺的像，然后再移入望远镜，让准星对准平面镜中的标尺像，如图 7 所示。

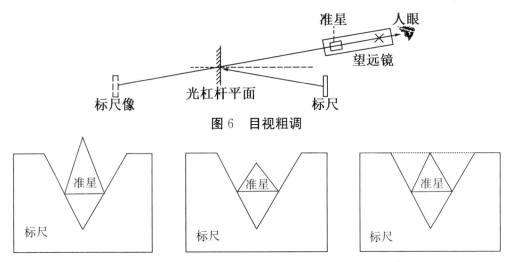

图 6　目视粗调

图 7　望远镜上前端的准星与后端的标尺的对准示意图

图 7 中，左图显示前端太高，中图显示后端太高，都是错误的；右图显示前后端等高，调节正确。

（5）望远镜调焦分两步：调节目镜，看清叉丝：将眼睛贴近目镜，旋转目镜，改变目镜与叉丝分划板之间的距离，直到看到的十字叉丝清晰；调节物镜，看清标尺读数；转动镜筒右侧的调节旋钮，改变目镜与物镜的距离，在目镜中调出清晰的标尺刻度线。

（6）进行上述调节后，若在目镜中还看不到标尺，可调节望远镜的高低或俯仰角，再重新进行望远镜的调焦，直到看到清晰的标尺刻度线为止。

（二）测量

1. 在望远镜中读取标尺刻度值，记录到表 1 中。仪器调整好后，记下开始时（即仅有底盘）望远镜中标尺刻度值 x_1，然后在砝码钩上增加 1kg 砝码，一直加到 8kg 为止，记录对应的标尺刻度值，依次记为 x_2，x_3，…，x_8，填入表 1 第 1 列；然后把增加的砝码依次逐个取下，记下对应的标尺刻度值 x_7'，x_6'，…，x_1'，从下往上填入第二列。如果取下砝码与加上砝码相对应的标尺读数相差大于 0.20cm，应校正仪器并重做一次。

2. 钢丝的原始长度 L。用米尺测出钢丝上下夹头之间的距离，单次测量。

3. 钢丝直径 d。用螺旋测微器测量钢丝不同位置处的直径 5 次，并记录螺旋测微器的零差。

4. 镜面到标尺的距离 D。用米尺测出光杠杆镜面到竖直标尺面的距离 D，单次测量。

5. 光杠杆的臂长 l。将光杠杆取下放在白纸上，压出三个脚痕，画出后脚尖痕到两前脚尖痕连线的垂线。用游标卡尺测出垂直距离，单次测量。

【实验原始数据记录】

（一）望远镜中标尺的读数

表 1　标尺读数（单个砝码质量：1.000kg，标尺 $\Delta_\text{仪}=0.05\text{cm}$）

测量次数	砝码质量 $m(\text{kg})$	望远镜标尺读数		平均值
		加砝码时 $x_i(\text{cm})$	减砝码时 $x_i'(\text{cm})$	(x_i+x_i') /2（cm）
1	$m_{1(底盘)}$			
2	m_1+1			
3	m_1+2			
4	m_1+3			
5	m_1+4			
6	m_1+5			
7	m_1+6			
8	m_1+7			

（二）长度测量

$D=$ 　　　　　 $\pm u_D(\text{cm})$，　　　　 $u_D=0.12(\text{cm})$

$l=$ 　　　　　 $\pm u_l(\text{cm})$，　　　　 $u_l=\Delta_\text{仪}=0.002(\text{cm})$

$L=$ 　　　　　 $\pm u_L(\text{cm})$，　　　　 $u_L=0.12(\text{cm})$

（三）钢丝直径测量

表2　钢丝直径（螺旋测微器零差　　　mm，仪器误差：0.004mm）

测量次数	1	2	3	4	5	平均值
d(mm)						

【数据处理与要求】

1. 计算出多次测量 Δx 的平均值 $\overline{\Delta x}$ 和合成不确定度 $u_{\Delta x}$，即：$\Delta x = \overline{\Delta x} \pm u_{\Delta x}$（cm）。

2. 计算出多次测量 d 的平均值 $\bar{d}$ 和不确定度 u_d，即：$d = \bar{d} \pm u_d$（mm）。

3. 利用上述各量的平均值，根据公式：$Y = \dfrac{8FLD}{\pi d^2 l \Delta x}$，求出钢丝的杨氏模量的平均值 $\bar{Y}$。

4. 由绪论"实验误差与数据处理"中的（2－17）式，求得相对不确定度 E_Y。

5. 求出杨氏模量的不确定度：$u_Y = \bar{Y} \cdot E_Y$（N·m^{-2}）。

6. 写出钢丝杨氏模量的完整表达式：$Y = \bar{Y} \pm u_Y$（N·m^{-2}）。

7. 总结实验，得出结论。

【关于用逐差法处理数据的说明】

由误差理论可知，算术平均值最接近真值，因此一般采用多次测量的算术平均值作为测量结果，但在个别实验中若简单地取各次测量的平均值，并不能达到好的效果。如本实验中望远镜中标尺读数 x_1，x_2，x_3，…，x_8 的相邻差值：$\Delta x_1 = x_2 - x_1$，$\Delta x_2 = x_3 - x_2$，…，$\Delta x_7 = x_8 - x_7$，其平均值为

$$\overline{\Delta x} = \frac{\Delta x_1 + \Delta x_2 + \cdots + \Delta x_7}{7} = \frac{(x_2 - x_1) + (x_3 - x_2) + \cdots + (x_8 - x_7)}{7} = \frac{x_8 - x_1}{7}$$

从上式可以看出，中间各 x_i 全部抵消，只有始末两次测量值起作用，与一次加7个砝码单次测量结果相同。为保证中间各次测量值不抵消，发挥多次测量的优越性，用修改处理数据的方法，即把数据分成前后两组：一组是 x_1，x_2，x_3，x_4；另一组是 x_5，x_6，x_7，x_8，取对应项的差值 $\Delta x_1 = x_5 - x_1$，$\Delta x_2 = x_6 - x_2$，$\Delta x_3 = x_7 - x_3$，$\Delta x_4 = x_8 - x_4$，则平均值为

$$\overline{\Delta x} = \frac{\Delta x_1 + \Delta x_2 + \Delta x_3 + \Delta x_4}{4} = \frac{(x_5 - x_1) + (x_6 - x_2) + (x_7 - x_3) + (x_8 - x_4)}{4}$$

这种处理数据的方法称为逐差法，是物理实验中常用的一种处理数据的方

法。其优点是充分利用了所测数据，而且可减小测量的随机误差。

【注意事项】

1. 实验系统调好后，一旦开始测量，在实验过程中绝对不能对系统的任一部分进行任何调整；否则，所有数据将重新再测。

2. 加减砝码时，要轻拿轻放，并在系统稳定后才能读取刻度尺刻度。

3. 注意保护平面镜和望远镜，不能用手触摸镜面。

4. 待测钢丝不能扭折，如果严重生锈或钢丝不直必须更换。

5. 实验完成后，应将砝码取下，防止钢丝疲劳。

6. 光杠杆后脚不能接触钢丝，不要靠着圆孔边，也不要放在夹缝中。

7. 进行逐差法计算时，要清楚 Δx 是加几个砝码得到的位移，以便计算对应的拉力 F 的大小。

【思考题】

1. 本实验用了哪些长度测量仪器？选择它们的依据是什么？它们的仪器误差各为多少？

2. 两根材料相同，粗细、长度不同的钢丝，在相同的加载条件下，它们的伸长量是否一样？杨氏弹性模量是否相同？

【相关科学家介绍】

托马斯·杨

一、生平简介

托马斯·杨

托马斯·杨（Thomas Yang，1773－1829）英国医生兼物理学家，光的波动学说的奠基人之一。1773 年 6 月 13 日生于萨默塞特郡的米菲尔顿。他从小就有神童之称，兴趣十分广泛，后来进入伦敦的圣巴塞罗缪医学院学医，21 岁时，即以他的第一篇医学论文成为英国皇家学会会员。为了进一步深造，他到爱丁堡和剑桥大学继续学习，后来又到德国哥廷根去留学。在那里，他受到一些德国自然哲学家的影响，开始怀疑光的微粒说。

1801 年他进行了著名的杨氏干涉实验，为光的波动说的复兴奠定了基础。他于 1829 年 5 月 10 日在伦敦逝世。

二、科学成就

1. 著名的杨氏干涉实验，为光的波动说奠定了基础。

杨氏干涉实验的巧妙之处在于，他让通过一个小针孔 S_0 的一束光，再通过两个小针孔 S_1 和 S_2，变成两束光。这样的两束光因为来自同一光源，所以它们是相干的。结果表明，在光屏上果然看见了明暗相间的干涉图样。后来，他又以狭缝代替针孔，进行了双缝干涉实验，得到了更明亮的干涉条纹。在他之前，不少人曾进行过光的干涉实验，由于他们是用两个独立的非相干光源发出的两束光迭加，因此，这些实验都失败了。

托马斯·杨用这个实验首先引入干涉概念，论证了波动说，又利用波动说解释了牛顿环的成因和薄膜的彩色。1801 年他引入叠加原理，把惠更斯的波动理论和牛顿的色彩理论结合起来，成功地解释了规则光栅产生的色彩现象。1803 年，他又用波动理论解释了障碍物影子具有彩色毛边的现象。1820 年他用比较完善的波动理论对光的偏振做出了比较满意的解释，认为只要承认光波是横波，必然会产生偏振现象。

2. 对人眼感知颜色的研究，建立三原色原理。

托马斯·杨第一个测量了 7 种颜色光的波长。他曾从生理角度说明了人眼的色盲现象，建立了三原色原理，指出一切色彩都可以由红、绿、蓝这三种原色的不同比例的混合而得到。

3. 对弹性力学的研究。

托马斯·杨对弹性力学很有研究，特别是对虎克定律和弹性模量。后人为了纪念杨氏的贡献，把纵向弹性模量（正应力与线应变之比）称为杨氏模量。

4. 在考古学方面的贡献。

1814 年托马斯·杨开始研究考古发现的古埃及石碑，他用了几年时间破译了碑上的文字，对考古学做出了贡献。

三、趣闻轶事

托马斯·杨一生兴趣广泛，博学多才。他除了以物理学家闻名于世外，在其他许多领域都有所成就。

他从小就广泛阅读各种书籍，对古典书、文学书以及科学著作无所不好，并能一目数行；他精通绘画、音乐，几乎掌握当时的全部乐器。他一生研究过力学、数学、光学、声学、生理光学、语言学、动物学、埃及学等，可以说是一位百科全书式的学者。

【参考文献】

［1］胡平亚. 杨氏模量测定实验的改进 ［J］. 物理实验，1992（2）.

［2］沈元华，陆申龙. 基础物理实验 ［M］. 北京：高等教育出版社，2003.

［3］龚镇雄，刘雪林. 普通物理实验指导（力学、热学和分子物理学）［M］. 北京：北京大学出版社，1990.

［4］陆廷济. 物理实验教程 ［M］. 上海：同济大学出版社，2000.

［5］薛凤家. 诺贝尔物理学奖百年回顾 ［M］. 北京：国防工业出版社，2003.

实验 2　用动态共振法测定杨氏模量

杨氏模量是材料的一个重要物理参数，标志着材料抵抗弹性形变的能力，即刚度。在工程技术中，根据杨氏模量值，可以计算出金属构件材料在各种负荷下的变形量，因而在工程技术设计中有着重要的意义。

测量杨氏模量的方法很多，可以分为静态方法和动态方法两大类。

本书实验 1 已经介绍了使用光杠杆的静态拉伸法测量杨氏模量，它具有直观简便、精度较高的优点。但是，由于在样品拉伸时不可避免的弛豫过程，使得测试与材料内部真实的结构变化有差距，此外，对于脆性材料，拉伸法不能使用，因此，在工程技术上，动态法测定杨氏模量得以广泛使用。

动态法又称为共振法，其基本原理是让试样作受迫震动，根据其共振时的共振频率与自身的固有频率相等而测得固有频率，最终求得试样的杨氏模量。

本实验采用动态共振法，测出试样横向振动时的固有频率，并根据试样的几何参数得到材料的杨氏模量。

【实验目的】

1. 用悬挂法测定金属材料的杨氏模量。
2. 学习几种量具、衡具以及双踪示波器的操作使用方法。
3. 培养综合应用物理仪器的能力。

【实验仪器】

1. YW－2 型动态悬挂法杨氏模量实验仪 1 套。
2. 通用双踪示波器 1 台。
3. 天平、游标卡尺、钢板尺各 1。

【实验原理】

根据弹性力学原理，可得细长棒的横向振动方程为

$$\frac{\partial^4 y}{\partial x^4} + \frac{ps}{YJ}\frac{\partial^2 y}{\partial t^2} = 0 \tag{1}$$

在一定的边界条件下求解（参见附录），可得

$$Y = 1.6067 \times \frac{l^3 m}{d^4} f^2 \tag{2}$$

式中，l 为棒长，d 为棒的直径，m 为棒的质量，f 为棒的固有振动频率。

（2）式即为细长棒的杨氏模量。杨氏模量在国际单位制中的单位为 $N \cdot m^{-2}$。可见，本实验的关键在于测量样品的固有频率。实验框图如图 1 所示：

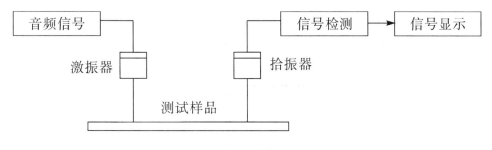

图 1　实验框图

由信号发生器输出的音频正弦波信号，加在激振器上，电信号转变成机械振动，再由悬线把机械振动传给试样，使试样受迫作横向振动。试样另一端的悬线把试样的机械振动传给拾振器，机械振动又转变成电信号。该信号经检测放大后送到示波器中显示出来。当信号发生器的频率不等于试样的固有频率时，试样不发生共振，示波器上几乎没有信号波形或波形很小；当信号发生器的频率等于试样的固有频率时，试样发生共振，示波器上得到突然增大的共振波形，这时读出的频率就是试样在发生共振时的固有频率。即是说，测定了试样的共振频率，也就得知了样品的固有频率。根据（2）式，即可计算出该样品的杨氏模量。

【实验仪器】

实验系统由测试台、测试仪和示波器组成，整体结构如图 2 所示：

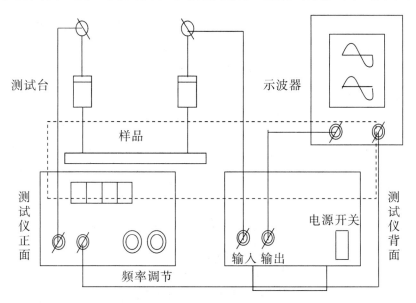

图 2　实验系统整体结构示意图

　　图 3 为测试台结构，测试台中包括信号源和信号检测两部分，装在同一个仪器箱内。

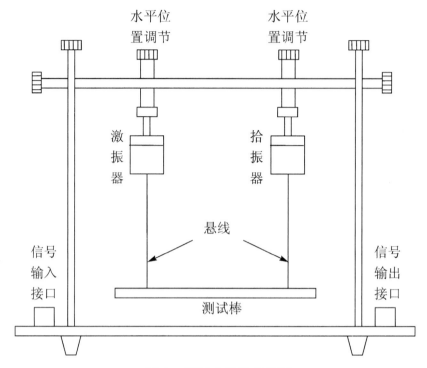

图 3　测试台结构示意图

【实验内容及步骤】

　　1. 按图 2 把实验仪器连接好，把信号发生器的输出与测试台的输入相连，测试台的输出与放大器的输入相接，放大器的输出与示波器的 Y 输入相接。

　　2. 通电预热 10 分钟，再按下述步骤进行实验。

　　(1) 测定试样的长度 l、直径 d 和质量 m，每个物理量各测 5 次。

　　(2) 试样棒用细钢丝挂在测试台上，悬挂点的位置约距离端面 $0.224l$ 和 $0.776l$ 处。应该注意调节换能器的水平位置，使悬线处于垂直方向。

　　注意：从理论上说，只有当试样的悬挂点位于振动的两个节点（距离端面 $0.224l$ 和 $0.776l$ 处）时，才能测得试样的基频共振频率，进而获得准确的杨氏模量的解析式。但是，位于节点处的振动幅度很小而难于检测，因此在实验中，是将悬挂点略微偏离两个节点位置。要获得比较精确的共振频率，可以采用外延测量法。详情参见附录 2。

　　(3) 示波器触发信号选择开关设为"内置"，Y 轴增益置于最小挡（或左边第二挡），Y 轴极性置于"AC"。

（4）在室温下，黄铜棒的固有频率为 $680\sim780\,\mathrm{Hz}$，不锈钢棒的固有频率为 $1000\sim1100\,\mathrm{Hz}$。

（5）用测试仪面板上的频率调节控制音频信号的频率使其大约为测试样品的固有频率。由于试样共振状态的建立需要有一个过程，并且共振峰十分尖锐，因此在共振点附近调节信号频率时，必须使用微调旋钮缓慢地进行，直至示波器的显示屏上出现最大的信号幅度。

（7）记录室温下的共振频率 f，求出材料的杨氏模量 Y。

（8）用黄铜圆柱体棒和不锈钢圆柱体棒各测量一次。

【数据记录与处理】

表 1　实验数据记录

实验日期：

测试样品材质	黄铜圆柱体棒			不锈钢圆柱体棒		
样品长度 l(cm)						
样品直径 d(mm)						
样品质量 m(g)						
共振（固有）频率 f(Hz)						

1. 估算金属棒的长度 l、直径 d 和质量 m 的测量值及其不确定度，即
$$l\pm\Delta l\ (\mathrm{mm});\quad d\pm\Delta d\ (\mathrm{mm});\quad m\pm\Delta m\ (\mathrm{g})$$
Δl，Δd，Δm 取测量仪器的允差，可从本书绪论表 1 实验仪器的仪器误差值中查到。

信号发生器的频率不确定度为
$$f<1000\,\mathrm{Hz},\ \Delta f=0.1\,\mathrm{Hz};\quad f\geqslant1000\,\mathrm{Hz},\ \Delta f=1\,\mathrm{Hz}$$

2. 将所测各物理量的数值代入公式（2），计算出该试样棒的杨氏模量 $\bar{Y}$。

3. 利用不确定度传递计算相对不确定度 E_Y，求出杨氏模量的不确定度：
$$\Delta Y=\bar{Y}\times E_Y$$

$$\Delta Y=Y\times\sqrt{\left(3\frac{\Delta l}{l}\right)^2+\left(4\frac{\Delta d}{d}\right)^2+\left(\frac{\Delta m}{m}\right)^2+\left(2\frac{\Delta f}{f}\right)^2}$$

4. 写出结果表达式：
$$Y=\bar{Y}\pm\Delta Y\ (\mathrm{N\cdot m^{-2}})$$

注意：对于没有学习过不确定度内容的学生，可以根据表 2 提供的杨氏模

量标称值计算测得的实验值的百分偏差。

表2　几种固体材料的杨氏模量的参考值

材料名称	Y（$\times 10^{11}$N·m^{-2}）	材料名称	Y（$\times 10^{11}$N·m^{-2}）
生　铁		有机玻璃	$0.04 \sim 0.05$
碳　钢	1.52	橡　胶	
玻　璃	1	大理石	0.552
黄　铜	1.24	不锈钢	2.01

注：因环境温度及试棒材质不尽相同等影响，所提供的数据仅作参考。

【注意事项】

1. 试样棒不可随处乱放，保持清洁，拿放时应特别小心。
2. 安装试样棒时，应先移动支架到既定位置，再悬挂试样棒。
3. 更换试样棒要细心，避免损坏激振、拾振传感器。
4. 实验中，需要在试样棒稳定之后，才可以进行测量。

【思考题】

1. 讨论：试样的长度 l、直径 d、质量 m、共振频率 f 应该分别采用什么规格的仪器测量？为什么？
2. 估算本实验的测量误差。

提示：可从两个方面考虑：①仪器误差限；②悬挂点偏离节点引起的误差。

附录1　根据弹性力学原理，从细长棒的横向振动方程，求解杨氏模量

棒的振动方程为

$$\frac{\partial^4 y}{\partial x^4} + \frac{ps}{YJ} \frac{\partial^2 y}{\partial t^2} = 0 \tag{1}$$

用分离变量法，令 $y(x,t)=X(x)T(t)$，代入方程（1），得

$$\frac{1}{X}\frac{\mathrm{d}^4 X}{\mathrm{d}x^4} = -\frac{\rho s}{YJ}\frac{1}{T}\frac{\mathrm{d}^2 T}{\mathrm{d}t^2}$$

等式两边分别是 x 和 t 的函数，这只有都等于一个常数才有可能，设该常

数为 K^4，于是得

$$\frac{\mathrm{d}^4 X}{\mathrm{d}x^4} - K^4 X = 0$$

$$\frac{\mathrm{d}^2 T}{\mathrm{d}t^2} + \frac{K^4 YJ}{\rho s} T = 0$$

这两个线性常微分方程的通解分别为

$$X(x) = B_1 \cosh Kx + B_2 \sinh Kx + B_3 \cos Kx + B_4 \sin Kx$$
$$T(t) = A\cos(\omega t + \varphi)$$

解振动方程式，得通解为

$$y(x,t) = (B_1 * \cosh Kx + B_2 \sinh Kx + B_3 \cos Kx + B_4 \sin Kx)A\cos(\omega t + \varphi)$$

式中

$$\omega = \left[\frac{K^4 YJ}{\rho s}\right]^{\frac{1}{2}} \tag{2}$$

该公式称为频率公式。对任意形状的截面，不同边界条件的试样都是成立的。我们只要用特定的边界条件定出常数 K，并将其代入特定截面的转动惯量 J，就可以得到具体条件下的计算公式。

如果悬线悬挂在试样的节点附近，则其边界条件为自由端横向作用力，即

$$F = -\frac{\partial M}{\partial x} = -YJ\frac{\partial^3 y}{\partial x^3} = 0$$

弯矩为

$$M = YJ\frac{\partial^2 y}{\partial x^2} = 0$$

即

$$\left.\frac{\mathrm{d}^3 X}{\mathrm{d}x^3}\right|_{x=0} = 0, \qquad \left.\frac{\mathrm{d}^3 X}{\mathrm{d}x^3}\right|_{x=l} = 0$$

$$\left.\frac{\mathrm{d}^2 X}{\mathrm{d}x^2}\right|_{x=0} = 0, \qquad \left.\frac{\mathrm{d}^2 X}{\mathrm{d}x^2}\right|_{x=l} = 0$$

将通解代入边界条件，得到

$$\cos Kl \cdot \cosh Kl = 1$$

用数值解法求得本征值 K 和棒长 l 应满足 $Kl = 0$，4.730，7.853，10.966，…由于其中一个根 0 对应于静态情况，故将第二个根作为第一个根，记作 $K_1 l$。一般将 $K_1 l$ 所对应的频率称为基频频率。在上述计算的 $K_m l$ 值中，1，3，5，…个数值对应着对称形振动，2，4，6，…个数值对应着反对称形振动。可见试样在作基频振动时，存在两个节点，它们的位置距离端面分别为 $0.224l$ 和 $0.776l$ 处。将第一本征值 $K = \frac{4.730}{l}$ 代入（2）式，得到自由振动的固有频率（即基频）为

$$\omega = \left[\frac{(4.730)^4 Y J}{\rho l^4 s} \right]^{\frac{1}{2}}$$

解出杨氏模量为

$$Y = 1.9978 \times 10^{-3} \frac{\rho l^4 s}{J} \omega^2 = 7.8870 \times 10^{-2} \times \frac{l^3 m}{J} f^2$$

对于圆棒 $\qquad J = \int y^2 \mathrm{d}s = s(\frac{d}{4})^2$

式中，d 为圆棒的直径。

最后得到杨氏模量为

$$Y = 1.6067 \times \frac{l^3 m}{d^4} f^2 \tag{3}$$

附录 2 外延测量法

实验中，由于一些特殊原因，会使所需要的数据处在可以测量的范围之外。为了得到需要的数据，可以采取外延测量法。

首先在许可的范围测值，获得一组数据，根据测得的数据作出数据分布曲线；再将曲线按照分布规律作延伸，达到所需的测值范围。在曲线的延长部分即可得到所要的值。

比如在本实验中，因为在节点处的基频共振频率无法直接测量，就可以在节点附近选择多个位置，分别测出对应的共振频率，然后以悬挂点位置为横坐标，以共振频率为纵坐标，作出曲线，在曲线上即可得到比较准确的节点基频共振频率。

实验 3 刚体转动惯量的测量

转动惯量（moment of inertia）是对刚体转动时惯性大小的量度，用来表征刚体运动特性的物理量。转动惯量与刚体的质量及质量分布（形状、大小、密度分布等）有关，也与转动轴线的位置和相对刚体的方位角有关。如果刚体形状简单，质量分布均匀，则可以通过数学方法直接计算出它绕特定轴的转动惯量；而对于形状复杂、质量分布不均匀的刚体，计算将非常困难，如机械零部件、电机转子及枪炮的弹丸等，通常需要用实验的方法来测定。因此，学会刚体转动惯量的基本测量方法，具有重要的实际意义。

测定转动惯量有很多方法，一般都是使刚体按照某一形式做运动，再通过该运动的特定物理量与转动惯量的关系，最终间接测算出转动惯量。本实验是应用刚体转动的动力学原理，采用恒力矩法测量转动惯量，并对刚体转动的平行轴定理进行验证。

在涉及刚体转动的机电制造、航空、航天、航海、军工等工程技术和科学研究中，测量转动惯量都具有十分重要的实用价值。

【预习思考题】

1. 用恒力矩法测量刚体的转动惯量的依据是什么？
2. 通过实验计算刚体转动惯量需要测量和记录哪些物理量？
3. 什么是刚体转动的平行轴定理？如何验证？
4. 在本实验中，刚体运动所需要的恒力矩有哪些？怎样实现的？

【实验目的】

1. 学习用恒力矩转动法测定刚体转动惯量的原理和方法。
2. 观测刚体的转动惯量随其质量、质量分布及转轴不同而改变的情况，验证平行轴定理。
3. 学会使用通用电脑计时器测量时间量。

【实验内容】

1. 测量圆环体的转动惯量。
2. 验证平行轴定理。

【实验原理与计算公式】

（一）恒力矩转动法测定转动惯量的原理

刚体转动惯量可以描述为：$J = \sum_i \Delta m_i r_i^2$，式中 Δm_i 为刚体内的某个质点的质量，r_i 为该质点到转轴的距离。从此式可知，刚体的转动惯量 J 由刚体内各个质量元对某转轴的转动惯量的线性叠加而成，与刚体所受到的合外力矩以及运动状态无关。因此，转动惯量是表征转动刚体自身特性的物理量。

根据刚体的定轴转动定律：

$$M = J\beta \tag{1}$$

只要测定刚体转动时所受的总合外力矩 M 及该力矩作用下刚体转动的角加速度 β，则可计算出该刚体的转动惯量 J。而事实上，从以下推演可以看到，通过刚体运动的动力学原理，还可以使测量进一步的简化。

我们用空试验台这样的圆盘形刚体为例进行分析。

第一步，实验台以某初始角速度转动，在摩擦阻力矩 M_μ 的作用下，将以角加速度 β_1 作匀减速运动，其转动惯量为 J_1，即

$$-M_\mu = J_1\beta_1 \tag{2}$$

第二步，将质量为 m 的砝码用细线绕在半径为 R 的实验台塔轮上，并让砝码自由下落，实验台在砝码重力（恒外力）的作用下将作匀加速运动。

若砝码的加速度为 a，则细线所受张力为 $T = m(g-a)$。若此时实验台的角加速度为 β_2，则有 $a = R\beta_2$。细线施加给实验台的力矩为 $TR = m(g-R\beta_2)R$，此时有

$$m(g-R\beta_2)R - M_\mu = J_1\beta_2 \tag{3}$$

将（2）、（3）两式联立消去 M_μ 后，可得到空试验台的转动惯量为

$$J_1 = \frac{mR(g-R\beta_2)}{\beta_2-\beta_1} \tag{4}$$

同理可以得到在实验台上加上被测刚体后的转动惯量 J_2。

由转动惯量的迭加原理（$J = \sum_i \Delta m_i r_i^2$）即可算出被测刚体的转动惯量 J_3，即

$$J_3 = J_2 - J_1 \tag{5}$$

这时式（5）中已经不再含有合外力矩 M。根据刚体参数 R（半径）、m（质量）以及角加速度 β_1、β_2 就可以计算被测刚体的转动惯量。怎么得到角加速度呢？

（二）角加速度 β 的测量原理

电脑计时器记录遮挡次数和相应的时间。实验载物台每转动半圈遮挡一次固定在底座上的光电门，即产生一个计数光电脉冲，计数器记下遮挡次数 k 和相应的时间 t。若从第一次挡光（$k=0$，$t=0$）开始计次、计时，实际为 $k=1$，$t=0$，且初始角速度为 ω_0，则对于匀变速运动中测量得到的任意两组数据（k_m，t_m），（k_n，t_n），相应的角位移 θ_m，θ_n 分别为

$$\theta_m = k_m\pi = \omega_0 t_m + \frac{1}{2}\beta t_m^2 \tag{6}$$

$$\theta_n = k_n\pi = \omega_0 t_n + \frac{1}{2}\beta t_n^2 \tag{7}$$

从（6）、（7）两式中消去 ω_0，可得

$$\beta = \frac{2\pi(k_n t_m - k_m t_n)}{t_n^2 t_m - t_m^2 t_n} \tag{8}$$

由（8）式即可计算角加速度 β。

（三）平行轴定理

理论分析表明，质量为 m 的物体围绕通过质心的几何中心轴转动时的转动惯量 J_0 最小。当转轴离开刚体质心平行移动距离 d 而绕新轴转动时，转动惯量变大为

$$J = J_0 + md^2 \tag{9}$$

从式（9）可知，刚体质量越大，质心离转轴的距离越远，刚体转动惯量的增加值越大，而且偏移量的影响是平方的关系，这是在机械设计时应特别考虑的。

（四）几种规则物体的转动惯量理论计算公式

● 圆盘、圆柱体绕几何中心轴转动的转动惯量为

$$J = \frac{1}{2}mR^2 \tag{10}$$

● 圆环体绕几何中心轴的转动惯量为

$$J = \frac{1}{2}m(R_{外}^2 + R_{内}^2) \tag{11}$$

将试样的转动惯量理论值 J 与测量值 J_3 比较，可以计算测量值的相对误差，即

$$E = \frac{J_3 - J}{J} \times 100\% \tag{12}$$

【实验仪器及说明】

图1为转动惯量测量系统；图2（a）为系统中实验载物台和定滑轮及砝码侧视图，图2（b）为俯视图。

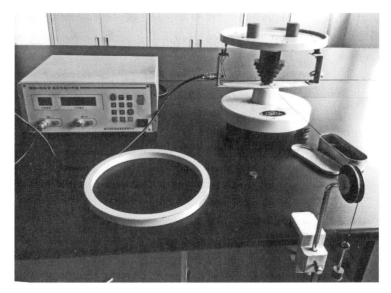

图1　转动惯量测量系统

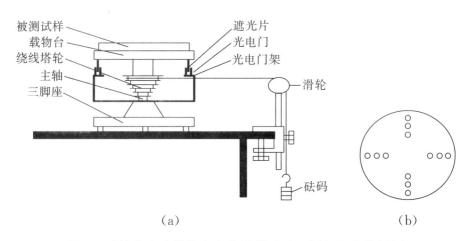

（a）　　　　　　　　　　　（b）

图2　系统中实验载物台和定滑轮及砝码侧视图和俯视图

转动惯量实验仪如图1所示，绕线塔轮通过特制的轴承安装在主轴上，使转动时的摩擦力矩很小。包括两种运动方式，即匀减速转动和匀加速转动。

（一）匀减速

直接用手拨动实验台，使实验台得到一个初始转速，然后在摩擦阻力矩的作用下，作匀减速运动。

（二）匀加速

在实验载物台下方有一组共 5 个不同半径的塔轮，通过拉线与砝码及挂钩组合连接。当砝码下落作匀加速直线运动时，产生大小不同的恒力矩，带动载物台与塔轮作匀加速转动；当拉线与不同直径的塔轮连接时，实验台可以获得不同转速。

仪器及附件参数说明如下：

随仪器配的被测试样有 1 个圆盘，1 个圆环，2 个圆柱；试样上标有几何尺寸及质量（可参见下文），在转动惯量的理论计算值时使用。圆柱体试样可插入载物台上的不同孔，这些孔离中心的距离 d 分别为 50mm，75mm，100mm，在验证平行轴定理计算理论值时使用。位于实验载物台下边有 2 只光电门，1 只作测量，1 只备用，可通过电脑计时器上的按钮切换（只能同时使用一个，即只按下一个按钮开关）。

具体参数如下：

1. 塔轮半径从上到下依次为 $\varnothing$ 35mm，$\varnothing$ 30mm，$\varnothing$ 25mm，$\varnothing$ 20mm，$\varnothing$ 15mm。

2. 每个圆柱体直径 $\varnothing$ 30mm，高 30mm，质量为 166g。

3. 载物台圆盘直径 $\varnothing$ 240mm，高 4mm，质量为 490g。

4. 圆环外径 $\varnothing$ 240mm，内径 $\varnothing$ 210mm，高 15mm，质量为 420g。

5. 载物台上圆周分布的孔与载物台中心的距离 d 依次为：50mm，75mm，100mm。

6. 砝码质量分别为 10g（厚的）、5g（薄的）；砝码挂钩质量为 6g。

说明：以上样品（包括圆环、圆柱、砝码、挂钩等）的质量值，均由仪器供货商提供，经编者在锦江学院实测，发现实际质量有很大偏差，而且其中的每一个也有差异，故建议实验者最好用天平实测为准。

【实验步骤要点】

（一）实验准备

在桌面上将仪器调平。将定滑轮支架固定在实验台面边缘，调整定滑轮高度及方位，使滑轮槽与选取的绕线塔轮槽等高，且绕线塔轮切线方向正好通过定滑轮槽中线，保证细线正好通过定滑轮槽中心（这点很重要，目的是减小细线与定滑轮之间的摩擦力）。如图 1 所示。

打开计时器的电源开关，任选 1 路光电门的开关接通（开关按下），另一路断开（开关弹出）作备用。

数码显示器显示"P ＿ ＿ ＿0 1 6 4"，表明系统默认的制式为每组脉冲由一个光电脉冲组成，共记录 64 组脉冲。

按"复位"键进入设置状态，在数字键盘上输入"0109"，把记录组数修改为 9 组（在记录数据时，第 1 组舍去，记录从第 2 组到第 9 组，共 8 组）。

（二）测量并计算实验台的转动惯量 $J_台$

1. 匀减速测量 β_1。

用手拨动载物台，使实验台有一初始转速，并在摩擦阻力矩的作用下作匀减速运动。待载物台转动稳定后，按"OK"键。仪器开始测量光电脉冲次数及相应的时间，显示 8 组测量数据后按"回车"键倒查（按"OK"键顺查，按 0~9 数字键可选查），仪器进入查阅状态，将查阅到的数据逐个记入表 1 左边 4 栏。

采用逐差法处理数据，将第 1 和第 5 组，第 2 和第 6 组，第 3 和第 7 组，第 4 和第 8 组分别组成 4 组，用（8）式计算对应各组的 β_1 值，然后求其平均值作为 β_1 的测量值。

2. 匀加速测量 β_2。

选择某一半径的塔轮，将一端打结的细线（注意线上边不能有接头）嵌入塔轮上开的细缝（让细线与塔轮之间没有滑动），再把细线不重叠地密绕在该塔轮上；细线另一端通过定滑轮后连接砝码。释放载物台，砝码作匀加速直线运动，在拉线的牵引下实验台作匀加速转动。在转动稳定后，按"OK"键，使计时器开始工作。按上述办法查阅、记录 8 组数据于表 1（右边 4 栏），仍用（8）式计算出 β_2 的测量值。（注：为了保证挂钩在落地前可以采集到 8 组数据，拉线只能绕在最小的第 5 或第 4 层塔轮上）

根据匀减速的 β_1 和匀加速的 β_2，使用（4）式即可算出实验台的转动惯量 $J_台$。

（三）测量并计算实验台放上圆环后的转动惯量，计算圆环的转动惯量 $J_环$，并与理论值比较计算其百分偏差

将圆环放上实验台，采用同样的方法，分别测得匀减速、匀加速的 8 组数据，填入表 2。再用公式（8）、公式（4）计算出实验台加上圆环的转动惯量 J_2；用公式（5）从 J_2 中扣除 $J_台$ 的值（由表 1 求得），即可得到圆环的转动惯量 $J_环$（实验值）。

把该圆环的质量和几何参数输入公式（11），可以算出其理论值；把理论值同实验值作比较，用公式（12）即可算出实验值的百分偏差。

（四）验证平行轴定理

将两圆柱体对称插入载物台上与中心距离为 d 的圆孔中，仍按照上述方法获得转动惯量的实验值；同时，由（10）、（9）式计算出两圆柱体在此位置的转动惯量理论值；与所得的测量值比较（需要注意：实验中用了 2 个圆柱，而理论值计算时只有 1 个），用公式（12）算出它们之间的百分偏差。

【实验数据记录及处理】

1. 测量实验台的角加速度，计算试验台的转动惯量。

表 1　实验台的角加速度测量记录

塔轮半径 $R =$			mm；		砝码及挂钩质量 $m =$				g	
匀减速					匀加速					
k_m（组）	1	2	3	4	平均	k_m（组）	1	2	3	4	平均
t_m（s）						t_m（s）					
k_n（组）	5	6	7	8		k_n（组）	5	6	7	8	
t_n（s）						t_n（s）					
β_1（1/s²）						β_2（1/s²）					
实验台转动惯量							（由计算机完成）				

将表中数据代入（4）式可计算空实验台转动惯量：$J_1 =$　kg·m²（由计算机完成）。

2. 测量实验台加圆环试样后的角加速度，计算圆环的转动惯量；计算百分偏差。

表 2　实验台加圆环试样后的角加速度测量记录

$R_{外} =120$mm　$R_{内} =105$mm　$m_{圆环} =436$g

塔轮半径 $R =$			mm；		砝码及挂钩质量 $m =$				g	
匀减速					匀加速					
k_m（组）	1	2	3	4	平均	k_m（组）	1	2	3	4	平均
t_m（s）						t_m（s）					
k_n（组）	5	6	7	8		k_n（组）	5	6	7	8	
t_n（s）						t_n（s）					
β_3（1/s²）						β_4（1/s²）					
圆环及实验台的转动惯量							（由计算机完成）				

将表中数据代入（4）式计算实验台放上圆环后的转动惯量：$J_2 =$ kg·m²（由计算机完成）。

由（5）式计算圆环的转动惯量测量值：$J_3 = J_2 - J_1 =$　kg·m²。

由（11）式计算圆环的转动惯量理论值：$J =$　kg·m²。

由（12）式计算测量的百分偏差：$E = \dfrac{J_3 - J}{J} \times 100\% = \underline{\quad\quad} \%$。

3. 测量两圆柱试样中心与转轴距离为 d 时的角加速度，计算实验台和 2 个圆柱的转动惯量，从而验证平行轴定理；计算百分偏差。

表 3　两圆柱试样中心与转轴距离为 d 时的角加速度测量记录

$R_{圆柱} = 15\mathrm{mm}$　$m_{圆柱} = 166\mathrm{g}$

塔轮半径　$R = \underline{\quad}$ mm；砝码及挂钩质量 $m = \underline{\quad}$ g；圆柱体偏心距离 $d = \underline{\quad}$ mm										
匀减速					匀加速					
k_m（组）	1	2	3	4	k_m（组）	1	2	3	4	
t_m（s）					t_m（s）					平均
k_n（组）	5	6	7	8	k_n（组）	5	6	7	8	
t_n（s）					t_n（s）					
β_5（1/s^2）					β_6（1/s^2）					
两圆柱放在实验台上距离转轴 $d = \underline{\quad}$ mm 时的转动惯量									（由计算机完成）	

将表 3 中数据代入（5）式可计算实验台放上两圆柱后的转动惯量：$J_2 = \underline{\quad\quad}$ kg·m^2（由计算机完成）。

由（6）式计算两圆柱的转动惯量测量值：$J_3 = J_2 - J_1 = \underline{\quad\quad}$ kg·m^2。

由（11）、（10）式计算两圆柱在偏离质心距离为 $d = \underline{\quad\quad}$ mm 时，转动惯量理论值：$J = \underline{\quad\quad}$ kg·m^2。

由（13）式计算测量的相对误差：$E = \dfrac{J_3 - J}{J} \times 100\% = \underline{\quad\quad} \%$。

【思考题】

1. 分析导致转动惯量的实验值与理论值不一致的因素。

2. 验证平行轴定理时，为什么不用一个圆柱体而要采用两个圆柱体对称放置？

【参考文献】

［1］李相银. 大学物理实验［M］. 北京：高等教育出版社，2004.

［2］杨述武. 普通物理实验（力学及热学部分）［M］. 3 版. 北京：高等教育出版社，2000.

［3］贺占魁，樊启泰. 复杂不规则刚体转动惯量的测试原理和方法［J］. 机械设计与研究，2003（2）：59−60.

［4］杨涛，任明放. 刚体转动惯量实验中时间测量的改进方法［J］. 大学物理，2005，24（4）：37−39.

实验 4　用玻尔共振仪研究受迫振动

振动是一种重要而又普遍的运动形式，在日常生活以及物理学、无线电学、医学和各种工程技术领域中都广泛存在。受迫振动问题是一个很普遍的运动问题，该问题的研究对于力学、声学、交流电路、原子物理以及工程设计等领域都很重要，尤其是其中的受迫共振现象具有很强的实用价值，许多仪器和装置都是利用共振原理设计制造的。例如，电磁共振是无线电技术的基础，利用共振可以选择接收信号和放大信号，获取高频电压；物质对电磁场的特征吸收和耗散吸收可用磁共振现象来描述，包括顺磁共振、铁磁共振、核磁共振、回转磁共振等。这些技术广泛应用于物理学、化学、生物学、材料科学和医学。但在利用共振的同时，我们也要防止共振现象引起的破坏，如共振可能引起建筑物的垮塌、机械装置的解体、电器元件的烧毁，因此研究受迫振动是必要且有意义的。

本实验采用玻尔共振仪定量研究物体在周期外力作用下做受迫振动的幅频特性和相频特性。

【预习与思考题】

1. 什么是简谐振动、阻尼振动、受迫振动？共振是如何产生的？

2. 试举两个具体应用共振特性的实例，从物理概念、应用价值等方面加以简要阐述。

【实验目的】

1. 研究弹性摆轮的振动，理解简谐振动、阻尼振动、受迫振动，共振的概念、特征及产生的条件。

2. 测定阻尼振动的阻尼系数。

3. 测定弹性摆轮受迫振动的幅频特性和相频特性，学习用频闪法测定动态的物理量——相位差。

4. 了解共振的特性和用途。

【实验仪器】

玻尔共振仪。

【预习注意事项】

1. 摆轮振幅不能超过 $150°$，受迫振动时，阻尼选择旋钮不能放在 "0" 挡，以免振幅太大损坏蜗卷弹簧。

2. 不能随意扭动铜质圆形摆轮 A 和电动机轴上装有的固定角度盘 G，以免造成光电门的数据传输不正常。

3. 测量幅频特性曲线和相频特性曲线时，一定要等振幅和相位稳定后才能记录数据。

【实验原理】

物体在周期性外力作用下发生的振动称为受迫振动，周期性外力称为强迫力。

本实验中，纯铜圆形摆轮和蜗卷弹簧组成弹性摆轮，可绕转轴摆动。摆轮在摆动过程中同时受到与角位移 θ 成正比，方向指向平衡位置的弹性恢复力矩；与角速度 $\mathrm{d}\theta/\mathrm{d}t$ 成正比，方向与摆轮运动方向相反的阻尼力矩以及按简谐规律变化的外力矩的作用（参见仪器介绍部分）。根据转动定律，可列出摆轮的运动方程：

$$I\frac{\mathrm{d}^2\theta}{\mathrm{d}t^2} = -K\theta - b\frac{\mathrm{d}\theta}{\mathrm{d}t} + M_0\cos\omega t \tag{1}$$

式中，I 为摆轮的转动惯量，K 为蜗卷弹簧的弹性力矩系数，b 为阻尼力矩系数，M_0 和 ω 为强迫外力矩的幅值和角频率。

令 $\omega_0^2 = \dfrac{K}{I}$，$2\beta = \dfrac{b}{I}$，$m = \dfrac{M_0}{I}$，则（1）式变为

$$\frac{\mathrm{d}^2\theta}{\mathrm{d}t^2} + 2\beta\frac{\mathrm{d}\theta}{\mathrm{d}t} + \omega_0^2\theta = m\cos\omega t \tag{2}$$

根据微分方程的相关理论，其解为

$$\theta = \theta_1 \mathrm{e}^{-\beta t}\cos(\omega_1 t + \alpha) + \theta_2\cos(\omega t + \varphi) \tag{3}$$

式中，$\omega_1 = \sqrt{\omega_0^2 - \beta^2}$，$\beta$ 为阻尼系数。

公式（3）中第一部分表示阻尼振动经过一段时间后会衰减消失。第二部分为稳态解，说明振动系统在强迫力作用下，经过一段时间后即达到稳定的振动状态。如果外力是按简谐振动规律变化，那么物体在稳定状态时的运动也是与强迫力同频率的简谐振动，具有确定的振幅 θ_2，并和强迫力之间有一个确定的相位差 φ。

将 $\theta = \theta_2\cos(\omega t + \varphi)$ 代入（2）式，解得稳定受迫振动的幅频特性及相频

特性表达式分别为

$$\theta_2 = \frac{m}{\sqrt{(\omega_0^2 - \omega^2)^2 + 4\beta^2 \omega^2}} \tag{4}$$

$$\varphi = \arctan\left(\frac{-2\beta\omega}{\omega_0^2 - \omega^2}\right) \tag{5}$$

由（4）式和（5）式可以看出，在稳定状态时振幅与相位差保持恒定，振幅 θ_2 与相位差 φ 的数值取决于 β，ω_0，m 和 ω，亦即取决于 I，b，K 和 M_0，而与振动的起始状态无关。当强迫力的频率与系统的固有频率相同时，相位差为 $-90°$。

由于受到阻尼力的作用，受迫振动的相位总是滞后于强迫力的相位，即（5）式中的 φ 应为负值，而反正切函数的取值范围在 $\pm 90°$ 之间，当由（5）式计算得出的角度数值为正时，应减去 $180°$ 将它换算为负值。

图 1 和图 2 分别表示了在不同 β 时稳定受迫振动的幅频特性和相频特性。

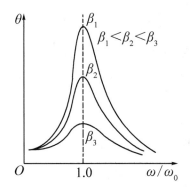 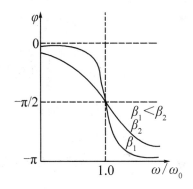

图 1　不同 β 时的幅频特性　　图 2　不同 β 时的相频特性

由（4）式，将 θ_2 对 ω 求极值可得出当强迫力的频率 $\omega = \sqrt{\omega_0^2 - 2\beta^2}$ 时，θ 有极大值，产生共振。若共振时频率和振幅分别用 ω_r，θ_r 表示，则有

$$\omega_r = \sqrt{\omega_0^2 - 2\beta^2} \tag{6}$$

$$\theta_r = \frac{m}{2\beta\sqrt{\omega_0^2 - \beta^2}} \tag{7}$$

将（6）式代入（5）式，得共振时的相位差为

$$\varphi_r = \arctan\left(\frac{-\sqrt{\omega_0^2 - 2\beta^2}}{\beta}\right) \tag{8}$$

公式（6）、（7）和（8）表明，阻尼系数 β 越小（$\omega_0 \gg \beta$），共振时的频率越接近系统的固有频率，振幅 θ_r 越大，共振时的相位差越接近 $-90°$。

由图 1 可见，β 越小，θ_r 越大，θ_2 随 ω 偏离 ω_0 而衰减得越快，幅频特性

曲线越陡峭。在峰值附近，$\omega \approx \omega_0$，$\omega_0^2 - \omega^2 \approx 2\omega_0(\omega_0 - \omega)$，而（4）式可近似表达为

$$\theta_2 = \frac{m}{2\omega_0\sqrt{(\omega_0 - \omega)^2 + \beta^2}} \tag{9}$$

由（9）式可知，当 $|\omega_0 - \omega| = \beta$ 时，振幅降为峰值的 $1/\sqrt{2}$，由幅频特性曲线的相应点可确定 β 的值。

【仪器简介】

玻尔共振仪由振动仪和光电测控箱两部分组成，振动仪结构如图 3 所示。

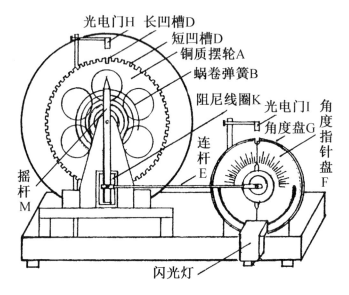

图 3　BG-2 型玻尔共振仪

铜质圆形摆轮 A 安装在机架转轴上，可绕转轴转动。蜗卷弹簧 B 的一端与摆轮相连，另一端与摇杆 M 相连。自由振动时摇杆不动，蜗卷弹簧对摆轮施加与角位移成正比的弹性恢复力矩。在摆轮下方装有阻尼线圈 K，电流通过线圈会产生磁场，铜质摆轮在磁场中运动，会在摆轮中形成局部的涡电流，涡电流磁场与线圈磁场相互作用，形成与运动速度成正比的电磁阻尼力矩。强迫振动时电动机带动偏心轮及传动连杆 E 使摇杆摆动，通过蜗卷弹簧传递给摆轮，产生强迫外力矩，强迫摆轮作受迫振动。

在摆轮的圆周上每隔 2° 开有许多凹槽，其中一个凹槽（用白漆线标出）比其他凹槽长出许多。摆轮正上方的光电门架 H 上装有两个光电门，一个对准长凹槽，在一个振动周期中长凹槽两次通过该光电门，光电测控箱由该光电门的开关时间来测量摆轮的周期，并予以显示；另一个对准短凹槽，由一个周

期中通过该光电门的凹槽个数，即可得出摆轮振幅并予以显示，测量精度为 $2°$。

电动机轴上装有固定的角度盘 G 和随电机一起转动的有机玻璃角度指针盘 F，角度指针上方有挡光片。在角度盘正上方装有光电门 I，有机玻璃转盘的转动使挡光片通过该光电门，光电测控箱记录光电门的开关时间，测量强迫力的周期。置于角度盘下方的闪光灯受摆轮长凹槽光电门的控制，每当摆轮长凹槽通过平衡位置时，触发闪光灯。在受迫振动达到稳定后，在闪光灯照射下可以看到角度指针好像一直停在某刻度处（实际上角度指针一直在匀速转动），这一现象称为频闪现象，利用频闪现象可从角度盘直接读出摇杆相位超前于摆轮相位的数值，其负值即为相位差 φ。

光电测控箱的前面板如图 4 所示。"振幅显示"窗显示摆轮的振幅。"周期显示"窗显示摆轮或强迫力的周期，用"摆轮－强迫力"开关切换。用"周期选择"开关可选择显示单次或 10 次周期时间。"复位"按钮仅在"周期选择"为"10"时起作用，按一下复位钮周期显示数字复"0"，开始新的测量，测单次周期时会自动复位。"强迫力周期"旋钮系带有刻度的十圈电位器，调节此旋钮可改变电机转速即改变强迫力的周期，其显示的数字仅供实验时作参考，以便大致确定不同强迫力周期时多圈电位器的相应位置。"阻尼选择"旋钮通过改变阻尼线圈内电流的大小，改变摆轮系统的阻尼力的大小，其中"0"挡无电磁阻尼力，"1～4"挡电磁阻尼力依次增大。"闪光灯"开关用于控制闪光灯的工作，为使闪光灯管不易损坏，仅在测量相位差时才扳向接通。"电机开关"用来控制电机的启动与关闭。

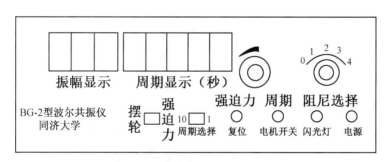

图 4　光电测控箱的前面板

【实验内容及步骤】

（一）实验仪的调节及定性观察

将电器控制箱电源打开预热。用手转动有机玻璃转盘轴，使角度指针对准

0，静态时摇杆上端、摆轮长凹槽、摆轮光电门位置应该对齐。

将"摆轮－强迫力"开关拨向"摆轮"，周期选择开关拨向"1"，用手将摆轮转动一个角度后放手，检查摆轮能否无明显摩擦地自由振动，振幅及周期显示是否正常，若摆轮光电门 H 位置不当导致摆动或显示不正常，应适当调节光电门位置。

将"阻尼选择"开关选择非零挡，在摆轮静止时打开"电机开关"，可观察到摆轮在强迫外力矩的作用下振幅从小到大然后趋于稳定，观察此时摇杆上端与摆轮长凹槽的相对位置关系，可看到强迫外力矩与摆轮之间有固定的相位差。将"摆轮－强迫力"开关拨向"强迫力"，若周期显示不正常，应适当调节光电门 I 位置，使该光电门对准角度读数盘上方圆孔。

（二）测量摆轮的自由振动周期 T

关闭"电机开关"，"阻尼选择"旋钮扳向"0"挡，"摆轮－强迫力"开关选择"摆轮"，"周期选择"取"1"，角度读数指针放在 0。用手将摆轮拨动到约 $130°$ 处，然后放手，此时摆轮做衰减振动。每当振幅 θ 约为 $10°$ 的整数倍时将 θ 值和相应的 T 值记录于表 1 中。进行该项实验时，可两个同学配合进行。由于此时阻尼很小，测出的周期非常接近摆轮的固有周期 T_0。

（三）测量阻尼系数 β

将"阻尼选择"旋钮扳向强迫振动实验时将选的位置（一般为"2"或"3"），周期选择取"10"。用手将摆轮拨动到 $130°$ 左右，按"复位"键使周期显示复 0，松手使摆轮作阻尼振动。从"振幅显示"窗逐一记录下摆轮作阻尼振动的连续显示振幅值 $\theta_1, \theta_2, \cdots, \theta_{10}$ 于表 2 中，并记录摆轮振动的 10 个周期值于表 2 下方。

（四）测定受迫振动的幅频特性和相频特性

保持"阻尼选择"开关在测阻尼系数时的位置，"摆轮－强迫力"开关选择"强迫力"，周期选择取"1"，打开"电机开关"，使摆轮做受迫振动。

第一个测量点选为固有周期点。慢慢调节"强迫力周期"旋钮使强迫外力的周期接近表 1 中记录的摆轮周期，等摆轮振幅稳定后，将闪光灯按图 3 所示，置于角度读数盘下方，按下闪光灯开关测定摆轮与强迫力之间的相位差，看清角度后关闭闪光灯。若相邻两次闪光时读数不一致，取其平均值为测量值。若角度指针指示的角度不为 $90°$，微调"强迫力周期"旋钮（顺时针旋转会使角度读数值减小），待稳定后重新测定相位差。在摆轮振幅确实稳定（振幅显示连续 10 次不变），角度读数指针指示的相位差为 $90°$ 时，对应的周期为摆轮的固有周期 T_0。实际测量时将"周期选择"取"10"，按下"复位"键，测量强迫力的 10 个周期值，小数点左移一位得固有周期的平均值，记录固有周期值 T_0，摆轮的振幅值及摆轮与强迫力之间的相位差值"90"于表 3 中间一列。

以固有周期的数值为基准，改变强迫力的周期，固有周期左右各测 6 个点。在固有周期附近，周期改变约 0.01s 测量一组数据，在强迫力周期偏离固有周期较多时，幅频与相频特性曲线变化趋缓，测量间隔可稀疏一些。T_1 比 T_0，T_2 比 T_1，T_3 比 T_2 依次递增约 0.01s；T_4 比 T_3，T_5 比 T_4 依次递增约 0.02s；T_6 比 T_5 增加约 0.03s。同理，T_7 比 T_0，T_8 比 T_7，T_9 比 T_8 依次减少约 0.01s；T_{10} 比 T_9，T_{11} 比 T_{10} 依次减少约 0.02s；T_{12} 比 T_{11} 减少约 0.03s。待摆轮振幅确实稳定后测量并记录强迫力的周期值、摆轮的振幅值及摆轮与强迫力之间的相位差值于表 3 中。

若时间允许，可改变阻尼旋钮的挡位，重复测量阻尼系数 β 和受迫振动的幅频特性和相频特性。

【实验原始数据记录】

表 1 自由振动振幅与周期的关系

阻尼旋钮位置_____

振幅 θ（度）									
周期 T（s）									

在列出（2）式时假定恢复力矩与角位移成正比，由（3）式表明在此条件下振动周期（频率）与振幅无关，但实际上，由于多种因素的影响，蜗卷弹簧的弹性力矩系数 K 随角度不同而有微小变化，导致不同振幅时周期略有改变。

表 2 阻尼振动时振幅与时间的关系

阻尼旋钮位置_____

次数 n	振幅 θ_n（度）	次数 n	振幅 θ_n（度）	$\beta = \dfrac{1}{5T} \ln \dfrac{\theta_i}{\theta_{i+5}}$
1		6		
2		7		
3		8		
4		9		
5		10		
			平均值	

$10T =$ s，$T =$ s

表3　幅频特性和相频特性测量数据记录

阻尼旋钮位置＿＿＿＿

强迫力 周期 T（s）	T_6	T_5	T_4	T_3	T_2	T_1	T_0	T_7	T_8	T_9	T_{10}	T_{11}	T_{12}
振幅 θ（度）													
相位差 $-\varphi$（度）							90						
$\dfrac{\omega}{\omega_0}=\dfrac{T_0}{T}$							1						

【数据处理与要求】

1. 按表1、表2、表3的要求处理实验数据。
2. 按表3的数据用坐标纸作出摆轮的幅频特性曲线和相频特性曲线。

【思考题】

1. 共振峰对应的自变量 ω/ω_0 是否为1，为什么？（用（6）式计算 ω_r 并与 ω_0 比较）
2. 什么条件下强迫力的周期与摆轮的周期相同？

【参考文献】

［1］瑞斯尼克 R，哈里德 D. 物理学（第一卷，第二册）［M］. 北京：科学出版社，1982.

［2］杨福家. 原子物理学［M］. 3 版. 北京：高等教育出版社，2000.

［3］赵凯华，陈熙谋. 电磁学［M］. 北京：高等教育出版社，2005.

实验 5　固体比热容的测量

热学是物理学的一个重要领域，同其他学科一样，热学的发展也经历了漫长而曲折的过程。热质说曾作为基础理论而长期存在，其历史可以追溯到古希腊的德谟克里特以及古罗马的卢克莱修。作为朴素唯物论的佐证，他们提出了热是一种物质的学说。热质说以及近代提出的燃素说一直延续到 19 世纪。然而与之对立的是，以笛卡儿、波义耳、培根、虎克、牛顿等一批科学家早在 16 世纪，就已经把热看成是运动的一种形式，波义耳就以铁锤敲打铁钉而产生热量这样的例子，用力学分析方法来解释其生热，以支持自己的观点。

早期的热学是在定性的基础上建立和发展的，无论是热质说还是其对立面热动力学说，都需要定量的实验和分析数据作支撑。因此，发端于温度测量研究的量热学从 18 世纪中叶开始逐步形成，布拉克及其弟子拉瓦锡等做了一系列定量试验，建立了潜热、热容量等概念，发明了冰量热器，极大地促进了热学的发展，并且在工程技术领域得到应用。

到了 18 世纪末，热动力学说再次向热质说发起挑战。首先是杰出的物理学家汤普森在 1798 年完成的关于摩擦生热的半定量实验：他特别定制了一套装置，用钢钻摩擦产生热量，使 18 磅凉水的温度升高，在两个半小时后水沸腾了。汤普森指出："……任何东西，如果它能够像热在这些实验中那样被激发并传递，那么，它只能是运动。"但汤普森的定量工作不够彻底，他没有计算实验中盛水木盒所积存的热，也没有对实验中发散的热做出估算。

这种关于热的本质的结论立即遭到当时仍占据统治地位的热质说者的强烈攻击，但也得到了戴维和托马斯·杨等学者的支持。而且在接下来的 19 世纪上半叶，有越来越多的科学家如傅立叶、查理、盖·吕萨克、道尔顿等，做了大量热动力学方面的工作。但是，直到 1856 年出版的《英国大百科全书》的"热"词条中，对热质说的解释仍远远超过对热动力学的肯定。

19 世纪热学最重大的事件应该是热力学的形成。有了精密计温学的发展基础，在工业革命特别是对蒸汽机研究的推动下，卡诺于 1824 年发表了"关于火的动力的研究"的著名论文。他指出，在循环操作过程中，一种工作物质在经过一系列变化后将回到它的初始状态。卡诺还提出了可逆性原理，即热可以从冷凝器中取出并以耗费相等的功为条件还回热源。在此他断定，可逆机是效率最大的动力机。有趣的是，作为热质说的拥护者，卡诺最初是以热质的流动做出以上结论的，但在几年后，随着研究的深入，他掌握了能量守恒原理，接受了热的动力学理论的正确性，认为"动力是自然界的一个不变量，确切地说，动力既不能创造也不能消灭"。

热力学在这一时期确立了第一定律和第二定律。1850 年，克劳修斯在一篇论文中提出，热不能自动地从较冷的物体传到较热的物体。这就是关于热力学第二定律最初和最直接的描述。在接下来的几年时间里，威廉·汤姆逊等发表了关于第二定律的严格证明的论文。该时期对热力学发展做出了重要贡献的科学家还有罗伯特·迈尔、焦耳、亥姆霍兹等。

在 19 世纪和 20 世纪之交的那段时期，物理学发生了重大变革。一大批杰出的科学家基于精准实验和精密计算，对发现的物理现象做出了大胆而科学的假设，逐渐形成了对传统经典物理的颠覆性理论。从基尔霍夫、瑞利和波尔兹曼对黑体辐射的研究，到普朗克对光电效应提出的量子假设，再到爱因斯坦的狭义相对论，这都是物理学史上的里程碑事件。

在这样的背景下，尤其是随着量子理论的确立，热学的研究也向物质的微观水平发展，根据爱因斯坦关于振子中量子的最大概率分布原则来计算分子热和原子热，得到了符合实验观测的结果；低温物理取得许多重大的实验和技术进展；热力学第三定律（熵增原理或描述为绝对零度是不可能达到的），最终宣告热学发展到了热力学和统计力学的新阶段，诸如热质说、燃素说等观点，自动地退出了历史舞台。

然而，建立于热质基础上的量热学，并未同时结束其历史使命。迄今为止，它仍然在物理、化学、航空航天、机械制造以及各种制热、制冷工程和新能源开发、新材料研制等领域中有着广泛的应用。这就是本实验的现实意义所在。

【预习与思考题】

1. 比热容是单位质量物体温度升高 1℃时所吸收的热量，是表征物质物理性质的一个重要参数。物质的比热容会随温度的不同而有差异，在实验中是在一定的温度范围内来测量比热容的平均值的。

2. 如前所述，要想获得比较精确的热学实验结果，努力构造一个热力学孤立系统是非常必要的。

3. 因为理想的绝热系统（孤立系统）是不存在的，因此，认真分析实验过程中的吸热、散热因素，对它们做出合理的校正，就成为提高实验精度的重要环节。

【实验目的】

1. 学习测量固体比热容的一种基本方法——混合法。

2. 学习温度计、量热器、加热器等常用仪器的使用方法。

3. 学习非理想绝热系统的系统误差的校正方法。

【实验器材】

量热器、温度计（最小分度 0.2℃）、物理天平、加热器、量筒、蒸馏水、待测物体。

【实验原理】

当物体吸热时，其温度会升高；反之，在物体放热时，它的温度则要下降。这已经是人所共知的事实。在热学中，此过程可以描述为

$$Q = cm\Delta t \tag{1}$$

式中，m 为物体的质量；c 为该物质的比热容，其单位是 J/kg·K（J 为焦耳，K 为度）。在一定的温度范围内，比热容近似为一恒量，其数值等于使单位质量物体温度升高 1°时所吸收的热量。

由（1）式可知，物体温度的变化与它所吸收（或放出）的热量成正比。

（一）混合法测比热容

把具有确定温度的待测物体同已知比热但温度不同的物质混在一起，并与外界绝热，当混合物体达到热平衡时，温度较高的物体所放出的热量，将等于温度较低的物体所吸收的热量。据此列出热平衡方程，即可计算出该物质的比热容。

理想情况下，设待测物体的质量为 m_x，比热容为 c_x，把它加热到温度 t_2 后，放入量热器（如图 1 所示）中，再加入已知质量 m_1 和比热容 c_1，温度为 t_1 的水，让它们充分混合。在与外界绝热的条件下，待测物体把热量传递给水以及量热器（包括温度计和搅拌器），最后这个封闭系统达到平衡温度 t。由热平衡原理可得

$$c_x m_x (t_2 - t) = (c_1 m_1 + c_2 m_2)(t - t_1) \tag{2}$$

式中，m_2 为铜质量热器内筒和搅拌器的质量，c_2 为铜的比热容。这里忽略了温度计所吸收的热量。由此可得到待测物质的比热容，即

$$c_x = \frac{(c_1 m_1 + c_2 m_2)(t - t_1)}{m_x (t_2 - t)} \tag{3}$$

注意：水的比热容为：$c_1 = 4.182 \times 10^3$（J/kg·K）

铜的比热容为：$c_2 = 0.390 \times 10^3$（J/kg·K）

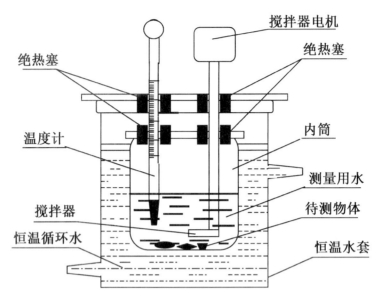

图 1　量热器示意图

（二）系统误差的校正

实验中装置同外界的热交换是无法避免的，因而总是存在系统误差，这会极大地影响测量结果。所以，校正系统误差是量热学实验的一个重要环节。本实验主要考虑沸点和热平衡时终结温度的校正。

1. 沸点的校正。

一般是把待测物体放入水中，加热至水沸腾，就是说待测物的初始温度 t_2 为水的沸点。但是，水的沸点是随大气压强而变化的，因此有必要对水的沸点进行校正。

用大气压强计测出实验室的气压，从表 1 中可以查到对应的沸点值。

表 1　水的沸点与大气压强（$p_1 + p_2$）的对照表

p_2/(133Pa)　　p_1/(133Pa)	0	1	2	3	4	5	6	7	8	9
730	98.88	98.92	98.95	98.99	99.03	99.07	99.11	99.14	99.18	99.22
740	99.26	99.29	99.33	99.37	99.41	99.44	99.48	99.52	99.58	99.59
750	99.63	99.67	99.70	99.74	99.78	99.82	99.85	99.89	99.93	99.96
760	100.00	100.04	100.07	100.11	100.15	100.18	100.22	100.26	100.29	100.33
770	100.36	100.40	100.44	100.47	100.51	100.55	100.58	100.62	100.65	100.69

2. 平衡温度 t 的校正。

实验中系统向外界散热是不可避免的，尤其是当处于高温的待测物被放入量热器后，水温迅速升高，系统散热更快。这样的过程会极大地影响平衡温度的准确性，因此有必要作如下的校正：

从将待测物放入量热器前 5min 开始，每隔 1min 测量一次量热器中的水温；当待测物被放入后，水温上升变快，这时应该每隔半分钟测量一次水温，直到升温停止；温度开始均匀下降时，再恢复每分钟测量一次水温，直到 15min 结束。

以各个时间值和对应的温度测量值作图，描出温度－时间的对应关系图（如图 2 所示）。

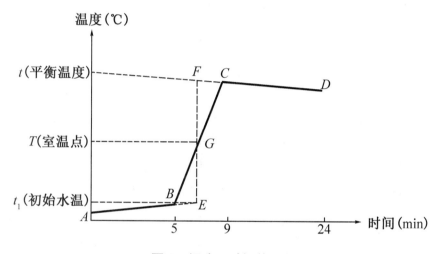

图 2　温度－时间关系图

为了将系统散热对初始水温 t_1 和平衡温度 t 的影响减到最小，在图 2 中，对应于室温点 T（室温）的曲线上的 G 点作一条垂直于横轴的直线，再把曲线的上升部分 AB 延长，下降部分 CD 反向延长，与直线分别交于 E 点和 F 点，通过 E 点作纵轴的垂线且通过 F 点作 CD 的延长线，即可得到经过校正的初始水温 t_1 以及平衡温度 t。

【实验内容与步骤】

1. 用物理天平称出待测物体的质量 m_x，量热器内筒和搅拌器的质量 m_2。

2. 向量热器内筒加入带有冰屑的蒸馏水，称出它们的总质量 m_1+m_2，计算出水的质量 m_1。

3. 把待测物体放入水中加热至沸腾，同时测量大气压，根据表 1 查到水的沸点，即待测物体的初始温度 t_2。

4. 测量未放入待测物前的初始水温 t_1（如前所述，需要在 5min 前开始测量，每隔 1min 测量一次，共测 5 次）。

5. 将待测物体放入加热至沸腾的量热器内筒水中，加好盖后不断搅拌。每 0.5min 测量一次温度，直到温度升到最高为止。根据待测物质量的大小和水的多少，此过程大约需要 3min～5min。

6. 当水温从最高温度开始下降时，继续测量温度，间隔可改为 1min 测量一次，直到温度均匀下降为止，此过程大约需要 15min。

【实验数据记录及处理】

数据记录表

时间(min)	1	2	3	4	5	5.5	6.0	6.5	7.0	⋯	n	$n+1$	⋯	$n+15$
温度(℃)														

1. 分别用时间和对应的温度值，在坐标纸上描点作图。在温度－时间曲线上，用作图法求得经校正的初始水温 t_1 以及平衡温度 t。

2. 把各个相关数值代入（3）式，求出待测物体的比热容 c_x。

3. 计算比热容的不确定度。（注意这里比热容 c_x 为间接测量值，而各个直接测量值（m，t）均为单次测量，故只存在 B 类不确定度）

【注意事项】

1. 实验中，扩大温差有利于提高实验精度，而待测物体的初始温度 t_2 基本是固定的，因此主要通过降低初始水温 t_1，以及升高平衡温度 t 来实现。

2. 在水中加入冰屑的目的是为了使初始水温 t_1 降低，一般控制在室温以下 3℃～4℃为好。

3. 为了提高平衡温度 t，一方面可以增大待测物的质量，同时水的质量应该较小，以可以淹没待测物体和温度计的水银头为度。

4. 为了尽量减少实验中系统与外界的热交换，一旦样品放入水中，应立即加盖盖好并且充分搅拌，而且整个操作过程要尽量避免和减少不必要的环节，缩短实验的时间。

【思考题】

1. 在测量固体比热容的实验中，采用了哪些方法构造出封闭的绝热系统？

2. 由于理想的绝热系统是不存在的，针对这个事实，在数据处理时采取了作图法校正，这种做法的实质是什么？

3. 为了提高温度的测量精度，可以采取哪些实验措施？

【参考文献】

［1］吴泳华. 大学物理实验（第一册）［M］. 北京：高等教育出版社，2001.

［2］熊永红. 大学物理实验［M］. 武汉：华中科技大学出版社，2004.

［3］张映辉. 大学物理实验［M］. 大连：大连海事大学出版社，2002.

［4］弗·卡约里. 物理学史［M］. 桂林：广西师范大学出版社，2002.

实验 6　固体线膨胀系数的测定

当温度升高时，原子间的平均距离也相应增大，这就导致整个固体的膨胀，固体任何线度（例如长度、宽度或厚度）的变化都叫做线膨胀。

绝大多数物质具有热胀冷缩的特性，在相同条件下，不同材料的固体，其线膨胀的程度各不相同，我们引入线膨胀系数来表征物质的膨胀特性。线膨胀系数是物质的基本物理参数之一，在道路、桥梁、建筑等工程设计，精密仪器仪表设计和材料的焊接、加工等各种领域中，都必须对物质的膨胀特性予以充分的考虑。

【预习与思考题】

1. 什么是线膨胀系数？在工程设计中如何考虑线膨胀的影响？

2. 实验中应该注意哪些安全事项？可能影响测量结果准确性的因素有哪些？

【实验目的】

1. 学习测量固体线膨胀系数的一种方法。

2. 了解一种位移传感器——数字千分表的原理及使用方法。

3. 了解一种温度传感器——AD590 的原理及特性。

4. 通过仪器的使用，了解数据自动采集、处理、控制的过程及优点。

【实验仪器】

SDT−2000 金属线膨胀系数测量仪。

【实验原理】

（一）线膨胀系数

设温度为 t_1 时固体的长度为 L_1，温度为 t_2 时固体的长度为 L_2。实验指出，当温度变化范围不大时，固体的伸长量 $\Delta L = L_2 - L_1$ 与温度变化量 $\Delta t = t_2 - t_1$ 及固体的长度 L_1 成正比，即

$$\Delta L = \alpha L_1 \Delta t \tag{1}$$

式中，比例系数 α 称为固体的线膨胀系数，由（1）式知：

$$\alpha = \frac{\Delta L}{L_1} \cdot \frac{1}{\Delta t} \tag{2}$$

可以将 α 理解为当温度升高 1℃时，固体增加的长度与原长度之比。多数金属的线膨胀系数在 $(0.8\sim2.5)\times10^{-5}/℃$ 之间。

线膨胀系数是与温度有关的物理量。当 Δt 很小时，由（2）式测得的 α 称为固体在温度为 t_1 时的微分线膨胀系数。当 Δt 在一个不太大的变化区间内时，我们近似认为 α 是不变的，由（2）式测得的 α 称为固体在 $t_1\sim t_2$ 温度范围内的线膨胀系数。

由（2）式知，在 L_1 已知的情况下，固体线膨胀系数的测量实际归结为温度变化量 Δt 与相应的长度变化量 ΔL 的测量，由于 α 数值较小，在 Δt 不大的情况下，ΔL 也很小，因此准确地测量 ΔL 及 t 是保证测量成功的关键。

（二）微小位移的测量及数字千分表

测量微小位移，以前用得最多的是机械百分表，它通过精密的齿条齿轮传动，将位移转化成指针的偏转，表盘最小刻度为 0.01mm，加上估读，可读到 0.001mm，这种百分表目前在机械加工行业仍广泛使用。

物理实验中常用光杠杆法测微小位移，它通过光学系统将微小位移量放大再加以观测。近年来各种位移传感器发展很快，它们都是将位移转化为易于测量和处理的电量，便于数据的自动采集和处理。

本实验采用容栅式数字千分表测量位移量 ΔL。容栅式数字千分表的基本测量部分是做成等节距栅型结构的差动电容器，它的作用是利用电容器的电荷耦合方式将机械位移转变成为电信号的相应变化量，将该电信号送入电子电路后，再经过一系列变换和运算后显示出机械位移量的大小。

数字千分表本身都带有数据处理电路及显示窗口，可直接显示出位移量，分辨率为 0.001mm。它还带有数据输出口，便于与其他测量控制电路连接。

数字千分表的使用可参见附录。

（三）温度传感器 AD590

本实验采用 AD590 测量温度。AD590 是一种集成温度传感器，它的测量原理基于硅三极管的如下基本性质：两只结构相同的三极管若集电极电流密度不同，则它们的基极－发射极电压也不相同；若两只管子的集电极电流密度比保持不变，则它们的基极－发射极电压之差正比于绝对温度 T。

在 AD590 中，将两只测量管的基极－发射极电压之差转化为正比于绝对温度 T 的电流输出，并且将测量管及相应的辅助电路都集成在一个芯片上，只需从输入端输入芯片工作所需的工作电压，则输出端输出的电流正比于绝对

温度 T。

AD590 使用简单，输出线性好，测量准确度高，价格也不贵，在温度测量中已得到广泛应用，其主要参数如下：

测量范围：$-55℃\sim150℃$

输出电流：$1\mu A/K$；输出阻抗 $>10M\Omega$

输入电压：$4V\sim30V$；标定电压：$5V$；功耗：$1.5mW$

【仪器介绍】

仪器如图 1 所示，整个仪器由测量部件、供水部件及测量仪三部分组成。

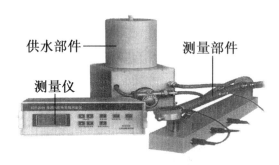

图 1   金属线膨胀系数测量仪

测量部件由待测样品、水套、支架、底座、数字千分表、AD590 等部分组成。待测样品为空心管状，长度为 500mm。样品加热方式为循环水加热，使样品升温均匀，保证测量的准确度。循环水从样品管的一端流入，从样品管的另一端流出，经水套与样品管外空间回流，再从出水口流出。

在底座上安装有固定支架与滑动支架。固定支架使样品的一端与底座连为一体，在测量过程中不产生相对位移，样品受热后的伸长量在滑动支架端由数字千分表测量，样品温度由装在水套中部的 AD590 测量。

支架由热导率低的非金属材料制成，以阻断水套与底座之间的热传递，使底座在测量过程中温度基本保持不变。

供水部件由水箱、加热器、水泵等部分组成。

测量仪是加热、数据采集、数据处理的控制部分。在测量前设置好各种测量参数，开始测量后所有的过程可自动完成。

【实验内容及步骤】

（一）熟悉及检查仪器

熟悉仪器各部分结构，检查水电连接是否完好，水箱水量是否在 $1/3\sim$

2/3左右。若数字千分表无显示，轻轻拉动测杆即可恢复显示。数字千分表显示窗口的提示符应为毫米，表示当前以毫米为测量单位。

用手推水套固定端支架，轻压水套，挪动连接水套的水管，晃动桌面等，进行这些动作时，注意数字千分表读数的变化，以了解在测量过程中若发生这类情况，对测量结果的影响。

（二）设置测量参数

测量仪的面板如图 2 所示。

图 2　测量仪面板

按"参数设置"键，进入参数设置状态，此时显示屏显示如右图所示：Range 表示测量范围，初始值为 25℃ ～90℃；Step 表示采样间隔，初始值为5℃；Mode 表示测量方式，Rise 表示在样品升温过

Range	Step
25℃~90℃	5℃
Mode=Rise	
Rise & Down	
Heat Power=100%	

程进行测量，Rise&Down 表示升温降温过程均可进行测量；Heat Power 是加热功率。

按"参数选择"的左键或右键，光标按顺时针或逆时针在测量起始温度、测量终止温度、采样温度间隔、测量方式、加热功率及测量起始温度之间循环移动，可以选择所要改变的参数。

按数据"浏览/参数修改"键，即可修改参数，每按动左键或右键一次，除测量方式外，所选参数值改变一个单位。按左键，参数值增加；按右键，参数值减少。对测量方式，每按动左键或右键一次，测量方式在 Rise 和 Rise&Down 间交替变化。

可将测量起始温度设置为 30℃，测量终止温度设置为 60℃，加热功率设置为 70%，其他参数与初始值一致。再次按动"参数设置"键，退出参数设置状态，即完成参数设置。

（三）测量

按动"测量开始/停止"键，加热器开关和水泵开关上的红色指示灯亮，表示加热器和水泵接通，测量开始，此时显示屏显示如下图所示。第二行"L

="后面的数值表示数字千分表的实时读数；第三
行"$T=$"后面的数值表示样品的实时温度；第四行
"$T=$"后面的数值表示上一次采样温度，"$L=$"后
面的数值表示上一次采样时数字千分表的读数。达
到测量终止温度或测量中途按"测量开始/停止"
键，则停止测量。

```
Measuring···········
L=···········
T=···········
T=···········   L=···········
```

（四）结果显示

测量停止后，测量仪自动计算和显示整个测量
温度区间的平均线膨胀系数。显示屏第二、第三行
的数值是 L，T 的实时读数，第四行是测量结果。
对于紫铜样品，若测量结果在 $(1.6 < \alpha < 1.8) \times 10^{-5}/℃$ 区间内，记录测量结果；不然则认为测量不
正常，应经过分析并与教师讨论后，再进行后续测量。

```
STD2000 V1.0···········
L=···········
T=···········
α=···········
```

（五）数据浏览

测量停止后，按"数据浏览/参数修改"键，即
可浏览各组采样数据。此时 T 实际是 ΔT，后面的
数值是该测量点与第一测量点的温差。L 实际是
ΔL，后面的数值是该测量点与第一测量点的长度差，
即固体受热后的膨胀量。继续按动"数据浏览"的右键

```
T=···········   L=···········
T=···········   L=···········
T=···········   L=···········
T=···········   L=···········
```

或左键，可循环显示各组数据。将第一次测量的数据记录在表1中。

（六）重复测量

为减小偶然误差，重复测量三次。重复测量时，保持设置参数不变，采用
换水的办法降低水温。

1. 将盛水容器放在排水管下面，打开水管开关，按动水泵开关，则水泵
将热水排出。

2. 关闭排水开关，从水箱上部注入冷水至水位达水箱的 2/3 处。

3. 由于离心式水泵在泵内无水时不能正常工作，因此注入冷水后，应再
次打开排水管，排出泵内空气，至排水管内有水流出时，关闭排水管。

4. 按动水泵开关让冷水循环 20s，冷却各部分。

5. 关闭水泵，静候 2min ～5min，让加热器缓慢冷却。

6. 重复步骤 1～4，从测量仪上可读出当前温度，若温度已低于设置的测
量起始温度，则可以按动测量键，开始新一次的测量。

【数据记录及处理】

表 1　第一次测量数据记录

采样次数	1	2	3	4	5	6
ΔT_i(℃)						
ΔL_i(mm)						

以 ΔT 作横轴，ΔL 作纵轴，在坐标纸上将各实验点标在图上。

由公式（1）：$\Delta L = \alpha L \Delta T = b\Delta T$ 知，$b = \alpha L$ 是直线的斜率，从实验值求得 b，则 $\alpha = b/L$。本实验用最小二乘法求 b。

对应于每一次采样值 ΔL_i，其计算值为 $b\Delta T_i$，它们的偏差为 $\Delta L_i - b\Delta T_i$。所谓最小二乘法，就是要求 b 使得 n 个偏差的平方和最小。或者说，使用斜率 b 作出的直线是 n 组测量值的最佳拟合。

用数学语言表述：

$$Q = \sum(\Delta L_i - b\Delta T_i)^2$$

式中，Q 是变量 b 的函数，当 b 取不同值时，Q 的值也不一样。要使 Q 最小，则 b 的取值应使 $\dfrac{\mathrm{d}Q}{\mathrm{d}b} = -2\sum\Delta T_i\,(\Delta L_i - b\Delta T_i) = 0$，即

$$b = \sum\Delta T_i\Delta L_i / \sum\Delta T_i^2 \tag{3}$$

由（3）式计算出 b（保留三位有效数字），写在图上，并以 b 为斜率作直线于 $\Delta T - \Delta L$ 图中。

已知 $L = 500\text{mm}$，计算 $\alpha = b/L$ 的值，写在图上，并与测量仪显示的 α 值比较。

以上数据处理过程要求在课堂上利用第二、第三次测量的时间完成，计算过程写在实验报告的数据处理栏中。

将三次测量仪显示的测量值 α 记录在记录表格中（表格自拟）。已知测量值 α 的 B 类不确定度为 0.05×10^{-5}/℃，计算其 A 类不确定度、合成不确定度，并给出最后测量结果。

【注意事项】

1. 本实验为 220V 供电，同学们在仪器通电后不要再去动各个电源接口，以免发生危险。

2. 数字千分表为精密贵重易损仪器，同学们一般不要自行装卸，不要粗暴操作。

大学物理实验教程

3. 在加水和放水过程中注意不要将水洒出，尤其不要洒在数字千分表和电源接口上，以免损坏仪器。

4. 温度传感器、数字千分表内部连接或与测量仪接触不良，会使测量结果不正常，此时可请老师协助解决。

5. 实验时带上计算器、坐标纸及画图工具。

【误差分析】

1. 若测量部件安装不当，如固定端固定不牢，滑动端样品与样品封头之间连接松动等，均会引起较大误差，同学若发现此类问题应报告老师，并请老师协助处理。

2. 滑动端与水套的摩擦会给固定端一个反向作用力，使固定端产生微小位移引起误差。样品与水套的膨胀系数不一致，也会使它们之间产生摩擦，并使样品产生微小弯曲形变引起误差，此类误差一般在2%以内。

3. 数字千分表、温度传感器及测量仪本身存在误差，此项误差一般小于1%。

4. 测量过程中如外力使固定端移动会带来较大误差，同学们应避免此类情况的发生。

【思考题】

1. 线膨胀系数为 α，对于各向同性的固体，每当温度改变 1℃时，面积 A 的相对变化率为 2α，体积 V 的相对变化率为 3α，试证明之。

2. 样品的长度取多少应如何考虑？你认为本实验中所取样品的长度是否合适？

3. 提出一种与本实验不同的实验方案，测量线膨胀系数 α。

【参考文献】

[1] 瑞斯尼克 R，哈里德 D. 物理学（第一卷，第二册）[M]. 北京：科学出版社，1982.

[2] 林抒，龚镇雄. 普通物理实验 [M]. 北京：人民教育出版社，1982.

[3] 何圣静，李文河. 物理实验指南 [M]. 北京：机械工业出版社，1989.

附　录　数字千分表使用方法

（一）操作键

数字千分表上有三个操作键，其功能和使用方法如下：

（1）置零键"ZERO"：在正常记数时，按动此键显示数字全为零。

（2）公/英制转换键"mm/in"：按动此键，显示出相应的提示符"mm"或"in"，并且显示公制或英制测量数据。

（3）功能键"FUN"的操作流程示意图如下：

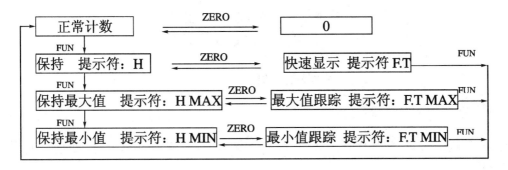

一旦开始测量，以上三键均不允许使用。

（二）更换电池

当电池电压低于工作电压下限时，显示数字会出现闪烁，此时需更换电池。更换电池时，注意电池正极应面向指示表的正面。

（三）注意事项及简单维护

本表在使用中如测杆静止不动约 5min 后，显示的数字会自动消隐，欲恢复显示，只需要按动"mm/in"键或拉动测杆即可。

按动各键不出现相应提示符或推动测量杆时不计数，或更换电池显示数字不正常时，请取下电池，30s 后再重新装上。

测杆应保持清洁，以防卡滞。可用绸布蘸丙酮、酒精混合液擦拭测杆。

注意防潮，避免油、水等浸入表壳内。

实验 7　惠斯通电桥

惠斯通电桥又名直流单臂电桥，其实用功能为测量 $10\Omega\sim10^6\Omega$ 范围内的中等数量级电阻。虽然它的这种功能在生产和科研的绝大多数场合中已被其他仪表（如万用表）所取代，但是在自动检测、自动控制技术中，常用电桥电路和基于电桥电路的非平衡电桥进行测量、调零（消除失调）以及传感变换，于是常称此种方法为电桥法。同时，由于电桥法，尤其是电桥式传感器具有很高的灵敏度和准确度，因此在自动检测、自动控制中得到了广泛的应用。

本实验只做惠斯通电桥实验。但在自动化技术中，非平衡电桥的用途更大，应用更广，因为以非平衡电桥为基础的电阻式传感器能把非电量物理量（如力、压力、位移、加速度、温度、扭矩等）转化为电量物理量。针对这一现实，在本实验后特增附录介绍非平衡电桥。

【预习与思考题】

1. 在给组装（接线和参数预置）完的惠斯通电桥加电时，如何判断组装是否正确？
2. 如何判断 R_0 的调整方向（增加或减小）？
3. 电桥平衡时 $R_{保护}$ 的值是多少？
4. 如何测量电桥的灵敏度？

【实验目的】

1. 掌握惠斯通电桥的结构特点和测量未知电阻阻值的原理。
2. 掌握调整电桥平衡的方法。
3. 学习分析和消除系统误差的方法。
4. 了解平衡电桥的基本特性。

【实验仪器】

电阻箱 4 台、检流计 1 台、直流稳压电源 1 台、待测电阻及导线。

【实验原理】

（一）惠斯通电桥的结构及测量原理

1. 惠斯通电桥的结构。

图 1 是惠斯通电桥的原理图。4 个电阻 R_0，R_1，R_2，R_x 连成四边形，称为电桥的 4 个臂。其中 R_1，R_2 称为比例臂，R_0，R_x 称为比较臂，R_0 为调整臂，R_x 为待测臂。四边形的一条对角线 CD 连有检流计，称为"桥"；四边形的另一对角线 AB 接上电源，称为电桥的"电源对角线"，E 为电源。$R_{保护}$ 为阻值较大的可变电阻，在电桥不平衡时取大阻值保护检流计；在电桥接近平衡时减小阻值提高检流计的灵敏度；电桥平衡时 $R_{保护}$ 等于零。

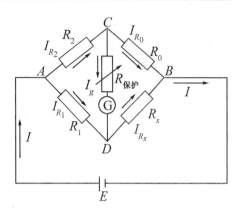

图 1　惠斯通电桥原理图

2. 惠斯通电桥的测量原理。

在图 1 中，将电源接通后，当 C，D 两点之间的电位不相等时，桥路中的电流 $I_g \neq 0$，此时检流计的指针发生偏转；当 C，D 两点之间的电位相等时，桥路中的电流 $I_g = 0$，此时检流计指针为零，电桥处于平衡状态。于是有

$$I_{R_1}R_1 = I_{R_2}R_2, \quad I_{R_0}R_0 = I_{R_x}R_x$$

$$I_{R_2} = I_{R_0}, \quad I_{R_1} = I_{R_x}$$

整理得
$$\frac{R_x}{R_0} = \frac{R_1}{R_2} \text{ 或 } R_x R_2 = R_0 R_1 \tag{1}$$

(1)式为惠斯通电桥的平衡方程。它说明，电桥平衡时，电桥相对臂电阻的乘积相等。这就是电桥的平衡条件。

根据电桥的平衡方程，有

$$R_x = \frac{R_1}{R_2} R_0 = K R_0 \tag{2}$$

(2)式为平衡电桥测量电阻的原理。由(2)式可以看出，待测电阻 R_x 的测量准确度与 R_1，R_2 和 R_0 的准确度有关，因此 R_1，R_2 和 R_0 通常用标准电阻箱。检流计在测量过程中起判断桥路有无电流的作用，只要检流计有足够高的灵敏度来反映桥路电流的变化，则电阻的测量结果与检流计的精度无关。由于标准电阻可以制作得比较精密，所以利用电桥平衡原理测电阻的准确度可以很高，大大优于用伏安法测电阻，这也是电桥应用广泛的一个重要原因。

(二) 电桥的灵敏度

电桥是否达到平衡，是以桥路中有无电流来进行判断的，而桥路中有无电流又是以检流计的指针是否发生偏转来确定的，但检流计的灵敏度总是有限的，这就限制了对电桥是否达到平衡的判断。另外，人的眼睛的分辨能力也是有限的，如果检流计偏转小于 0.1 格，则很难觉察出指针的偏转。为此，需引入电桥相对灵敏度。

电桥相对灵敏度定义为：在处于平衡的电桥里，若测量臂电阻 R_x 改变一个相对微小量 $\Delta R_x / R_x$，则 $\Delta R_x / R_x$ 与所引起的检流计指针偏转格数 Δn 的比值为

$$S_{相对} = \frac{\Delta n}{\dfrac{\Delta R_x}{R_x}} = \frac{\Delta n}{\dfrac{\Delta R_0}{R_0}} \tag{3}$$

电桥的相对灵敏度常简称为电桥灵敏度，$S_{相对}$ 越大，说明电桥越灵敏。

关于电桥灵敏度，不打算进行详细的定量分析，在此只介绍几点定性的结论：

1. 电桥灵敏度 $S_{相对}$ 与检流计灵敏度成正比，检流计灵敏度越高，则电桥的灵敏度也越高。

2. 电桥的灵敏度与电源电压 E 成正比，为了提高电桥灵敏度可适当提高电源电压。

3. 电桥灵敏度随着 4 个桥臂上的电阻值 $R_x + R_0 + R_1 + R_2$ 的增大而减小，臂上的电阻值选得过大，将大大降低其灵敏度；臂上的电阻值相差太大，也会降低其灵敏度。

4. 在其他条件相同的条件下，等臂电桥具有最大的灵敏度。

（三）惠斯通电桥中的系统误差及其消除方法

用惠斯通电桥测量电阻时，系统误差的来源主要有以下两方面的原因：

1. 因组成电桥的 R_1，R_2 和 R_0 阻值不准所引起的系统误差。

消除方法：取 $R_1 = R_2$（因等臂电桥测量精度最高），通过交换 R_0 和 R_x 的位置进行两次测量，分别测出 R_0 和 R_0'，则

$$R_x = \sqrt{R_0 R_0'} \tag{4}$$

其中的 R_0' 为 R_0 和 R_x 交换后，再次将电桥调整平衡时的调整臂 R_0 的阻值。

2. 因存在于电桥测量系统中的寄生热引起的系统误差。

消除方法：通过交换电源极性进行两次测量，分别测量出 R_{x1} 和 R_{x2}，则

$$R_x = \frac{R_{x1} + R_{x2}}{2} \tag{5}$$

其中，R_{x1} 和 R_{x2} 分别为交换电源极性前后两次所测的 R_x 的阻值。

【平衡桥路的基本特性】

1. 按平衡条件 $R_1 R_0 = R_2 R_x$ 可知，电桥的平衡仅仅是由其各臂参数之间的关系确定的，而与电源及指零仪器的内阻无关。

2．如将电源和指零仪器的连接位置互换，指零仪器两端电位仍然保持相等。也就是说，平衡条件与电源及指零仪的位置无关。

3．从平衡条件 $R_1R_0 = R_2R_x$ 的对称性可得，电桥相对臂的位置互换时，平衡条件不变。

4．在平衡条件下，一条对角线的状态（开路、短路或接有某一电阻）不会影响另一对角线的状态（电流的大小）。

5．平衡条件下，电桥线路的输入电阻，即从电源对角线两端向电桥线路看去所呈现的电阻，与测量对角线支路的电阻大小无关；输出电阻，即从测量对角线向电桥线路看去所呈现的电阻，与电源对角线支路中的电阻的大小无关。

6．平衡条件下，电桥各臂的相对灵敏度相等，即在平衡条件下，当各桥臂的阻值偏离平衡阻值的百分比相等时，检流计有同样大小的偏转。根据这一性质，使我们在检查电桥线路的灵敏度时，可选择任一臂作为可变臂。

在电桥法中采用平衡桥路进行测量的除惠斯通电桥外，常见的还有开尔文双臂电桥和交流电桥。开尔文双臂电桥是在惠斯通电桥的基础上增加了一个可以消除接触电阻和接线电阻的电阻分压器，于是双臂电桥就可测量 $10^{-3}\Omega \sim 10^2\Omega$ 范围内的低电阻。交流电桥中有两个臂为纯电阻，另两个臂为电抗，可测量电感和电容。

【实验内容及要求】

本实验的内容为用自己组装的电桥按以下要求测量未知电阻：

1．按表 1 要求在不同的比例下测量未知电阻阻值和电桥灵敏度。

2．按表 2 消除系统误差的要求测量未知电阻阻值。

【实验电路及实验方法】

（一）实验电路

惠斯通电桥实验电路如图 2 所示。

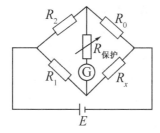

图 2　惠斯通电桥实验电路

（二）实验方法

以 $R_x = 1000 \times (1 \pm 5\%)\Omega$，$K = 1$ 为例。

1. 接线。按图接线有两种方法：

a. 按原理图一个回路一个回路的接。

b. 按电路特点接。电桥电路特点鲜明，应按电路特点接。

方法：先将四个臂闭合串接，然后在一个对角上接检流计并串联保护电阻，在另一个对角上接电源。

2. 设置电路参数。

预置 $R_1 = R_2 = 1000\Omega$；预置 $R_0 = 1000\Omega$，$R_{保护} = 90000\Omega$；检流计校零（校零时要与外电路断开）；E 置最小，即左旋"电压调整"到极限位置。

3. 通电检查接线及电路参数设置是否正确。

合电源开关，看着检流计和电压表，缓慢地加电压到 5V。在此过程中，一旦发现检流计指针偏离平衡位置"0"3 格以上时，则说明接线或者电路参数设置有误，应立即断电检查。只有当检流计指针偏离平衡位置小于 3 格或不偏转时才能继续下一步操作。

4. 调整电桥平衡（即 $R_{保护} = 0$ 时，$I_g = 0$），测量出 R_x。方法如下：

a. 减小 $R_{保护}$，直到检流计指针偏离平衡位置 2～5 格时为止。

b. 将 R_0 的阻值增加或减小 1/100，观察检流计指针偏转的方向，以指针朝平衡位置偏转为正确调整。

c. 按照以上方法判断出正确的调整方向，仔细调整 R_0 使检流计指针停留在"0"附近，然后减小 $R_{保护}$ 使检流计指针有 3 格左右的偏离，再调整 R_0 使检流计指针指"0"，如此循环，直至 $R_{保护} = 0$ 时检流计指针停留在"0"点，则

$$R_x = \frac{R_1}{R_2} R_0$$

在调整时，若减小 $R_{保护}$ 直到 $R_{保护} = 0$ 时检流计指针都不动，同时再将 R_0 的阻值改变 1/100 后，检流计指针还不动，则说明电路没接通，停电后从头再来。

5. 灵敏度测量。

方法：在电桥平衡的基础上将 R_0 改变 ΔR_0，读出检流计偏离的格数 Δn，则

$$S = \frac{\Delta n}{\Delta R_0 / R_0}$$

【实验数据处理】

1. 采用不同比例臂对 R_x 的阻值和电桥相对灵敏度测量的数据处理见表 1。

表1

$E(V)$	$R_1(\Omega)$	$R_2(\Omega)$	$R_0(\Omega)$	$R_x(\Omega)$	$\Delta R_0(\Omega)$	Δn(格)	S
5.0	1000.0	1000.0					
5.0	1000.0	100.0					
5.0	100.0	1000.0					
5.0	100.0	100.0					

2. 采用消除系统误差方法对 R_x 测量的数据处理见表2。

表2

交换 R_0 和 R_x	$E(V)$	$R_1(\Omega)$	$R_2(\Omega)$	$R_0(\Omega)$	$R_0'(\Omega)$	$R_x(\Omega)$
	5.0	1000.0	1000.0			
交换电源极性	$E(V)$	$R_1(\Omega)$	$R_2(\Omega)$	$R_{x1}(\Omega)$	$R_{x2}(\Omega)$	$R_x(\Omega)$
	5.0	1000.0	1000.0			

附　录　非平衡电桥

在电桥法诸多的应用之中，按照电桥工作时所处的状态可分为平衡和非平衡两大类。非平衡电桥就是应用电桥的非平衡状态进行测量的电桥。电阻式传感器就是应用它的这个特点把许多非电量物理量转化为电量物理量，因此在自动化技术中得到了广泛的应用。

（一）非平衡电桥的测量原理

附图1为常用的直流单臂非平衡电桥的电路图。电桥的输出端连接一个输入阻抗极高的放大器是为了提高电桥输出的电压灵敏度，减小外接电路对电桥的影响。

设 R_1 为电阻应变片，R_2，R_3，R_4 为固定电阻。当应变片不承受应变时，电桥处于平衡状态，此时 R_2/R_1 $=R_4/R_3=n$，电桥输出 $U_0=0$；当应变片感受到应变时，$R_1 \rightarrow R_1+\Delta R_1$，此时电桥的输出电压为

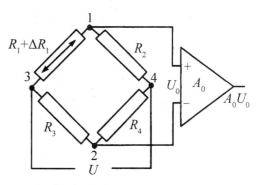

附图1　单臂非平衡电桥电路图

$$U_0 = \frac{R_1 + \Delta R_1}{R_1 + \Delta R_1 + R_2}U - \frac{R_3}{R_3 + R_4}U = \frac{\dfrac{R_4}{R_3}\dfrac{\Delta R_1}{R_1}}{\left(1 + \dfrac{\Delta R_1}{R_1} + \dfrac{R_2}{R_1}\right)\left(1 + \dfrac{R_4}{R_3}\right)}U \tag{6}$$

当应变引起的电阻变化 $\Delta R_1 \leqslant R_1$ 时，则可略去（6）式分母中的微小量 $\Delta R_1 / R_1$，于是有

$$U_0 \approx U \frac{n}{(1+n)^2} \frac{\Delta R_1}{R_1} = S_d E_R \tag{7}$$

式（7）中，单臂电桥的灵敏度 S_d 与电桥的供电电压 U、桥臂电阻的比值 n 有关。U 一定时，与 $n=1$ 相对应的电桥灵敏度最大，此时 $S_d = U/4$。这种对称电路（$R_1 = R_2$，$R_3 = R_4$）在非电量电测技术中应用非常广泛。

由（6）式可知，U_0 随 $\Delta R_1 / R_1$ 的变化是非线性的，将其按（7）式近似处理存在非线性误差。当测量精度要求较高时，必须采用差动半桥或全桥对非线性误差进行补偿。

附图 2 为直流差动半桥的电路图。R_1，R_2 是两个材料和制作工艺完全相同的电阻应变片，二者受到的应变力大小相等、方向相反；R_3，R_4 为固定电阻。平衡时，$R_1/R_2 = R_3/R_4 = 1$，电桥输出 $U_0 = 0$；不平衡时，$\Delta R_1 = \Delta R_2$，电桥输出为

$$U_0 = \left(\frac{R_1 + \Delta R_1}{R_1 + \Delta R_1 + R_2 - \Delta R_2} - \frac{R_3}{R_3 + R_4}\right)U = \frac{1}{2}U\frac{\Delta R_1}{R_1} \tag{8}$$

附图 3 为直流差动全桥的电路图。R_1，R_2，R_3，R_4 是 4 个材料和制作工艺完全相同的电阻应变片，其中相对桥臂的应变片受到的应变力相同，而相邻桥臂的应变片受到的应变力大小相等、方向相反。平衡时，$R_1 = R_2 = R_3 = R_4$，电桥输出 $U_0 = 0$；不平衡时，$\Delta R_1 = \Delta R_2 = \Delta R_3 = \Delta R_4$，电桥输出为

$$U_0 = \left(\frac{R_1 + \Delta R_1}{R_1 + \Delta R_1 + R_2 - \Delta R_2} - \frac{R_3 - \Delta R_3}{R_3 - \Delta R_3 + R_4 + \Delta R_4}\right)U = U\frac{\Delta R_1}{R_1} \tag{9}$$

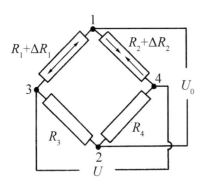

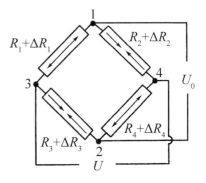

附图 2　直流差动半桥电路图　　　　附图 3　直流差动全桥电路图

差动半桥或全桥，除了弥补非线性误差外，还可以提高电桥的电压灵敏度（分别是单臂电桥的两倍和四倍）。

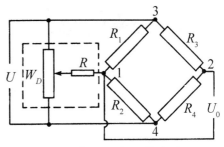

附图 4　电桥平衡调节电路

为了保证电阻应变片不承受应变时电桥处于平衡状态，在电桥电路中需要设置平衡调节装置。附图 4 中虚框所示的电阻网络就是平衡调节装置，测量前先调节电位器 W_D 使电桥平衡。电阻网络中，R 决定电桥的平衡范围，电位器 W_D 决定电桥的平衡速度。

（二）电阻式传感器

电阻式传感器就是应用非平衡电桥的测量原理，把非电物理量（如力、压力、位移、加速度、扭矩等参数）转换为电阻变化的一种传感器。电阻式传感器主要包括：电阻应变式传感器、电位计式传感器以及锰铜压阻传感器等。

电阻应变传感器是目前国内外应用较为普遍的一类传感器，它具有结构简单、体积小、精度高、线性好、灵敏度高、测量范围广等特点。电阻应变传感器一般由电阻应变片、弹性敏感元件、测量电路和壳体 4 个部分组成。

电阻应变片的工作原理：电阻应变片是基于金属或半导体材料的电阻应变效应（受到力、位移、加速度、温度、扭矩的作用时会产生阻值变化）而工作的。

弹性敏感元件是指受到外力作用时尺寸（或形状）发生变化，而外力撤除后又能恢复原有尺寸（或形状）的物体，它能将感受到的各种形式的非电量转换成元件的应变或位移。

可见，只要将电阻应变片粘贴在弹性敏感片上（如附图 1 中的 R_1）时，就可以通过测量弹性敏感元件的应变来测量力、位移、压力、加速度、扭矩等非电量。而电阻式传感器可以把对非电量物理量（如力、位移、加速度、扭矩、温度等）的测量转化为电量物理量的测量，在自动检测、自动控制中有广泛的应用。

【总结与思考】

1. 总结用惠斯通电桥测量电阻阻值的方法。

2. 应用惠斯通电桥原理和非平衡电桥的测量方法，设计一个能把非电量的力转化为电压的电阻式传感器。

【相关科学家介绍】

惠斯通

一、生平简介

惠斯通（1802—1875），英国物理学家。1802年出生于英格兰的格洛斯特。惠斯通在青少年时代受到严格的正规训练，且兴趣广泛，动手能力很强，1834年被伦敦英王学院聘为实验物理学教授。1836年当选为英国伦敦皇家学会会员，1837年当选为法国科学院外国院士。1868年由英王封为爵士，1875年10月19日在巴黎逝世，终年73岁。

二、科学成就

惠斯通很早就对物理学研究表现出极大兴趣，在物理学的许多方面都做出了重要贡献。

1. 在电学研究方面，惠斯通有许多独特的方法和独到的见解。他利用旋转片的方法，巧妙地测定了电磁波在金属导体中的速率，测得的值超过了每秒28万千米。惠斯通巧妙地采用了转速这个数值比较大的量代替数值很小的时间间隔，后来这个方法被法国物理学家傅科（1819—1868）用来首次精确地测定了光速。惠斯通是真正领悟欧姆定律，并在实际中应用的第一批英国科学家之一。

2. 在光学方面，惠斯通对双筒视觉、反射式立体镜等进行了研究，阐述了视觉可靠性的根源问题。他对人眼的视觉、色觉等生理光学的问题也进行了正确的阐述。

3. 惠斯通还对乐音在刚性直导线上传输的问题进行了研究，取得了出色的成果，还用实验验证了吹奏乐器中空气振动问题中的伯努利原理。

三、趣闻轶事

（一）惠斯通电桥的发明

在测量电阻及其他电学实验时，经常会用到一种叫惠斯通电桥的电路，很多人认为这种电桥是惠斯通发明的，其实这是一个误会。惠斯通电桥是由英国发明家克里斯蒂在 1833 年发明的，但是由于惠斯通第一个用它来测量电阻，所以人们习惯上就把这种电桥称作惠斯通电桥。

（二）现代电报机的发明家

惠斯通还是现代电报机的发明家，这得益于他青少年时代所受的严格的正规训练，他具有很强的动手能力。1937 年惠斯通同科克合作，大批生产市售电报机，并且获得了两种针式电报机的专利权。

另外，惠斯通还于 1852 年发明了一种幻视镜，可以把透视图像倒映在人的眼睛上。

【参考文献】

[1] 朱世国. 大学基础物理实验 ［M］. 成都：四川大学出版社，1991.
[2] 袁希光. 传感器手册 ［M］. 北京：国防工业出版社，1992.

实验 8　双臂电桥测量低电阻

【实验简介】

电阻按照阻值大小可分为高电阻（100kΩ 以上）、中电阻（10Ω～100kΩ）和低电阻（10Ω 以下）三种。在电路中，不可避免地会存在接触电阻（10^{-6}～10^{-2}Ω）和接线电阻（10^{-5}～10^{-2}Ω），这些电阻很小，当测量较大电阻时可以忽略不计，但测量低值电阻（<10Ω）时，接触电阻和接线电阻对测量结果的影响就不能忽略不计了。当待测电阻的阻值和接触电阻以及接线电阻可比拟时，单臂电桥就根本无法进行测量，所以单臂电桥只适宜于测量 10～100kΩ 的电阻。在测量低值电阻时，必须设法排除和削弱接触电阻和接线电阻的影响。为此，可对惠斯通电桥加以改进，改进后的双臂电桥（又称开尔文电桥）可以消除附加电阻的影响。本实验要求在掌握双臂电桥工作原理的基础上，学习使用双臂电桥测金属材料的电阻率的方法。

【实验原理】

我们先考察接线电阻和接触电阻是怎样对低值电阻的测量结果产生影响的。例如用安培表和毫伏表按欧姆定律 $R = \dfrac{U}{I}$ 测量电阻 R_x，电路图如图 1 所示。

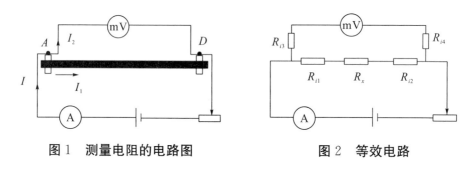

图 1　测量电阻的电路图　　　　图 2　等效电路

考虑到电流表、毫伏表与测量电阻的接触电阻后，等效电路图如图 2 所示。

由于毫伏表内阻 R_V 远大于接触电阻 R_{i3} 和 R_{i4}，因此 R_{i3} 和 R_{i4} 对于毫伏表的测量影响可忽略不计，此时按照欧姆定律 $R = \dfrac{U}{I}$ 得到的电阻是（$R_x + R_{i1} + R_{i2}$）。当待测电阻 R_x 小于 10Ω 时，不能忽略接触电阻 R_{i1} 和 R_{i2} 对测量的影响。

因此，为了消除接触电阻对测量结果的影响，需要将接线方式改成如图 3

所示的方式，将低电阻 R_x 以四端接法方式连接，等效电路如图 4 所示。此时毫伏表上测得电阻 R_x 的电压降，由 $R_x = \dfrac{U}{I}$ 即可准确计算出 R_x。接于电流测量回路中成为电流头的两端（A、D），与接于电压测量回路中成为电压头的两端（B、C）是各自分开的，许多低电阻的标准电阻都做成四端钮方式。

伏安法测低值电阻会造成极大的误差，那么单臂电桥测量低电阻呢？接下来分析单臂电桥测量低值电阻存在的问题。

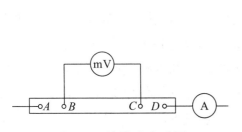

图 3　四端接法电路图

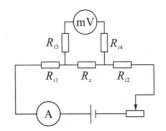

图 4　四端接法等效电路

根据惠斯通电桥的知识，当灵敏电流计中的指针不发生偏转，即灵敏电流计所在的电路电流为零时，四个电阻满足比例关系：

$$\frac{R_1}{R_2} = \frac{R_x}{R_0}$$

但当要测量的 R_x 很小时，为了使灵敏电流计中的电流为零，根据上式，R_1 的阻值也要求很小，此时接触电阻和接线电阻就不可忽略了，如图 5 所示。R_2 和 R_0 之间，R_2 和 R_1 之间，R_0 和 R_x 之间的接触电阻和接线电阻相对于 R_2 和 R_0 都很小，可以忽略不计，但是 R_1 和 R_x 之间的接触电阻和接线电阻 r，其大小相对 R_1 和 R_x 可以比拟，因此不能忽略，是引入测量误差的重要因素。若将 r 分为 r_1 和 r_x，如图 6 所示，当电桥平衡时，有平衡方程：

$$\frac{R_1 + r_1}{R_2} = \frac{R_x + r_x}{R_0}$$

将上式进行改写为

$$\frac{R_1\left(1 + \dfrac{r_1}{R_1}\right)}{R_2} = \frac{R_x\left(1 + \dfrac{r_x}{R_x}\right)}{R_0}$$

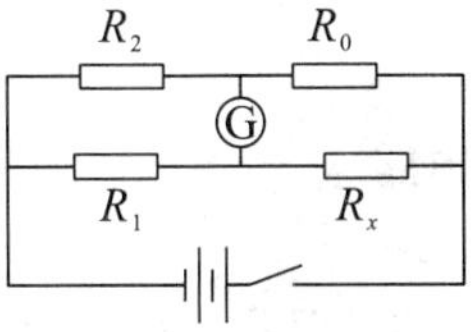

图 5

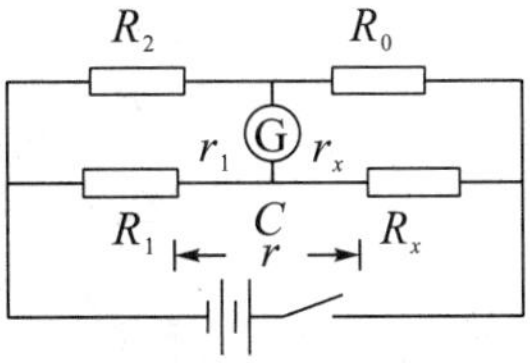

图 6

易知，当 $\dfrac{r_1}{R_1}=\dfrac{r_x}{R_x}$ 时，有

$$\frac{R_1}{R_2}=\frac{R_x}{R_0}$$

平衡条件中就没有了 r_1 和 r_x，即消除了它们的影响。但由于 r 和 R_x 的值并不是恒定的，因此要找到将 r 分成刚好成比例 $\dfrac{r_1}{R_1}=\dfrac{r_x}{R_x}$ 的 C 点实际上是不可能的。

根据这个结论，就发展成双臂电桥，线路图和等效电路如图 7 和图 8 所示。低值标准电阻 R_n 的电流头接触电阻为 R_{in1} 和 R_{in2}，待测低值电阻 R_x 的电流头接触电阻为 R_{ix1} 和 R_{ix2}，都连接到双臂电桥测量回路的电路中。低值标准电阻 R_n 的电压头接触电阻为 R_{n1}，R_{n2}，待测低值电阻 R_x 的电压头接触电阻为 R_{x1} 和 R_{x2}，都连接到双臂电桥电压测量回路中，因为它们与较大电阻 R_1，R_2，R_3，R（一般 $>10\Omega$）相串联，故其影响可忽略。

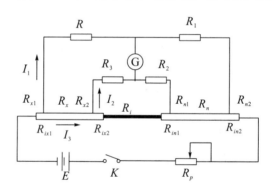

图 7　双臂电桥电路

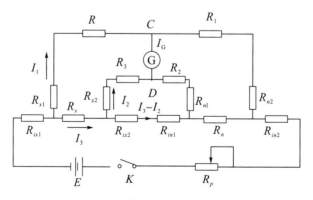

图 8　双臂电桥电路等效电路

由图 7 和图 8，当电桥平衡时，通过检流计 G 的电流 $I_\mathrm{G}=0$，此时 C 和 D 两点电位相等，根据基尔霍夫定律，可得方程组（1）

$$\begin{cases} I_1 R = I_3 R_x + I_2 R_3 \\ I_1 R_1 = I_3 R_n + I_2 R_2 \\ (I_3 - I_2) R_i = I_2 (R_3 + R_2) \end{cases} \tag{1}$$

式中，R_i 为标准电阻 R_n 的电流头接触电阻 R_{in1}、待测电阻 R_x 的电流头接触电阻 R_{ix2} 的和（后面可以看到，R_i 要求阻值非常小，因此在图 6 中 R_i 未画出）。

利用△型电路和 Y 型电路的等效换算公式求解方程组，得

$$R_x = \frac{R}{R_1} R_n + \frac{R_2 \cdot R_i}{R_3 + R_2 + R_i} \left(\frac{R}{R_1} - \frac{R_3}{R_2} \right) \tag{2}$$

通过联动转换开关，同时调节 R_1，R_2，R_3，R，使得 $\dfrac{R}{R_1} = \dfrac{R_3}{R_2}$ 成立，则 (2) 式中后一项为零，待测电阻 R_x 以及标准电阻 R_n 的接触电阻 R_{in1} 和 R_{ix2} 均包括在低电阻导线 R_i 内，则有

$$R_x = \frac{R}{R_1} R_n \tag{3}$$

而实际上即使用了联动转换开关，也很难完全做到 $\dfrac{R}{R_1} = \dfrac{R_3}{R_2}$。为了减小 (2) 式中后一项的影响，使用尽量粗的导线以减小电阻 R_i 的阻值（使 $R_i <$ 0.001Ω），这样使得 (2) 式后一项与第一项比较可以忽略，以满足 (3) 式。

【实验仪器】

本实验所使用的仪器如图 9 所示，有 QJ36 型双臂电桥（0.02 级）、JWY 型直流稳压电源（5A15V）、电流表（5A）、R_P 电阻、双刀双掷换向开关、0.001Ω 标准电阻（0.01 级）、超低电阻（小于 0.001Ω）连接线、低电阻测试架（待测铜、铝棒各一根）、直流复射式检流计（AC15/4 或 6 型）、千分尺、导线等。

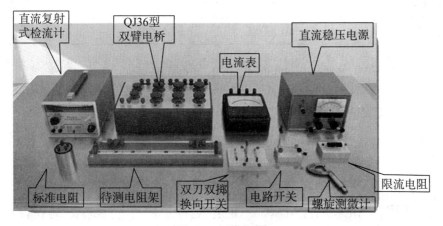

图 9　实验仪器

【实验内容】

用双臂电桥测量金属材料（铜棒、铝棒）的电阻率 ρ：利用双臂电桥分别测量 50cm 和 40cm 的铜棒和铝棒的电阻 R_x，再利用电阻率 ρ 与导体横截面积 S、导体长度 L 以及电阻 R_x 的关系 $\rho = \dfrac{S}{L} R_x$，求得金属铜和金属铝的电阻率。实验电路图如图 10 所示。

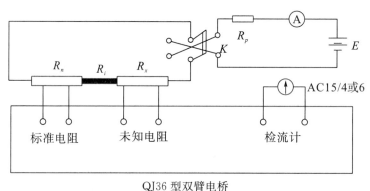

QJ36 型双臂电桥

图 10　实验电路图

【实验过程及指导】

1. 在 6 个不同的位置使用螺旋测微计测量铜棒和铝棒的直径，并求 D 的平均值。

表 1　铜棒、铝棒的直径

直径（mm）	1	2	3	4	5	6	$\overline{D}$
铜棒							
铝棒							

2. 将待测铜棒安装在测试架上后，按实验电路图摆放实验器材并接线，如图 11 所示。调节测试架滑块，选择铜棒接入长度为 50cm。

3. 调节双臂电桥的电阻 R_1，R_2 为 1000Ω。

4. 确认检流计在测量挡（×1，×0.1，×0.01），接通电源将检流计调零。不允许在短路挡调零。

5. 闭合开关，打开电压源的电源开关，闭合双刀双掷换向开关，按下双臂电桥的"粗"按钮来进行粗调。这时检流计示数发生偏转，调节双臂电桥的 R，使电桥达到平衡，记录此时 R 的值。

6. 利用双刀双掷开关换向，正、反方向各测量 3 组数据。

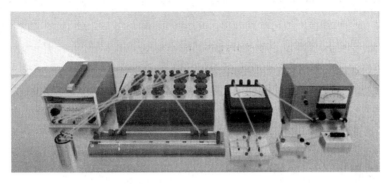

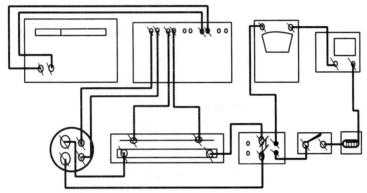

图 11 摆放实验器材并接线

表 2 铜棒 50cm 时 R 的电阻

电阻（Ω）	1	2	3
正向			
反向			

7. 将测试架上两滑块距离调为 40cm，重复步骤 3，4，5。

表 3 铜棒 40cm 时 R 的电阻

电阻（Ω）	1	2	3
正向			
反向			

8. 将铜棒换为铝棒，选择接入长度分别为 50cm 和 40cm，重复步骤 3，4，5。

表 4 铝棒 50cm 时 R 的电阻

电阻（Ω）	1	2	3
正向			
反向			

表5　铝棒 40cm 时 R 的电阻

电阻（Ω）	1	2	3
正向			
反向			

9. 利用公式（3）分别计算出长度为 50cm 和 40cm 的铜棒、铝棒的电阻值，并求出平均值。利用 $\rho = \dfrac{S}{L} R_x$ 求解两个金属棒的电阻率。

【注意事项】

1. 按线路图电流回路接线，标准电阻和未知电阻连接到双臂电桥时注意电压头接线顺序。

2. 先将铜棒（后铝棒）安装到电阻架刀口下面，端头要顶到位，并用螺丝拧紧。

3. 检流计在 ×1 和 ×0.1 挡进行调零和测量，不工作时应拨到短路挡进行保护。

【思考题】

1. 如果将标准电阻和待测电阻的电流头和电压头互换，等效电路有何变化？有什么不好？

2. 在测量时，如果被测低电阻的电压头接线电阻较大（例如被测电阻远离电桥，所用引线过细过长等），对测量准确度有无影响？

附　录　电桥法测电阻时系统误差的来源及消除方法

虽然电桥仪器是一种高精度和高灵敏度的电测仪器，但使用电桥时得到的测量结果多少总有些误差，除偶然误差外，还存在不可避免的系统误差。产生系统误差的主要原因如下：

1. 范性电阻的误差。如比较臂的实际值与标注值之间的差别，这些属于标准量具在制造上所产生的误差，一般都被制造商限制在仪器准确度等级的允许范围内，只有对长时间不使用且未经常维护的仪器才需注意。

2. 由于接触电势和热电势引起的系统误差。

3. 由于电桥装置的灵敏度不够，在平衡过程中，比较臂低位读数不能准确读出，会使测量结果达不到所要求的精度。

4. 由于比例臂的比值选择不当，使得最后平衡时比较臂的读数没有用到其最高位读数盘，这样会因读数位数不够降低测量精度。

为了消减上述各种原因引起的误差，在使用电桥仪器时应注意以下几点：

1. 按照说明书规定，选用适当的电源电压。若电源电压过低，会影响灵敏度；若电源电压过高，会使各桥臂上消耗的功率超过其额定值，因而使温度上升，超过允许值，增加附加误差。

2. 按照说明书的建议，正确选择检流计（灵敏电流表）。

3. 在进行测量时根据被测电阻阻值的数量级，恰当选择比例臂的比值。若最初对被测电阻的阻值完全不知道，可先选 1∶1 对被测电阻进行初测。

4. 平衡过程首先是从比较臂的第一位读数盘开始调节，然后逐渐调向低位。由于高位调节时出现的不平衡电压较高，为了保护检流计，应串联一个可调大电阻，使整个测量装置的灵敏度降至最低限度。然后，随着平衡调节向低位进行而逐渐减小串联的大电阻的阻值，直至所串大电阻的阻值为零。

5. 对于热电势和接触电势引起的误差，可以利用双向双掷开关改变工作电流的方法进行两次测量，然后对两次测量的结果取平均值作为最后的测量结果。

实验 9　示波器原理及使用

示波器是一种既能显示又能测量信号波形的仪器。由于它可以把人眼看不见的电量（包括经过转换的非电量）变化的暂态过程转化成可视的图像，直观地供人们研究，因此被广泛地应用于科学研究和生产实践中。

【预习与思考题】

1. 示波器一般由哪几部分组成？各部分的主要功能是什么？
2. 示波器是如何显示被测信号波形的？
3. 什么叫扫描？扫描的功能是什么？
4. 什么叫同步？同步有什么作用？

【实验目的】

1. 了解通用示波器的基本结构及工作原理。
2. 用示波器观察常见信号波形。
3. 用示波器测量信号电压的频率和幅值。
4. 用双踪示波器测量交流信号的相位差。

【实验仪器】

双踪示波器、信号发生器、交直流电阻箱、十进位电容箱。

【实验原理】

（一）示波器的基本结构

图 1 为示波器的基本结构示意框图。它由示波管、垂直（Y）偏转电路、水平（X）偏转电路、扫描发生器电路、电源五大部分组成。

1. 示波管。如图 2 所示，包括电子枪、偏转系统、荧光屏三部分，被封装在一个高真空的玻璃泡内。

电子枪：由灯丝给阴极加热，使阴极发射电子。栅极上加有比阴极更低的负电压，用来控制阴极发射的电子数，从而控制荧光屏上显示光点的亮度（辉度）。第一阳极和第二阳极都加直流高压，使电子在电场作用下加速，同时又有静电透镜的作用，能把电子束会聚成一点（聚焦）。

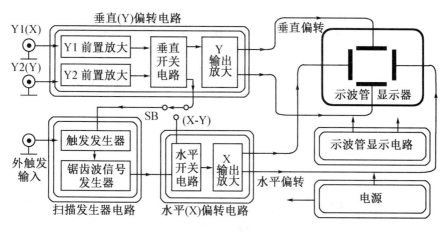

图 1　示波器的基本结构示意框图

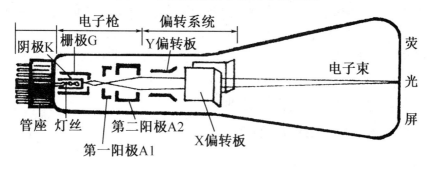

图 2　示波管

偏转系统：由靠近第二阳极的一对 Y 偏转板和一对 X 偏转板构成。当在偏转板上加有电压形成电场时，电子束通过该电场后其运动方向将发生偏转。

如果 Y 偏转板两极间加上电压 U_Y，电子束经过电极时受极间电场作用而产生垂直方向上的移动。如图 3 所示，偏转距离 Y 与电极间所加电压成正比，即

$$Y = S_Y \cdot U_Y \tag{1}$$

同理，X 轴偏转板控制电子束在水平方向的偏转，其偏转距离为

$$X = S_X \cdot U_X \tag{2}$$

公式（1）、（2）中的 S_Y，S_X 分别称为示波器的 Y 偏转板灵敏度和 X 偏转板灵敏度，它表示加单位电压时所引起的电子束的偏转距离，它们的数值随 Y 轴、X 轴放大器放大倍数的增大而增加。如果偏转板上均未加有电场，则电子束直线前进，荧光屏中央出现一亮点。

荧光屏：屏上涂有荧光物质，电子射线射到荧光物质上即能使其发光，屏上即显示出电子到达之处。如图 3 所示。

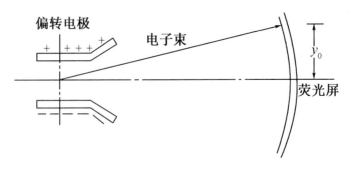

图 3　电子束偏转示意图

2. 垂直（Y）偏转电路：由图 1 知，该电路专为示波管的一对 Y 偏转板提供与观测信号成比例的偏转电压 U_Y。

3. 水平（X）偏转电路：由图 1 知，该电路专为示波管的一对 X 偏转板提供合适的扫描电压 U_X。

4. 扫描发生器电路：由图 1 知，该电路专为水平（X）偏转电路提供受观测信号或外触发信号控制的锯齿波信号。

5. 电源：为整机提供所需的各种电源。

（二）示波器显示波形的原理

1. 扫描。

若在示波管的 Y 偏转板上加一个随时间周期性变化的电压 $U_{Y(t)}$，则电子束在垂直方向上做周期性的移动，荧光屏上出现一条垂直亮线。同理，若在 X 偏转板上加一个随时间周期性变化的电压 $U_{X(t)}$，荧光屏上出现一条水平亮线。通常在示波管的 X 偏转板上加一个锯齿形电压，即在一个周期内 U_X 的大小随时间增加而线性变化，它使光点由左向右匀速移动，U_X 称为扫描电压，如图 4 所示。

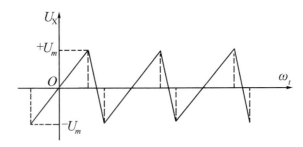

图 4　锯齿波

如果在 Y 轴上加一正弦电压 $U_Y = U_m \sin(\omega t + \varphi)$，X 轴同时加一锯齿形电压，则每个瞬时，屏上光点的位置决定于两电压 U_X、U_Y 的值及周期。

如图 5 所示，在一定条件下，屏上会显示一条正弦曲线。

显然，我们在屏上看见的正弦曲线，实际上是 U_X、U_Y 两个互相垂直的运动合成的轨迹。也可以这样说，要观察加在 Y 轴上电压 U_Y 随时间变化的规律，必须同时在 X 轴上加一锯齿形电压，用该电压把 U_Y 产生的竖直亮线按时间展开，这个展开的过程叫"扫描"。

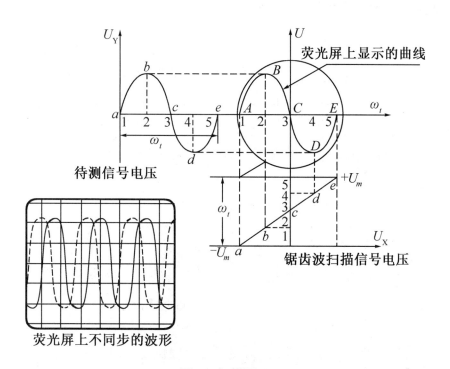

图5 扫描原理

2. 同步。

由图5可以看出，当 U_Y 和 X 轴的扫描电压的频率、相位相同时，亮点扫完整个正弦曲线后锯齿形电压随即复原，于是又扫出一条与前一条完全重合的正弦曲线，如此重复，荧光屏上显示出一条稳定的正弦曲线。如果频率、相位不同，那么第二次、第三次扫出的曲线与第一次的就不重合，屏上显示的图形就不是一条稳定的曲线，而是一条不断移动的，甚至更为复杂的曲线。

为了使屏上的图形稳定，必须使 U_Y 和 X 轴的锯齿形电压的频率、相位固定，并且 U_Y 与 U_X 频率成整数倍关系，即

$$\frac{f_y}{f_x}=n, \qquad n=1,2,3,\cdots \tag{3}$$

式中，n 为屏上显示的完整波形的个数，这种使两者频率成整数倍关系并且相位差恒定的调节过程称为"同步"或"整步"。

实际上，由于 U_Y、U_X 产生于不同的振荡源，它们之间的起始时间不易满

足上述关系，为了达到同步的目的，示波器中设有一种装置，它用 U_Y 电压去触发锯齿波电压 U_X，U_X 扫描完一次后，不是立即开始第二次扫描，而是要在 U_Y 电压达到一定值时，才开始第二次扫描。这样，每次扫描开始的时间，都对应于 U_Y 的相同相位点，即达到了同步的目的，如图 6 所示。触发电平的大小可以通过"电平"旋钮加以调节。

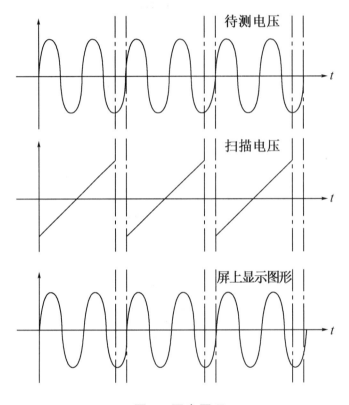

图 6　同步原理

综上所述，在示波器屏上所观察到的加在 Y 轴上的信号 U_Y 的波形，是由 U_Y 或外加触发信号所触发的锯齿波 U_X 对 U_Y 进行扫描的结果。

【仪器简介】

1. YB43020B 型示波器。

频带宽度：$0 \sim 20\text{MHz}$

垂直灵敏度：$2\text{mV/div} \sim 10\text{V/div}$

扫描时间：$0.25\text{s/div} \sim 0.1\mu\text{s/div}$

扫描方式：常态（全频带触发）、自动和交替扩展。

（详情见使用说明书）

2. YB1602 函数信号发生器。

频率范围：0.2Hz～2MHz

输出波形：正弦波、方波、三角波、脉冲波、斜波、50Hz正弦波。

输出阻抗：50Ω

输出电压幅值：$20V_{P-P}$（1MΩ）；$10V_{P-P}$（50Ω）。

（详情见使用说明书）

【实验内容】

1. 用示波器观察函数信号发生器输出的正弦波、三角波和方波的波形。
2. 用示波器按表1、表2的要求测量正弦信号的幅值和频率。
3. 用双踪示波器测量一正弦信号通过RC串联电路后所产生的相位差。

【实验方法】

1. 示波器控制键预置。

a. 确定检测信号通道（CH1或CH2）。

b. 亮度旋钮居中。

c. 根据被测信号电压幅值选择合适的"VOLTS/DIV"。

d. 耦合方式键置"AC"。

e. 扫描方式（SWEEP MODE）键置"自动（AUTO）"或"常态（NORM）"。

f. 根据被测信号的频率选择合适的"SEC/DIV"。

2. 开启函数信号发生器电源，根据检测信号选择输出波形并调准频率。

3. 将信号发生器输出的检测信号输入选定的示波器的通道。

4. 开启示波器电源，电源指示灯亮。稍等预热后，屏幕上即出现检测信号，然后调聚焦、亮度，使信号波形清晰。最后将扫描方式置"LOCK"。

5. 用"VOLTS/DIV"测量被测信号的电压幅值U_{P-P}。

$$U_{P-P} = \frac{V}{DIV} \times H(DIV) \tag{1}$$

式中，$H(DIV)$为屏上波形的高度（格数），V/DIV为衰减旋钮挡位（V/格）。

注意：在做上述测量时，将"VOLTS/DIV"开关的微调以逆时针方向旋到极限位置。

6. 用"SEC/DIV"测量信号频率。

方法：用"SEC/DIV"测出信号周期 $T(\mathrm{s})$，再用以下公式计算出频率，即

$$f(\mathrm{Hz}) = \frac{1}{T(\mathrm{s})} = \frac{1}{SEC/DIV \times L(DIV)} \tag{2}$$

式中，$L(DIV)$ 为屏上波形的宽度（格数），SEC/DIV 为扫描时间挡位（秒/格）

7. 用双踪示波器测量正弦信号通过 RC 串联电路后所产生的相位差。

如图 9 所示，当一正弦信号通过 RC 串联电路后，电容器两端的输出电压与输入电压之间存在着相位差，其大小为

$$\tan\varphi_0 = -2\pi f_0 RC \tag{3}$$

式中，f_0 为信号频率，负号表示电容两端电压滞后于输入电压。

图 9　RC 移相电路两端相位差的测试电路

方法如下：

(1) 按图 9 接线。

(2) 根据两个相关信号的频率，选择合适的扫描速度，并将垂直方式开关根据扫描速度的快慢分别置"交替"或"断续"位置，将"触发源"选择开关置被设定作为测量基准的通道，调节电平使波形稳定同步后，再调节两个通道的"VOLTS/DIV"开关和微调，使两个通道显示的幅度相等。当在屏上显示出如图 10 所示的两列波形后，分别测量出一个完整正弦波的宽度 L_0 及两列正弦波相邻两波峰的间距 L_1，则相位差的测量值为

$$\varphi_1 = 360\frac{L_1}{L_0} \text{（度）} \tag{4}$$

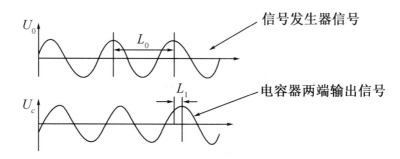

图 10　RC 移相电路的输入与输出波形

【数据处理】

实验数据处理见表 1、表 2、表 3。

表 1　信号幅值的测量

名称 ＼ 波形	函数发生器输出电压峰值 U_0（V）	屏上波形的高度 H（格）	衰减旋钮挡位（V/格）	实测电压峰值 U_1（V）	百分偏差 $\dfrac{|U_1-U_0|}{U_0}$
～	0.50				
～	2.00				

表 2　信号频率的测量

名称 ＼ 波形	函数发生器输出电压频率 f_0（Hz）	屏上波形的宽度 L（格）	扫描时间挡位（秒/格）	实测频率 f_1（Hz）	百分偏差 $\dfrac{|f_1-f_0|}{f_0}$
～	500				
～	2000				

表 3　测量交流信号通过 RC 串联电路后所产生的相位差

名称 ＼ 波形	f_0（Hz）	R（Ω）	C（μF）	φ_0（度）	S/DIV	L_0（格）	L_1（格）	φ_1（度）	百分偏差 $\dfrac{|\varphi_1-\varphi_0|}{\varphi_0}$
1	1000	1000	0.2						
2	500	2000	0.2						
3	2000	1000	0.1						

【注意事项】

示波器和函数信号发生器的各类控制键均忌违规操作，以免损坏。

【总结与思考】

1. 总结用示波器测量信号幅值、频率和相位差的方法。

2. 如果示波器和信号发生器都是良好的，但荧光屏上却看不见光点，请问是哪些控制键使用不当造成的？

3. 如果示波器显示的图形不稳定，请问在"垂直""水平""触发"几个系统中是哪一个系统没调节好？

实验 10 霍尔效应实验

霍尔效应是美国科学家霍尔于 1879 年发现的。由于它揭示了运动的带电粒子在外磁场中因受洛伦兹力的作用而偏转，从而在垂直于电流和磁场的方向上将产生电势差的规律，因此该效应在科学技术的许多领域（测量技术、电子技术、自动化技术等）中都有着广泛的用途。现在霍尔效应已经在自动化和信息技术中得到了广泛的应用。特别是在用计算机进行四遥（遥测、遥控、遥信、遥调）监控的一些现代化设备中，应用磁平衡和磁比例式原理研制的霍尔电压传感器、霍尔电流传感器和霍尔开关量传感器进行静电（直流）隔离，实现了直流电压高精度的隔离传送和检测，直流电流高精度的隔离检测和监控量越限时准确的隔离报警。从而引起了我国许多科技人员对霍尔效应、霍尔元件以及应用霍尔效应的实用知识和实用技术的关注。

本实验通过研究霍尔电压与工作电流的关系，霍尔电压与磁场的关系以及消除霍尔效应的副效应的方法，从实验中认识霍尔效应，为霍尔效应在自动检测、自动控制和信息技术中的应用打下良好的基础。

【预习与思考题】

1. 什么是霍尔效应？它与外加磁场有何关系？
2. 在测量霍尔电压时，怎样消除副效应的影响？
3. 霍尔效应有何用途？

【实验目的】

1. 认识霍尔效应，懂得产生霍尔效应的机理。
2. 研究霍尔电压与工作电流的关系。
3. 学习用霍尔器件测量磁场 B 的方法，研究霍尔电压与磁场的关系。
4. 了解霍尔效应的副效应及消除方法。
5. 学习消除失调电压的方法。

【实验仪器】

霍尔效应应用技术综合实验仪。

【实验原理】

（一）霍尔效应及其产生机理

一块长方形金属薄片或半导体薄片，若在某方向上通入电流 I_H，在其垂直方向上加一磁场 B，则在垂直于电流和磁场的方向上将产生电位差 U_H，这个现象称为"霍尔效应"，U_H 称为"霍尔电压"。霍尔发现这个电位差 U_H 与电流强度 I_H 成正比，与磁感应强度 B 成正比，与薄片的厚度 d 成反比，即

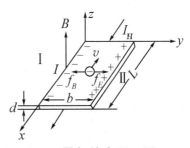

图 1　霍尔效应原理图

$$U_H = R_H \frac{I_H B}{d} \tag{1}$$

式中，R_H 叫霍尔系数，它表示该材料产生霍尔效应能力的大小。

霍尔电压的产生可以用洛伦兹力来解释。

如图 1 所示，将一块厚度为 d、宽度为 b、长度为 L 的半导体薄片（霍尔片）放置在磁场 B 中，磁场 B 沿 z 轴正方向。当电流沿 x 轴正方向通过半导体时，若薄片中的载流子（设为自由电子）以平均速度 v 沿 x 轴负方向作定向运动，所受的洛伦兹力为

$$f_B = ev \times B \tag{2}$$

在 f_B 的作用下自由电子受力偏转，结果向板面"Ⅰ"积聚，同时在板面"Ⅱ"上出现同数量的正电荷。这样就形成一个沿 y 轴负方向上的横向电场，使自由电子在受沿 y 轴负方向上的洛伦兹力 f_B 的同时，也受一个沿 y 轴正方向的电场力 f_E。设 E 为电场强度，U_H 为霍尔片Ⅰ，Ⅱ面之间的电位差（即霍尔电压），则

$$f_E = eE = e\frac{U_H}{b} \tag{3}$$

f_E 将阻碍电荷的积聚，最后达稳定状态时有

$$f_B = f_E \tag{4}$$

即

$$evB = e\frac{U_H}{b}$$

或

$$U_H = vBb \tag{5}$$

设载流子浓度为 n，单位时间内体积为 $v \cdot d \cdot b$ 里的载流子全部通过横

截面，则电流强度 I_H 与载流子平均速度 v 的关系为

$$I_H = vdbne \ \text{或} \ v = \frac{I_H}{dbne} \tag{6}$$

将（6）式代入（5）式得

$$U_H = \frac{1}{ne} \cdot \frac{I_H B}{d} = R_H \frac{I_H B}{d} \tag{7}$$

（7）式中，R_H 即为（1）式中的霍尔系数

$$R_H = \frac{1}{ne} = \frac{U_H d}{I_H B} \tag{8}$$

（8）式中 U_H 的单位为伏特，d 的单位为厘米（cm），I_H 的单位为安培（A），B 的单位为高斯（Gs），霍尔系数 R_H 的单位为立方厘米/库仑（cm³/C）。

改写（7）式为

$$U_H = K_H I_H B \tag{9}$$

（9）式中，K_H 称为霍尔元件的灵敏度，即

$$K_H = R_H / d \tag{10}$$

（10）式中，R_H 的单位为立方厘米/库仑（cm³/C），d 的单位为厘米（cm）、K_H 的单位为（mV/mA·T）。

（二）霍尔电压的特性及测量

从（9）式 $U_H = K_H I_H B$ 便可看出霍尔电压的特性为：

1. 在一定的工作电流 I_H 下，霍尔电压 U_H 与外磁场磁感应强度 B 成正比。这就是霍尔效应检测磁场的原理，即

$$B = \frac{U_H}{K_H I_H} \tag{11}$$

2. 在一定的外磁场中，霍尔电压 U_H 与通过霍尔片的电流强度 I_H（工作电流）成正比，即

$$I_H = \frac{U_H}{K_H B} \tag{12}$$

伴随霍尔效应还存在其他几个副效应（统称热电热磁效应），给霍尔电压的测量带来附加误差。例如，由于测量电位的两电极位置不在同一等位面上而引起的电位差 U_0 称为不等位电位差。U_0 的方向随电流方向而变，与磁场无关。另外还有几个副效应引起的附加误差 U_E，U_N，U_{RL}（详见附录）。由于这些电位差的符号与磁场、电流方向有关，因此在测量时只要改变磁场、电流方向就能减小或消除这些附加误差，于是在（$+B$，$+I_H$）、（$+B$，$-I_H$）、（$-B$，$-I_H$）、（$-B$，$+I_H$）四种条件下进行测量，将测量到的四个电压值取绝对值平均，作为 U_H 的测量结果。

对霍尔元件而言，除上述热电热磁效应会给霍尔电压的测量带来附加误差之外，还有包括加工在内的其他诸多原因都会给霍尔电压带来附加误差，具体表现为：在只加工作电流 I_H 不加磁场的情况下霍尔元件会有微量电压输出，这个电压常称失调电压。在应用霍尔元件于自动检测、隔离监控和信息技术中时，失调电压会带来恶劣影响。因此，在使用霍尔元件时，必须消除失调电压。消除失调电压的方法有多种，本实验采用的方法为补偿法。

（三）霍尔效应的用途

1. 测量磁场 B，即

$$B = \frac{U_H d}{R_H I_H} = \frac{U_H}{K_H I_H}$$

2. 判断半导体内载流子的类型。

半导体材料有 N 型（电子型）和 P 型（空穴型）两种，前者的载流子为电子，带负电；后者的载流子为空穴，相当于带正电的粒子。因此，可以根据霍尔电压的正负及磁场的方向确定半导体中载流子的类型。由图 1 可看出，对 N 型载流子，霍尔电压 $U_H > 0$；对 P 型载流子，$U_H < 0$。

3. 隔离传送和检测。

随着自动化、信息化的迅速发展，霍尔效应已经在自动检测、隔离监控和信息技术中得到了广泛的应用，其主要用途如下：

（1）直流电压高精度的隔离传送和检测；

（2）直流电流高精度的隔离检测；

（3）直流电流、直流电压越限时准确的隔离报警；

4. 检测非电量。

例如，保持通过霍尔元件的电流恒定，使霍尔元件在已知场强的梯度磁场中移动，则霍尔电势的大小就能反映磁场的变化，因而也就反映出位移的变化。在此情况下，利用霍尔效应可以测量微小位移和机械振动等。其他任何非电量，只要能转换成位移量的变化，根据上述原理均可应用霍尔元件制成的变换器进行自动检测。

由于霍尔效应的建立需要的时间仅为 10^{-12} s，因此使用霍尔元件时可以用直流电，也可以用交流电。若工作电流用交流电 $I_H = I_0 \sin \omega t$，则

$$U_H = K_H I_H B = K_H B I_0 \sin \omega t \tag{13}$$

（13）式中的霍尔电压也是交变的。在使用交流电情况下，（9）式仍可使用，只是式中 I_H 和 U_H 应理解为有效值。

值得注意的是以上讨论都是在磁场方向与电流方向相互垂直的条件下进行的，这时霍尔电压最大，因此在应用时应使霍尔片平面与磁感应强度矢量 **B**

的方向垂直，这样才能得到正确的结果。

（四）霍尔元件材料的基本常识

由固体材料导电机理知，某材料的霍尔系数 R_H 与该材料载流子的迁移率 μ 和电阻率 ρ 之间有如下关系：

$$|R_H| = \mu\rho \tag{14}$$

由（1）式和（14）式可知，要得到较大的霍尔电压，关键是选择霍尔系数大（即迁移率 μ 高，电阻率 ρ 亦较高）的材料。就金属导体而言，μ 和 ρ 均很低，而不良导体 ρ 虽高，但 μ 极小，因而上述两种材料的霍尔系数都很小，不能用来制造霍尔器件。半导体 μ 高，ρ 适中，是制造霍尔元件较理想的材料。由于电子的迁移率比空穴迁移率大，所以霍尔元件多采用 N 型材料。其次，由于霍尔电压的大小与材料的厚度成反比，因此薄膜型霍尔器件的输出电压较片状要高得多。就霍尔器件而言，因其厚度一定，所以实用上常用 $K_H = \dfrac{1}{ned}$ 来表示器件的灵敏度，K_H 称为霍尔灵敏度，单位为 mV/mA·T 或 mV/mA·kGs。目前用一种高迁移率的锑化铟为材料的薄膜型霍尔器件，其 K_H 可高达（200～300）mV/mA·T，而通常片状的硅霍尔器件的 K_H 仅为 2mV/mA·T。本实验的霍尔元件为 THS119（TOSHIBA），材料为 GaAs，K_H 为（110～280）mV/mA·T

【仪器介绍】

本实验采用四川大学物理学院研制的 HYS－1 型霍尔效应应用技术综合实验仪（如图 2 所示）。该实验仪是集霍尔效应实验和霍尔效应应用实验于一

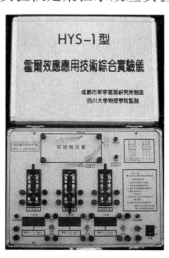

图 2　HYS－1 型霍尔效应应用技术综合实验仪

体的集成数字式多功能综合实验仪。在本实验仪上可完成五个实验，即霍尔效应实验、直流电压高精度的隔离传送和检测实验、直流电流高精度的隔离检测实验、直流电流越限时准确的隔离报警实验和直流电压越限时准确的隔离报警实验。上述五个实验是由与之对应的四个实验板，即霍尔效应实验板、直流电压隔离传送实验板、直流电流隔离检测实验板和监控量（电流、电压）越限隔离报警实验板来实现的。

该实验仪示意图如图 3（去掉箱盖的俯视图）所示，它是由上述的四个实验功能板和固定在同一环氧板（面板）上的换向闸刀、数字表头及测量选择开关、接线柱、电源开关以及安装在环氧板下方的电源（未画出）等组成，并组装在一个铝合金箱内。使用时，从实验板存放盒中取出实验板并固定在实验板位置上，即可做实验。

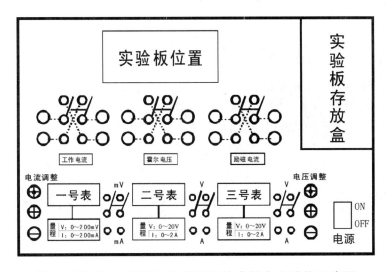

图 3 HYS-1 型霍尔效应应用技术综合实验仪示意图

本实验仪上的一号表、二号表、三号表三个数字表头与测量选择开关配合，既能测电压，也能测电流。当测量电压时，测量选择开关掷电压端；当测量电流或不用时，测量选择开关掷电流端。

【实验内容】

1. 研究霍尔电压与工作电流的关系。
2. 测量电磁铁磁场，研究霍尔电压与磁场的关系。
3. 研究消除霍尔效应的几个副效应的方法。
4. 学习消除失调电压的方法。

【实验电路及方法】

(一) 实验板及实验电路

霍尔效应实验板如图 4 所示,实验电路如图 5 所示。

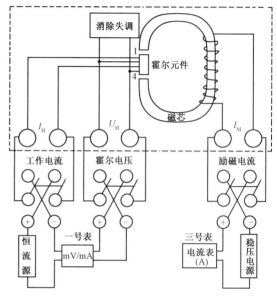

图 4 霍尔效应实验板　　　　图 5 霍尔效应实验电路

(注:图 5 中,一号表为 mV/mA 表,工作电流 I_H 和霍尔电压 V_H 均用该表测量。当测量 U_H 时,测量选择开关掷 mV 端,当测量 I_H 或不用时,测量选择开关掷 mA 端)

(二) 实验方法

1. 通电检查三个 $4\frac{1}{2}$ 的数字表。将三个表头的测量选择开关掷电流端,合电源开关,一号表显示应为 00.00,二号、三号表显示应为 0.000,然后断开电源。

2. 仪表预置。I_H 和 U_H 的两个换向闸刀合上,I_M 的换向闸刀断开(刀竖立);三个数字表(包括不用的二号表)的测量选择开关全掷电流端。

励磁电流 I_M 置最小,即左旋"电压调整"电位器到极限位置。

3. 按图 5 接线,共 14 条线。

4. 消除失调电压。合电源开关,调整工作电流 I_H 为某一值(如 2.00mA)后,再掷一号表于电压端,若 U_H 不为零时调零电位器使 $U_H=0$。

5. 合 I_M 闸刀，调整 I_M 为表 1 或表 2 给定值，并改变工作电流 I_H 和励磁电流 I_M 的方向，在四种组合 $(+I_M, +I_H)$，$(+I_M, -I_H)$，$(-I_M, -I_H)$，$(-I_M, +I_H)$ 情形下对 U_H 进行四次测量。

6. 无论是按表 1 进行 $U_H - I_H$ 测量，还是按表 2 进行 $U_H - B$ 测量，只要改变了工作电流的大小及方向，就要先消除失调电压，即用双刀闸刀同时切断励磁电流的两个电极，然后调调零电位器，使 $U_H = 0$ 后，再合 I_M 闸刀，调整 I_M 为表 1 或表 2 中的给定值进行测量。

7. 按 3～6 举例说明的方法完成实验。

【注意事项】

1. 消除失调电压时必须将双刀闸刀同时断开励磁电流的两个电极。

2. 霍尔元件的工作电流不得长时间超过 10mA，否则会因过热而损坏。

3. 三个换向开关可能接触不良，所以每次换向后都应注意观察 I_M 和 I_H 是否改变，改变了要及时调整过来。

【数据处理】

1. 霍尔电压与工作电流关系（即 $U_H - I_H$ 测量）的实验数据处理见表 1。

表 1　$U_H - I_H$ 测量

$I_M(A)$	0.100			
$I_H(mA)$	2.00	4.00	6.00	8.00
$(+I_M, +I_H): U_1(mV)$				
$(+I_M, -I_H): U_2(mV)$				
$(-I_M, -I_H): U_3(mV)$				
$(-I_M, +I_H): U_4(mV)$				
$U_H(mV)$				
$B(T)$				

$$U_H = \frac{1}{4} (\ |U_1| + |U_2| + |U_3| + |U_4|\ )$$

2. 霍尔电压与磁场关系（即 $U_H - B$ 测量）的实验数据处理见表2。

表2 $U_H - B$ 测量

I_H(mA)	4.00			
I_M（A）	0.050	0.100	0.150	0.200
$(+I_M, +I_H): U_1$(mV)				
$(+I_M, -I_H): U_2$(mV)				
$(-I_M, -I_H): U_3$(mV)				
$(-I_M, +I_H): U_4$(mV)				
U_H(mV)				
B（T）				

$$B = \frac{U_H}{K_H I_H}, \text{ 其中 } K_H = \frac{1}{ned} = 110 \text{mV/mA} \cdot \text{T}$$

3. 按表1、表2的要求处理数据，并作出 $U_H - I_H$ 和 $U_H - B$ 曲线。

【总结与思考】

1. 在结论中按以下要求作出总结。
（1）霍尔电压的特性。
（2）霍尔效应的用途。
2. 设想一个应用霍尔效应检测电流的方法。

附 录 霍尔效应的副效应及其消除方法

在产生霍尔电压时，会伴随产生一些副效应，这些副效应将影响霍尔电压的测量精确度。

（1）不等位效应。由于制造工艺技术的限制，霍尔元件的电位极不可能接在同一等位面上，因此，当电流 I_H 流过霍尔元件时，即使不加磁场，两电极间也会产生一电位差，称不等位电位差 U_0。显然，U_0 只与电流 I_H 有关，而与磁场无关。

（2）埃廷豪森效应（Etinghausen effect）。由于霍尔片内部的载流子的速度服从统计分布，有快有慢，于是它们在磁场中受的洛伦兹力不同，则轨道偏转也不相同。动能大的载流子趋向霍尔片的一侧，而动能小的载流子趋向另一侧。随着载流子的动能转化为热能，使两侧的温升不同，形成一个横向温度梯度，引起温差电压 U_E。U_E 的正负与 I_H，B 的方向有关。

（3）能斯特效应（Nernst effect）。由于两个电流电极与霍尔片的接触电阻不等，当有电流通过时，在两电流电极上有温差存在，出现热扩散电流，在磁场的作用下，形成一个横向电场 E_N，因而产生附加电压 U_N。U_N 的正负仅取决于磁场的方向。

（4）里纪－勒杜克效应（Righi－Leduc effect）。由于热扩散电流的载流子的迁移率不同，类似于埃廷豪森效应中载流子速度不同一样，也将形成一个横向的温度梯度而产生相应的温度电压 U_{RL}。U_{RL} 的正、负只与 B 的方向有关，和电流 I_H 的方向无关。

综上所述，由于附加电压的存在，实测的电压，既包括霍尔电压 U_H，也包括 U_0，U_E，U_N 和 U_{RL} 等附加电压，形成测量中的系统误差来源。但我们利用这些附加电压与电流 I_H 和磁感应强度 B 的方向有关，测量时改变 I_H 和 B 的方向基本上可以消除这些附加误差的影响。具体方法如下：

当（$+B$，$+I_H$）时测量，$U_1 = \quad U_H + U_0 + U_E + U_N + U_{RL}$ (15)

当（$+B$，$-I_H$）时测量，$U_2 = -U_H - U_0 - U_E + U_N + U_{RL}$ (16)

当（$-B$，$-I_H$）时测量，$U_3 = \quad U_H - U_0 + U_E - U_N - U_{RL}$ (17)

当（$-B$，$+I_H$）时测量，$U_4 = -U_H + U_0 - U_E - U_N - U_{RL}$ (18)

式（15）－（16）+（17）－（18）并取平均值，则得

$$U_H + U_E = \frac{1}{4}(U_1 - U_2 + U_3 - U_4)$$

可见，这样处理后，除埃廷豪森效应引起的附加电压外，其他几个主要的附加电压全部被消除了，但因 $U_E \ll U_H$，故可将上式写为

$$U_H = \frac{1}{4}(U_1 - U_2 + U_3 - U_4)$$

即

$$U_H = \frac{1}{4}(|U_1| + |U_2| + |U_3| + |U_4|) \tag{19}$$

【相关科学家介绍】

爱德温·霍尔

一、生平简介

Edwin Hall

爱德温·霍尔（Edwin Hall）（1855－1938），美国物理学家。1855年出生于美国的缅因州，毕业于约翰·霍普金斯大学。在那个年代，金属中导电的机理还不清楚。麦克斯韦在《电磁学》一书中写道：我们必须记住，推动载流导体切割磁力线的力不是作用在电流上……在导线中，电流本身完全不受磁铁接近或其他电流的影响。

二、科学成就

1879年，24岁的霍尔在撰写物理学博士论文期间对麦克斯韦的理论进行验证实验时发现，位于磁场中的导体出现了横向电势差，霍尔将他的这一发现写成一篇名为"论磁铁对电流的新作用"的论文，发表在《美国数学杂志》上。这种"新作用"就是后来被人们称作的"霍尔效应"。

事实上，在霍尔发现这个现象之前，英国物理学家洛奇（O. Lodge）也曾有类似想法，但慑于麦克斯韦的权威，放弃了实验。麦克斯韦经典电磁学理论被霍尔打破之后，新的发现不断涌现。此后的一百多年里，反常霍尔效应、整数霍尔效应、分数霍尔效应、自旋霍尔效应和轨道霍尔效应等相继被发现，构成了一个庞大的霍尔效应家族，其中整数霍尔效应和分数霍尔效应的发现者分别在1985年和1998年获得诺贝尔奖。

英国著名物理学家开尔文在谈到霍尔效应时说，即使与法拉第的电磁学相比，霍尔效应也毫不逊色。

【参考文献】

［1］袁希光. 传感器技术手册［M］. 北京：国防工业出版社，1992.

［2］瞿华富，张明宪，王维果，等. HYS－1型霍尔效应应用技术综合实验仪［J］. 物理实验，2005，25（6）：20－24.

实验 11　霍尔效应及其应用

1879 年，美国物理学家霍尔发现：当电流垂直于外磁场方向通过导电体时，在垂直于电流和磁场的方向，导电体两侧会产生电势差，此现象称霍尔效应。一般说来，金属和电解质的霍尔效应都很小，但半导体则较显著。N 型半导体材料，如锗、锑化铟、磷砷化铟、砷化镓等霍尔系数很高，常被用于制作霍尔元件。其中砷化镓霍尔元件尤以灵敏度高、线性范围广和温度系数小等优点，在磁场测量中经常被应用。霍尔元件的优点是使用简便，探头小，适用于计量小范围磁场。在测量磁感应强度时，这种方法测量的相对不确定度可能达到 $10^{-3} \sim 10^{-2}$。要求学习者在了解霍尔效应的基本原理后，使用霍尔元件测量磁场。

研究霍尔效应基本性质的仪器很多，本实验采用由复旦大学研制的 FD－HL－5 型霍耳效应实验仪。

【实验目的】

1. 深入理解霍尔效应的基本原理。
2. 掌握用霍尔元件测量磁场的方法。
3. 学习测量霍尔元件灵敏度的方法。

【实验仪器】

FD－HL－5 型霍尔效应实验仪 1 套。

【实验原理】

（一）霍尔效应

如图 1 所示，霍尔电势差是这样产生的：当电流 I_H 通过霍尔元件（假设为 P 型样品）时，垂直磁场对运动电荷产生一个洛伦兹力，即

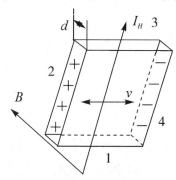

图 1　霍尔效应简图

$$F_B = q \ (v \times B) \tag{1}$$

式中，q 为电子电荷，洛伦兹力 F_B 使空穴以漂移速度 v 向左侧（端面 2）偏转，由于样品有边界，所以偏转的载流子将在边界积累起来，产生一个横向电场 E，直到电场对载流子的作用力 $F_E = qE$ 与磁场作用的洛伦兹力相抵消为止，即

$$q(v \times B) = qE \tag{2}$$

这时电荷在样品中流动时将不再偏转，霍尔电势差就是由这个电场建立起来的。

如果是 N 型样品，则横向电场与图 1 中所示相反，所以 N 型样品和 P 型样品的霍耳电势差有不同的符号，据此可以判断霍尔元件的导电类型。

设 P 型样品的宽度为 ω，厚度为 d，载流子浓度为 p，通过样品电流

$$I_H = pqv\omega d$$

则空穴的速度 $v = I_H/pq\omega d$ 代入（2）式有

$$E = | v \times B | = I_H B/pq\omega d \tag{3}$$

式（3）两边各乘以 ω，便得到

$$U_H = E\omega = I_H B/pqd = R_H \times I_H B/d \tag{4}$$

式中，$R_H = 1/pq$ 称为霍尔系数，在应用中一般写成

$$U_H = K_H I_H B \tag{5}$$

比例系数 $K_H = R_H/d = 1/pqd$ 称为霍尔元件灵敏度，单位为 mV/（mAT），一般要求 K_H 越大越好。K_H 与载流子浓度 p 成反比，半导体内载流子浓度远比金属载流子浓度小，所以都用半导体材料作为霍尔元件。K_H 与厚度 d 成反比，所以霍尔元件都做得很薄，一般厚度只有 0.2mm。

由公式（5）可以看出，知道了霍尔片的灵敏度 K_H，只要分别测出霍尔电流 I_H 及霍尔电势差 U_H 就可算出磁场 B 的大小，这就是应用霍尔效应测量磁场的原理。

（二）用霍尔元件测磁场

磁感应强度的计量方法很多，如磁通法、核磁共振法及霍尔效应法等。其中霍尔效应法具有能测交直流磁场，且简便、直观、快速等优点，应用最广。

如图 2 所示，直流电源 E_1 为电磁铁提供励磁电流 I_M，通过变阻器 R_1，可以调节 I_M 的大小。电源 E_2 通过可变电阻 R_2（用电阻箱）为霍尔元件提供霍尔电流 I_H，当 E_2 电源为直流时，用直流毫安表测霍尔电流，用数字万用表测量霍尔电压；当 E_2 为交流时，毫安表和毫伏表都用数字万用表测量。

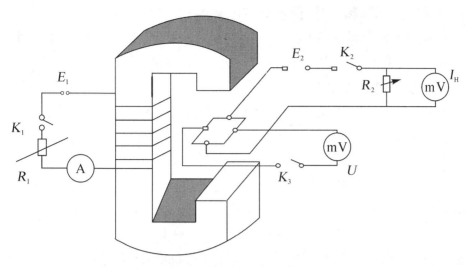

图 2　测量霍尔电势差电路

半导体材料有 N 型（电子型）和 P 型（空穴型）两种，前者载流子为电子，带负电；后者载流子为空穴，相当于带正电的粒子。由图 1 可以看出，若载流子为电子，则"4"面上的电位高于"2"面上的电位，$U_{H34} < 0$；若载流子为空穴，则"4"面上电位低于"2"面上的电位，电位 $U_{H34} > 0$，如果知道载流子类型，则可以根据 U_H 的正负值定出待测磁场的方向。

由于霍尔效应建立电场所需时间很短（$10^{-14} \sim 10^{-12}$ s），因此通过霍尔元件的电流用直流或交流都可以。若霍尔电流 $I_H = I_0 \sin \omega t$，则

$$U_H = I_H K_H B = I_0 K_H B \sin \omega t \tag{6}$$

即所得的霍尔电压也是交变的。在使用交流电情况下（5）式仍可使用，只是式中的 I_H 和 U_H 应理解为有效值。

（三）消除霍尔元件副效应的影响

在实际测量过程中，还会伴随一些热磁副效应，使所测得的电压不只是 U_H，还会附加另外一些电压，给测量带来误差。

这些热磁效应有埃廷斯豪森效应、能斯特效应、里吉－勒迪克效应等。埃廷斯豪森效应是由于在霍尔片两端有温差，从而产生温差电动势 U_E，它与霍尔电流 I_H、磁场 B 方向有关；能斯特效应是由于当热流通过霍尔片（如图 1 中的"1""3"面）在其两侧（"2""4"面）会有电动势 U_N 产生，只与磁场 B 和热流有关；里吉－勒迪克效应，是当热流通过霍尔片时两侧会有温度产生，从而又产生温差电动势 U_R，它同样与磁场 B 热场有关。

除了这些热磁副效应外还有不等位电势差 U_0。它是由于图 1 中两侧（"2""4"面）的电极不在同一等势面上引起的。当霍尔电流通过"1""3"面时，

即使不加磁场，"2"和"4"面也会有电势差 U_0 产生，其方向随电流 I_H 方向而改变。因此，在测量霍尔电压时，为了消除副效应的影响，在操作时需要分别改变 I_H 的方向和 B（I_M）的方向，记下相应的四组电势差数据。在操作时注意 K_1，K_2 换向开关"上"为正：

当 I_H 正向，B 为正向时，$U_1 = U_H + U_0 + U_E + U_N + U_R$，

当 I_H 负向，B 为正向时，$U_2 = -U_H - U_0 - U_E + U_N + U_R$

当 I_H 负向，B 为负向时，$U_3 = U_H - U_0 + U_E - U_N - U_R$

当 I_H 正向，B 为负向时，$U_4 = -U_H + U_0 - U_E - U_N - U_R$

作运算，$U_1 - U_2 + U_3 - U_4$ 并取平均值，有

$$1/4 \ (U_1 - U_2 + U_3 - U_4) \ = U_H + U_E \tag{7}$$

由于 U_E 方向始终与 U_H 相同，所以换向法不能消除它，但一般 $U_E \ll U_H$，故可以忽略不计，于是

$$U_H = 1/4 \ (U_1 - U_2 + U_3 - U_4) \tag{8}$$

在实际使用时，上式也可写成

$$U_H = 1/4 \ (\ |U_1| + |U_2| + |U_3| + |U_4| \ ) \tag{9}$$

其中 U_H 符号由霍尔元件是 P 型，还是 N 型决定。

【实验仪器及操作】

（一）实验仪器及其技术指标

FD－HL－5 型霍尔效应实验仪的主要技术指标如下：

1. 直流稳流电源及数字式电流表：量程 0～500mA，分度值 1mA。

2. 四位半数字电压表：量程 0～2V，分度值 0.1mV。

3. 数字式特斯拉计：量程 0～0.35T，分度值 0.0001T。

4. 双刀双向开关：开关 1、开关 2 为电流换向开关，用来控制励磁电流、霍尔电流的方向；开关 3 为电压、电流切换开关，用于霍尔电压和霍尔电流的测量选择控制。

5. 电磁铁：间隙 3mm，励磁电流最大 500mA。

6. 砷化镓霍尔元件：工作电流，即霍尔电流最大为 5mA。

7. 外接采样电阻：300Ω（用户自配）。

霍尔效应实验仪由实验箱和电控箱组合而成。如图 3 所示，上部为实验箱，下部为电控箱。其中包括：可调直流稳压电源（0～500mA）、直流稳流电源（0～5mA）、直流数字电压表、数字式特斯拉表、电磁铁、霍尔元件（砷化镓霍尔元件）、导线等。

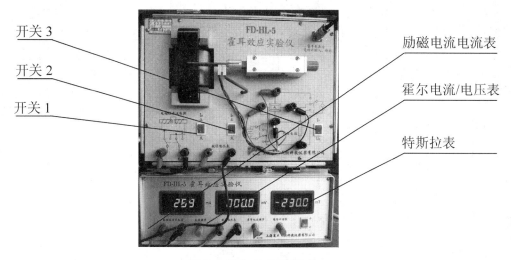

图 3　霍尔效应实验仪

（二）仪器使用注意事项

1. 仪器预热时间应不少于 15 分钟。

2. 待电路接线正确后方可进行实验。

3. 霍尔元件极易碎裂！引线也易断，不可用手折碰。通过电流不能大于 5mA！

4. 电磁铁磁化线圈通电时间不宜过长，否则线圈易发热，影响实验结果。注意调节励磁电流 I_m 不得超过 500mA。

【实验内容及步骤】

按图 4 接好实验电路。

实验电路要将电控箱和实验箱如图 4 连接，包括接上图中左上所示的 4 条连线（加粗线条），以及右下的 300Ω 外接电阻；另外还需要将实验箱引出的蓝、红、黄、黑 4 条连线如图联好。

（一）测量霍尔电流 I_H 与霍尔电压 U_H 的关系

1. 将励磁电流 I_m 调节到 400mA（注意：不可以大于 500mA）。

2. 调节霍尔电流 I_H 为 1.0mA，通过换向开关 1、2 的四种组合，分别控制霍尔电流和励磁电流的方向，开关 3 置于 U_H 端，在四种状况下得到对应的 4 个霍尔电压值，填入表 1。

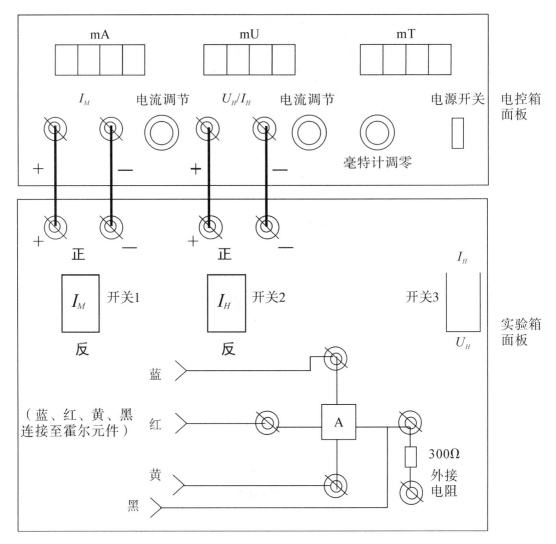

图 4　实验仪面板接线图

3. 依次调节霍尔电流 I_H 为 1.5，2.0，2.5，3.0mA（开关 3 应当位于 I_H
端），通过同样的方法测得对应的霍尔电压（开关 3 置于 U_H 端），填入表 1 内。

表 1　霍尔电流 I_H 与霍尔电压 U_H

I_m（mA）	400				
I_H（mA）	1.0	1.5	2.0	2.5	3.0
U_R（mV）（在 300 外接电阻上测得）	300	450	600	750	900
U_1（I_H 为正、I_m 为正）					
U_2（I_H 为正、I_m 为负）					

U_3（I_H 为负、I_m 为正）					
U_3（I_H 为负、I_m 为负）					
$U_H = 1/4$（$\mid U_1 \mid + \mid U_2 \mid + \mid U_3 \mid + \mid U_4 \mid$） （课后完成）					

完成试验报告时，使用坐标纸，作 $U_H - I_H$ 曲线，验证 I_H 与 U_H 的线性关系。

（二）测量霍尔电压与磁场的关系，计算霍尔元件的灵敏度 K_H

首先调节工作（励磁）电流 I_m 为零，再调节位于电控箱面板右侧的"毫特计调零"旋钮，使毫特计显示零值。

1. 将霍尔电流 I_H 调节到 1.00mA（注意：不可以大于 5mA）。

2. 调节工作电流 I_m 为 50mA，通过换向开关 1、2 的四种组合分别控制霍尔电流和励磁电流的方向，在四种状况下得到对应的 4 个霍尔电压值（U_1，U_2，U_3，U_4），以及磁场强度 B，分别填入表 2。

3. 依次调节励磁电流 I_m 为 100，150，200，250，300，350，400，450，500mA，通过同样的方法测得对应的霍尔电压和磁场强度，分别填入表 2 内。

注意：在本次测量中，同在（一）中一样，开关 3 应当根据是测量霍尔电流还是霍尔电压来选定接通的方向。

表 2　励磁电流 I_M 与磁场强度 B、霍尔电压 U_H

I_H（mA）	1.00									
I_m（mA）	50	100	150	200	250	300	350	400	450	500
U_1（I_H 正、I_m 为正）										
U_2（I_H 为正、I_m 为负）										
U_3（I_H 为负、I_m 为正）										
U_3（I_H 为负、I_m 为负）										
$U_H = 1/4$（$\mid U_1 \mid + \mid U_2 \mid + \mid U_3 \mid + \mid U_4 \mid$）（课后完成）										
B（mT）										
$K_H = \dfrac{1}{I_H} \cdot \dfrac{U_H}{B}$（课后完成）										

完成试验报告时，由公式（5）算出该霍尔元件的灵敏度（N 型霍尔元件灵敏度为负值）；使用坐标纸，作 $U_H - B$ 曲线，观察它们的关系。

说明：在以上两个实验中，都要调节电流，在使用的仪器中，实际是折算成电流通过 300Ω 电阻时的电压降，再显示出来的。

（三）用霍尔元件测量硅钢片材料磁化曲线（选作）

根据表 2 数据，使用坐标纸，作 $B - I_m$ 曲线，即为硅钢片的磁化曲线（在变压器的设计中是非常重要的参数）。

【实验注意事项】

1. 要注意接线时，防止直流稳流源和直流稳压源短路或过载，以免损坏电源。

2. 霍尔元件通过电流 I_H 不得超过 5mA，励磁电流 I_m 不得超过 500mA，以保证元件不会损坏。

【思考题】

1. 伴随霍尔效应会产生哪些附加效应？在实验中是怎样减小这些附加效应的影响的？

2. 一般的霍尔元件都是采用半导体材料制作的，可以通过检测霍尔电压的极性来判别半导体的导电类型。试设计一个检测实验装置。

实验 12　补偿测量法及其应用

补偿测量法是一种高精度的测量方法。该方法的特点是测量时在测量装置与被测装置之间不发生能量交换，不破坏被测装置的原始工作状态。常用该方法对测量精度要求极高的物理量（如基准电压）进行测量，本实验只涉及用补偿法对电压的测量。

补偿法的一个经典应用是直流电位差计。本实验的实验内容就是用直流电位差计测量干电池的电动势及内阻。

【预习与思考题】

1. 什么是补偿测量法？补偿测量法有什么优点？
2. 在用电位差计测电压时，为什么在校准和测量时要保持工作电流 I_P 不变？
3. 为什么说直流电位差计是补偿测量法的一个经典应用？

【实验目的】

1. 掌握用补偿测量法测量电压的原理。
2. 了解直流电位差计的结构、特点及其工作原理。
3. 学会用电位差计测量电动势的方法。

【实验器材】

直流稳压电源 1 台，ZX21 型电阻箱 5 个，标准电池 1 个，检流计 1 个，干电池 1 个，30Ω 1W 电阻 1 只，双刀双掷闸刀 1 个。

【实验原理】

（一）补偿法测量电压的原理

图 1 为用伏特表测电压的原理图，这是一种测电压的常用方法。从图 1 可见，在这种测量中由于伏特表的接入而形成 R_V 与 R_2 并联，其结果一是在 B，C 两点间增加了一个分流支路 R_V，该支路将从被测电路中分流电流；二是使 B，C 两点间的电阻从 R_2 减小到 $\dfrac{R_2 R_V}{R_2 + R_V}$，从而破坏了被测电路的原始工作状态，使测量的电压值偏小。

图 2 为用补偿法测电压的原理图，由于检流计的灵敏度非常高，测量时

$I_g=0$，说明 U_x 与 E_N 之间无能量交换，因此 $U_x=E_N$。这样的测量就相当于用天平称质量一样，只要天平的精度高，所称出的质量就很准。

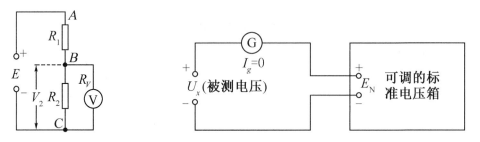

图1 伏特表测电压的原理图   图2 补偿法测电压的原理图

对比上述两种测量方法可以看出，补偿测量法是一种高精度的测量方法。在这种方法中由于 E_N 与 U_x 之间无能量交换，U_x 的原始状态得以保留，再加上 E_N 的精度非常高，因此只要检流计的灵敏度也非常高，那么所测量出的 U_x 的精度可接近 E_N 的精度。

由此可见，用补偿法对电动势（或电压）进行高精度的测量，必须满足以下要求：

（1）要有灵敏度足够高的检流计。

（2）要有可以调节的标准电势 E_N（因 U_x 的范围很广）。

直流电位差计就是根据补偿原理和上述要求制作而成的。

（二）直流电位差计的工作原理

图3为直流电位差计的原理电路图，它可以分为三个基本回路，即回路Ⅰ，Ⅱ，Ⅲ。

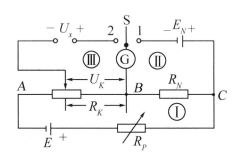

图3 直流电位差计的工作原理

回路Ⅰ为工作电流（I_P）调节回路，由工作电源 E、调节电阻 R_P、标准电阻 R_N 及补偿电阻 R_K 组成。

回路Ⅱ为校准工作电流回路，由标准电池 E_N、标准电阻 R_N 及检流计 G 组成。

回路Ⅲ为测量电压（U_x）回路（亦称补偿回路），由补偿电阻 R_K、被测

电压 U_x 和检流计 G 组成。

在测量时，首先把开关 S 放在"1"的位置，调节 R_P，直到检流计指零为止。此时工作电流 I_P 的值为

$$I_P = \frac{E_N}{R_N} \tag{1}$$

然后保持 R_P 值不变，把开关 S 掷向位置"2"，并改变补偿电阻 R_K 的值，直到检流计重新指"零"为止。此时被测电压为

$$U_x = I_P R_K \tag{2}$$

把（1）式代入（2）式，最后得

$$U_x = \frac{R_K}{R_N} E_N \tag{3}$$

由上可知，电位差计的工作原理是以比较法为基础的，其测量结果是经过两次比较获得的。第一次是调定工作电流，即把标准电池的电动势与标准电阻 R_N 上的压降比较；第二次才是测量未知电压，即把已知的补偿电压与未知电压相比较。为了保证有足够的测量准确度，必须要求做到以下几点：

（1）工作电流 I_P 应在电位差计进行两次比较的时间内（在一定精度范围内）保持不变。

（2）补偿电压 U_K 要有足够的调节细度，以使测量结果的读数位数满足测量精度的要求。

（3）整个测量装置要有足够的灵敏度，以保证在平衡条件下，改变补偿电压 U_K 最低位的一个读数所产生的不平衡电压，都能使检流计发生可以察觉的偏转，这就要求检流计有很高的电流灵敏度和电位差计的补偿回路有较小的电阻。

最后，为了加快测量过程，还要求补偿回路（校准回路）的总电阻接近检流计的临界阻尼电阻 R_K 的阻值。

【实验内容及要求】

1. 用实验室提供的器材组装电位差计。
2. 用组装的电位差计测干电池的电动势。
3. 测量电位差计的相对灵敏度。
4. 用组装的电位差计测干电池的内阻。

【实验电路及方法】

（一）实验电路

组装电位差计的实验电路如图 4 所示。

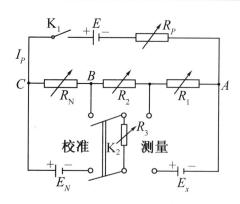

图 4 电位差计的实验电路

（二）实验方法

1. 组装电位差计。按图 4 接线，其中 $R_{AB} = R_1 + R_2$，R_1 相当于图 3 中的 R_K，K_1、K_2 断开。

2. 建立工作电流（I_P）电路。首先合电源开关 K_1，调节电源输出为 3.0V（即 $E = 3.0V$）后断开 K_1。

取 $I_P = 1.000mA$，量程 $V_M = 1.800V$，于是

$$R_N = \frac{E_N}{I_P}（\Omega），R_1 + R_2 = \frac{V_M}{I_P} = \frac{1.800}{0.001} = 1800\Omega$$

预置 $R_1 = 1500\Omega$，$R_2 = 300\Omega$，$R_P = \dfrac{E - E_N - V_M}{I_P}\Omega$，$R_3$ 远大于检流计的临界阻尼电阻。

3. 校准工作电流 $I_P = 1.000mA$。合 K_1，再调 E 使 $E = 3.0V$，然后掷 K_2 于校准端并调整 R_P 使检流计指针指零，随着检流计指针指零逐步减小 R_3，再调 R_P 使检流计指针指零。如此反复，直到 R_3 在等于或小于检流计临界阻尼电阻的情况下检流计的指针停留在"0"点，此时 $I_P = 1.000mA$。

4. 测量 E_x。在（3）的基础上，将 K_2 掷测量端，在保持 $R_1 + R_2 = 1800\Omega$ 不变的基础上反复调整 R_1 和 R_2（用两只手同时反向等值调整 R_1 和 R_2），使检流计的指针在 R_3 等于或小于检流计临界阻尼电阻的情况下停留在"0"点，于是有

$$E_x = I_P R_1 \tag{4}$$

5. 测量电位差计的相对灵敏度。

由于整个测量装置灵敏度的限制，当觉察不出检流计偏转时，并不能说明补偿回路的电流绝对为零。测量结果存在着一定误差，这一误差大小与测量系统的灵敏度有关。当电位差计测量达到平衡时，调节 R_1 使它有一微小改变量（对应着补偿电压有一微小的变化 ΔE），使检流计出现可觉察的偏转格数 Δn，

则电位差计的相对灵敏度 S 定义为

$$S = \frac{\Delta n}{\Delta E} = \frac{\Delta n}{I_P \cdot \Delta R_1} \tag{5}$$

方法：在电位差计测量 E_x 达到平衡时，将 R_1 改变 ΔR_1，读出检流计偏转的格数 Δn，按（5）式计算出直流电位差计的相对灵敏度 S。

6. 测量干电池的内阻 r。图 5 为测量干电池内阻 r 的外电路。

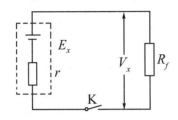

图 5　测量干电池内阻的外电路图

设电源电动势为 E_x，内阻为 r，在被测干电池的两端并联已知电阻 R_f，闭合开关 K 后，用电位差计测量 R_f 上的电压降为 V_x，则由回路定理及欧姆定律可测得干电池的内阻为

$$r = \frac{E_x - V_x}{V_x} R_f \tag{6}$$

方法：测出 E_x 后在干电池两端并联已知电阻 R_f，再按测 E_x 的方法测出 V_x，由（6）式便可计算出电源内阻 r。

【注意事项】

1. 标准电池和待测电池的正负极性一定不能接错。

2. 标准电池的最大容许电流不过几微安，所以千万不可用伏特表或万用表的电压挡去测量它的电动势。

【数据处理】

实验数据记录及处理表

校准				E_x (V) 测量			S 测量			r 测量 ($R_f=30\Omega$)			
E (V)	I_P (mA)	R_N (Ω)	R_P (Ω)	R_1 (Ω)	R_2 (Ω)	E_x (V)	ΔR_1 (Ω)	Δn (格)	S	R_1 (Ω)	R_2 (Ω)	V_x (V)	r (Ω)
3.0	1.000												

【总结与思考题】

1. 根据补偿测量法的特点总结出用电位差计测量干电池的电动势的方法。

2. 设计出用电位差计测量电阻阻值的实验电路，结合电路写出实验方法。

【参考文献】

朱世国. 大学基础物理实验［M］. 成都：四川大学出版社，1991.

实验 13　分光计的调节

　　分光计（又称分光测角仪）是用来精确测量角度的仪器，是光学实验的基本仪器之一。通过角度的测量可以计算透明介质的折射率、光波波长等相关的物理量，检验棱镜的棱角是否合格，玻璃砖的两个表面是否平行等。另外，在分光计调节中所涉及的诸如部件共轴调节、聚焦以及望远镜及平行光管调节等，同样是许多常用的光学仪器（如单色仪、摄谱仪、分光光度计等）的基本调节技能。分光计调节的好坏，对使用分光计测量结果的精度有很大的直接影响。因此，学习和掌握分光计的调节方法，是光学实验的重要内容。

【预习要点】

　　调节分光计要抓住两个方面：调焦和对准，这也是诸多光学仪器共同的调节要求。调焦包括对望远镜目镜、平行光管的操作；对准是使望远镜、平行光管、载物盘的 3 条轴线与分光计中心转轴的对准。

【实验目的】

　　掌握分光计的结构及调节方法，为使用分光计进行测量做好准备。

【仪器介绍】

（一）分光计的总体结构

　　如图 1 所示，分光计主要由底座、望远镜、平行光管、载物盘、读数圆盘等五部分组成。

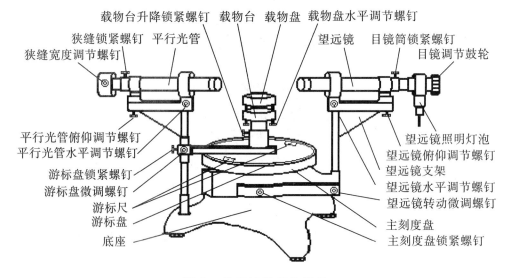

载物台升降锁紧螺钉　载物台　载物盘　载物盘水平调节螺钉
狭缝锁紧螺钉　平行光管　　　　望远镜　目镜筒锁紧螺钉
狭缝宽度调节螺钉　　　　　　　　　　　　　目镜调节鼓轮

平行光管俯仰调节螺钉　　　　　　　　　望远镜照明灯泡
平行光管水平调节螺钉　　　　　　　　　望远镜俯仰调节螺钉
游标盘锁紧螺钉　　　　　　　　　　　　望远镜支架
游标盘微调螺钉　　　　　　　　　　　　望远镜水平调节螺钉
游标尺　　　　　　　　　　　　　　　　望远镜转动微调螺钉
游标盘　　　　　　　　　　　　　　　　主刻度盘
底座　　　　　　　　　　　　　　　　　主刻度盘锁紧螺钉

图1　分光计的总体结构

（二）望远镜

分光计使用的望远镜是阿贝自准直望远镜，如图2（a）所示。它由物镜、目镜、分划板、灯泡组成，本身带有光源，既可接收平行光成像，又可发射平行光。

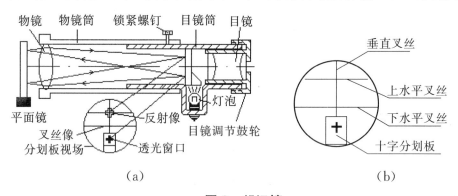

物镜　物镜筒　锁紧螺钉　目镜筒　目镜

平面镜
　　　　　　　　反射像
叉丝像
分划板视场　　　透光窗口
　　　　　　　　灯泡
　　　　　目镜调节鼓轮

垂直叉丝
上水平叉丝
下水平叉丝
十字分划板

（a）　　　　　　　　　　　　　（b）

图2　望远镜

灯泡发出的光，经紧贴分划板的棱镜反射后照亮分划板下部的十字透光窗，因此从目镜中可以观察到被照亮的叉丝和十字叉。其中的垂直叉丝主要用作测角时的基准线，水平叉丝和十字分化板则用于仪器调准，如图2（b）所示。

当分划板所处的位置正好位于物镜的焦平面上时，由十字透光窗发出的光经物镜折射后将平行射出。此时若在载物盘上放置一个镜面与望远镜光轴垂直的平面镜，那么由物镜射出的平行光经平面镜反射、物镜聚焦后将会聚在分划板上方的十字处，形成反射十字像。

（三）平行光管

平行光管由狭缝和准直透镜组成，如图3所示。松开狭缝锁紧螺钉，可调节狭缝与透镜之间的距离；当狭缝位于准直透镜的焦平面上时，由狭缝入射的光经透镜折射后将以平行光出射。

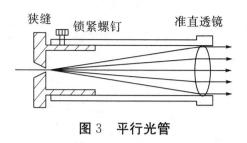

图 3　平行光管

【实验关键及内容】

分光计的调节除了要遵循一定的原理和方法外，特别要注意后续调节总是以先行调节为基准的。因此，在调节过程中，要注意不能轻易去改变前面已调节好的部分。

调节从操作内容上讲，包括"聚焦"和"对准"；从方法上，可分为"粗调"和"精调"两步。

（一）粗调

粗调是通过肉眼的观察，调节分光计的望远镜、平行光管共轴等高，而且此光轴基本与载物盘盘面平行。注意要从俯视和侧视两个方向来观察。为使调节过程简单易操作，可先将载物盘的俯仰螺钉调至最低点，再调节平行光管和望远镜。在调节平行光管和望远镜的平行准直过程中，除用肉眼观察调节外，还可使用一些其他方法，如将一根细线分别拴在平行光管的狭缝锁紧螺钉和望远镜的目镜锁紧螺钉上，拉直并分别通过从旁平视和从上俯视观察平行光管和望远镜的镜筒与直线的平行程度来进行调节，并通过调节平行光管和望远镜的俯仰螺钉最终使平行光管、望远镜和载物盘三者平行，如图 4 所示。

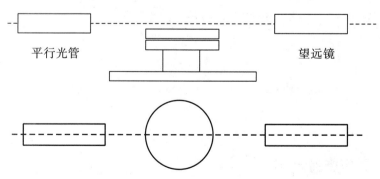

图 4　望远镜和平行光管共轴等高示意图（平视＋俯视）

锁紧载物盘的俯仰锁紧螺钉时，应保证两游标窗口的连线与载物盘某两个水平调节螺钉的连线平行（见图5，俯视图）。

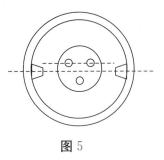

图5

松开游标盘的锁紧螺钉，这样拨动游标盘就可使载物盘绕中心轴转动。

锁紧主刻度盘的锁紧螺钉的同时松开望远镜的锁紧螺钉（在图1内侧，图中看不到），使主刻度盘可以同望远镜一道绕中心轴转动。锁紧主刻度盘的锁紧螺钉时，应先将主刻度盘的0/360度刻度线转到望远镜光轴所在的位置。

（二）精调

精调是通过目镜中观察目的物成像的清晰程度和空间位置来判断。为使调节过程简捷有效，可分为几个操作步骤，注意每一步都是下一步的基础，因此必须按照顺序操作，而且做后一步操作时不得破坏前边的操作结果。

为了测量观测，同时为了在调节准直过程中，必须使那些参照标准对象是聚焦清晰可见的，因此，在调节的顺序上，要首先解决聚焦问题，在对象清晰后才能做进一步的准直调节。

首先确认视场中的照明灯已经正常发光，如果照明灯未正常发光，则需检查照明灯的供电情况；若供电良好，照明灯仍不亮，则可转动目镜锁紧螺钉和目镜调节鼓轮之间连有供电线的部分，使照明灯光可见。转动目镜调节鼓轮，使视场中部下方的十字分划板和3条叉丝变得清晰（小技巧：可将手机的拍照功能打开，用照相镜头对准目镜，通过照相机屏幕进行观察，这样可以避免用眼疲劳），如图6所示。

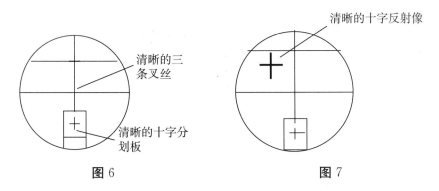

清晰的三条叉丝

清晰的十字分划板

清晰的十字反射像

图6   图7

1. 望远镜聚焦到无穷远。

如果十字分划板位于望远镜物镜的焦平面上，这时手持反射镜紧贴望远镜物镜端面，则可以在目镜视场中看到清晰的十字反射像（处在任意位置均可），如图 7 所示。

当反射十字像模糊（或者看不到反射十字像）时，望远镜出射的不是平行光，此时应松开目镜筒锁紧螺钉，前后拉动目镜筒，直至从目镜中观察到清晰的反射十字像，同时要求 3 条叉丝分别保持水平和垂直。

望远镜的这一调节过程又称自准直调节，其目的是将望远镜调焦到无穷远。

2. 平行光管聚焦。

经过前面过程的平行光管与望远镜的准直过程，通过目镜，应该可以观察到平行光管中有亮直线存在（不管清晰与否），若没有亮直线，则应检查平行光管上的狭缝宽度调节螺丝是否过紧。如果过紧，需要将其放松一些；若放松狭缝宽度调节螺丝后仍然无法观察到亮直线，则需考虑前面的准直过程是否没有做好，此时应再次准直，直到能够通过目镜看到亮直线为止。

放松平行光管狭缝锁紧螺钉，前后拉动平行光管的狭缝筒，同时从目镜视场中观察狭缝像，直到狭缝像清晰为止（不管位置），如图 8 所示。

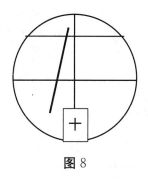
图 8

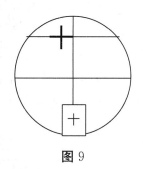
图 9

3. 望远镜与载物盘的准直。

本步骤是分光计调节的重点和难点。调节的目标是使分光计中心转轴与载物盘中心轴重合，并且与望远镜光轴重合；检查的方法是在载物盘上放置平面反射镜，转动载物盘，从目镜中观察，使反射镜两面产生的十字反射像都位于上水平叉丝，如图 9 所示。

（1）按图 10 将平面反射镜放在载物盘上，转动载物盘，看平面镜两个反射面的反射十字像是否都能从目镜中观察到。

当两面都找不到反射十字像时，很有可能是平面镜的反射面与望远镜的光轴之间偏离垂直关系较远。可先将望远镜俯仰调节螺钉反向旋转几圈，然后再正向旋转，每旋转一圈的同时转动载物盘做水

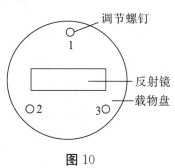
图 10

平方向扫描一次，逐次扫描就能找到反射十字像。

当一面有反射十字像而另一面没有时，很可能反射镜面与中心转轴不平行。此时可先转动载物盘，使有反射像的一面正对望远镜，调节载物盘的水平调节螺钉，使反射像下移（或上移）一段后（不要将反射像移出视场），再转至另一面找反射像，重复几次即可找到另一面的反射像（小技巧：当可见反射十字像在上水平叉丝的上面时，另一个像很可能高于观察范围而无法观察到，因此可以尝试通过调节望远镜的俯仰将可见反射十字像往下调，然后旋转载物盘180°，通过目镜观察能否看到另一个像，若能看到，则应回调复原望远镜的俯仰程度，然后调节载物盘的调节螺丝，使可见反射十字像往下移动，注意载物盘下的螺丝需要一起调，不要只调节一个螺丝，直到两个像都能出现为止；若可见反射十字像在下水平叉丝的下方时，调节思路和前面一样，不过要把可见反射十字像往上调）。

（2）用"各半调节法"调节载物盘的水平调节螺钉和望远镜的俯仰调节螺钉，使两反射像均位于图11所示的上水平叉丝位置。

所谓"各半调节法"，是指在调节中使十字反射像往上水平叉丝移动时，让载物盘水平调节螺钉和望远镜俯仰调节螺钉各自贡献一半作用，即调节前者使反射像升高（或降低）1/2，再调节后者升高（或降低）余下的1/2。

4. 平行光管与载物盘的准直。

本步骤的目标是使狭缝垂直，如图12所示。

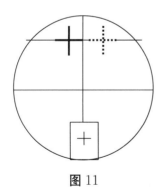
图 11

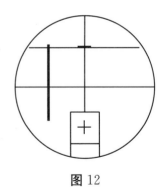
图 12

（1）松开平行光管狭缝锁紧螺钉，先转动狭缝套筒使狭缝像与水平叉丝平行，再调节平行光管的俯仰调节螺钉，使狭缝像的顶端与上下水平叉丝重合。

（2）转动狭缝套筒，使狭缝像与垂直叉丝重合。

（3）旋紧狭缝锁紧螺钉，固定位置。

以上精调所列的操作归纳如下：

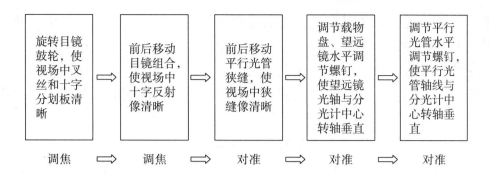

【注意事项】

1. 分光计属于精密仪器，请按规则使用。要特别注意各锁紧螺钉的正确使用，转动游标盘和望远镜之前应松开各自的锁紧螺钉，测量前应锁住游标盘和主刻度盘锁紧螺钉。调节时动作要轻，拧、锁紧螺钉时锁住即可，不可过分用力。

2. 转动望远镜务必使用镜筒的三角支架，严禁握住望远镜筒和照明灯泡的灯管筒转动，避免损坏仪器及破坏已做好的调节。

3. 从望远镜目镜中看到的平行光管狭缝宽度应为 $0.5 \sim 1$mm，已由实验室调好，一般不需再调节。必须调节时，要从目镜中看着狭缝像，缓慢调节狭缝宽度调节螺钉，严禁将狭缝合拢。

【思考题】

1. 在分光计的聚焦调节过程中，下列现象出现的原因和解决的办法是什么？

（1）十字分划板和叉丝不清晰。

（2）经平面反射镜反射后形成的十字像不清晰。

（3）平行光管的狭缝像不清晰。

2. 分光计转轴、载物盘、望远镜三者的轴线对准（包括相互的平行或垂直）的标准是什么？这项调节的手段有哪些？

3. 调节分光计时所使用的双平面反射镜起了什么作用？能否用三棱镜代替平面镜来调整望远镜？

附　录　关于分光计准直调节问题的讨论

分光计调节的好坏，同使用者的经验有很大关系，因此，很多调节步骤并非唯一，另外也很难在书中包含调节过程中的所有问题。为此，特别在此提出以下一些问题做讨论。

在调整过程中出现的某些现象是何原因？调整什么？应如何调整？这是要分析清楚的。例如，是调载物盘？还是调望远镜？调到什么程度？下面简要说明。

（1）载物盘倾斜角没有调好的表现及调整。

假设望远镜光轴已垂直仪器主轴，但载物盘倾斜角没有调好，如图 13 所示。平面镜 A 面反射光偏上，载物盘转动 180°后，B 面反射光偏下。在目镜中看到的现象是 A 面反射像在 B 面反射像的上方。显然，调整方法是把 B 面像（或 A 面像）向上（向下）调到两像点距离的一半，使镜面 A 和 B 的像落在分划板上同一高度。

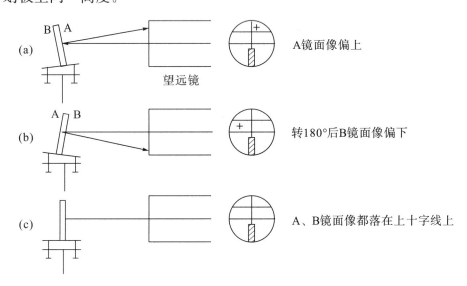

图 13　载物盘倾角没调好的表现及调整原理

（2）望远镜光轴没调好的表现及其调整。

假设载物盘已调平，但望远镜光轴不垂直于仪器主轴，如图 14 所示。在图 14（a）中，无论平面镜 A 面还是 B 面，反射光都偏上，反射像都落在分划板上十字线上方。在图 14（b）中，镜面反射光都偏下，反射像都落在上十字线的下方。显然，调整方法是只要调整望远镜仰角调节螺丝，把像调到上十字线上即可，如图 14（c）所示。

（3）载物盘和望远镜光轴都没调节好的表现及调节方法。

表现是两镜面反射像一上一下。先调节载物盘螺钉，使两镜面反射像的像点等高（但没有落在上十字线上），再把像调到上十字线上，如图 14（c）所示。

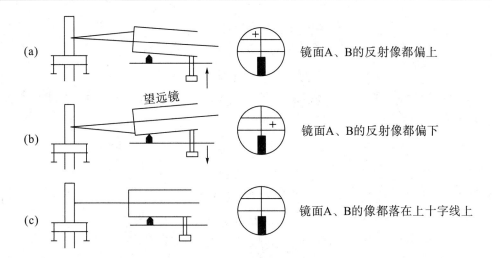

图14　望远镜光轴没调好的表现及调整原理

实验 14　分光计的使用

分光计是精确测定光线偏转角的仪器，也称测角仪。光学中的许多基本量，如波长、折射率等，都可以直接或间接地表现为光线的偏转角，因而利用它可测量波长、折射率，此外还能精确地测量光学平面间的夹角。许多光学仪器（棱镜光谱仪、光栅光谱仪、分光光度计、单色仪等）的基本结构也是以它为基础的，所以分光计是光学实验中的基本仪器之一。使用分光计时必须经过一系列的精细的调整才能得到准确的结果，它的调整技术是光学实验中的基本技术之一，必须正确掌握。本实验的目的在于利用调整好的分光计来测量三棱镜的最小偏向角（入射光波长——低压汞灯在可见光区的谱线 577.0nm，579.1nm，546.1nm，435.8nm，404.7nm）。

【预习要点】

注意光栅衍射级次的分布规律，体会光栅线数（由光栅常数定）对衍射光线衍射角的对应关系。

【实验目的】

1. 观察光栅的衍射现象，了解光栅衍射的特点。
2. 测定光栅常数和汞灯谱线波长。

【仪器介绍】

1. 关于分光计的总体结构，可以参阅分光计的调节部分。
2. 读数盘：读数盘由主刻度盘和游标盘（含两个 180°排列的游标尺）组成，如图 1 所示。

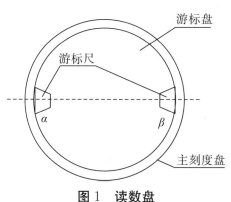

图 1　读数盘

测量时，主刻度盘与望远镜锁定在一起，即将主刻度盘锁紧螺钉锁紧，游标盘与主轴锁定在一起，即将游标盘锁紧螺钉锁紧；望远镜绕主轴转动时，游标盘不动而主刻度盘随望远镜转动，各锁紧螺钉的具体位置参见图2。注意，读数前要检查载物台和转轴锁紧螺丝，刻度盘与望远镜锁紧螺丝，避免游标被游标盘固紧臂遮挡。

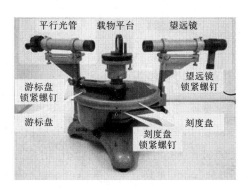

图2　各锁紧螺钉的具体位置

为了消除主刻度盘与游标盘的偏心差，在游标盘上相差180°的位置设有两个结构相同的游标尺，分别为α尺与β尺（见图1）。每次测量时必须同时分别从两个尺读数，再取二者的平均值作为测量值。

分光计上圆形游标的读数原理类似于游标卡尺，主刻度盘上每一小格为30′，游标尺上每一小格为1′（见图3）。读数时，先读出游标尺0刻度线左边所对主刻度盘刻度线代表的角度值（游标尺0刻度线左边所对主刻度盘刻度线超过半度线时，要多读30′），不足30′的部分由游标尺上与主刻度盘刻线对齐的那一条刻度线读出，两者之和即为总读数。图3中游标尺0刻度线左边所对主刻度盘刻度线为233°，游标尺上与主刻度盘刻线对齐的那一条刻度线的读数为13′，总读数为233°13′。

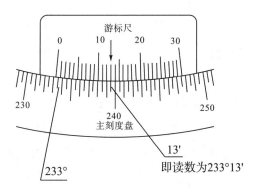

图3　游标尺

3. 低压汞灯。

低压汞灯的灯管内充有汞及惰性气体氖或氩。灯丝通电后，惰性气体电离放电，灯管温度逐渐升高，汞逐渐被蒸发产生弧光放电，发出绿白色的光。低压汞灯在可见光范围内的主要特征谱线有 404.7nm、435.8nm、546.1nm、577.0nm 和 579.1nm，其中 435.8nm 和 546.1nm 两条谱线的光强较强。

【实验原理】

（一）分光计测角与角度计算方法

测量角度时，用望远镜目镜中的垂直叉丝对准待测角的始边，从左右两个游标尺分别读出角度 α_1，β_1；再转动望远镜（注意主刻度盘同步转动而游标盘保持不动）用垂直叉丝对准待测角终边，读出角度 α_2，β_2；由对应起止角度的差值计算得到待测角的两个度数：

$$\alpha = |\alpha_1 - \alpha_2|, \quad \beta = |\beta_1 - \beta_2| \tag{1}$$

最后对两个游标尺的测量值作平均，可以得到消除了仪器旋转偏心差的待测角度 Φ，即

$$\Phi = \frac{\alpha + \beta}{2} \tag{2}$$

计算角度时要注意转动过程中游标尺是否经过零刻线。如图 4 所示，望远镜转动后 α 游标尺相对于主刻度盘的位置由 1 变为 2，相应的角度读数分别为 α_1 和 α_2。望远镜在转动过程中游标尺没有经过零刻线（从图 4 所示的上方转过）时，望远镜转动的角度可以直接按照（1）式计算。

如果转动时游标尺经过零刻线（从图 4 所示的下方经过），则望远镜转动的角度为

$$\alpha = 360° - |\alpha_1 - \alpha_2|$$
$$\beta = 360° - |\beta_1 - \beta_2| \tag{3}$$

（二）光栅及其衍射原理

光栅是根据多缝衍射原理制成的一种分光元件，可以看作一系列密集而又均匀排列的平行狭缝，如图 5 所示。设狭缝的宽度为 a，相邻狭缝之间不透明部分的宽度为 b，则相邻狭缝对应点之间的距离（即光栅常数）$d = a + b$。本实验选用透射式平面刻痕光栅，它在光栅上每毫米刻有 n 条刻痕，其光栅常数 $d = 1/n$。

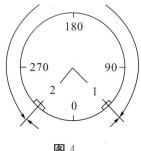

图 4

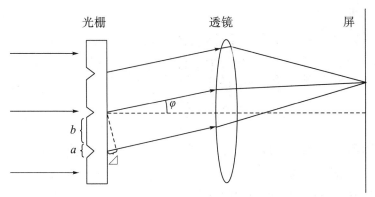

图 5　光栅衍射原理示意图

根据夫琅和费衍射的原理，波长为 λ 的平行光垂直入射到光栅平面时，由各个狭缝产生的衍射光彼此干涉形成定域于无限远的干涉条纹。在光栅后面加上凸透镜时，同一方向的衍射光将会聚在透镜焦平面上形成干涉条纹。

由图 5 可知，相邻两狭缝对应点衍射光的光程差为

$$\Delta =(a+b)\sin\varphi =d\sin\varphi \tag{4}$$

式中，φ 为衍射角。

此外，由相干条件知相邻两狭缝对应点衍射光形成相干明条纹的条件为

$$\Delta =K\lambda ,\quad K=0,\pm 1,\pm 2,\cdots \tag{5}$$

式中，K 为衍射级次。

由（4）（5）两式可得光栅方程：

$$d\sin\varphi =K\lambda ,\quad K=0,\pm 1,\pm 2,\cdots \tag{6}$$

由（6）式可知，同一级次的衍射光，波长越长，衍射角越大；入射光是复色光时，除了 $K=0$ 时各色光仍重叠之外，其它级次的衍射光，波长不同，位置也不相同。通常将复色光同一级次的衍射明条纹称为光栅光谱。图 6 是汞灯照射时形成的衍射光谱示意图，除了零级重叠外，在零级两侧对称地分布着 $K=\pm 1$，± 2，$\cdots$级光谱。

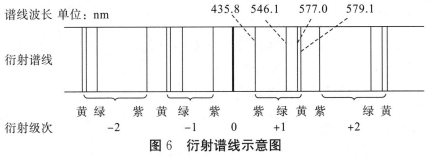

图 6　衍射谱线示意图

（注：每一级次中黄线均为 2 条）

根据（6）式，只要测得第 K 级谱线的衍射角 φ，就可以由已知波长 λ 计

算光栅常数，即

$$d = \frac{K\lambda}{\sin\varphi} \tag{7}$$

也可以由已知光栅常数 d 计算光波的波长，即

$$\lambda = \frac{d\sin\varphi}{K} \tag{8}$$

利用光栅的衍射特性可以进行光谱分析，研究物质的结构和组成。常用在各类光学仪器（如单色仪、摄谱仪、光谱仪）中作分光元件；在光纤通信、光计算机中作分光和耦合元件；在激光器中作选频元件；在光信息处理系统中作调制器和编码器。

【实验内容与步骤】

测定光栅各级衍射谱线的衍射角的步骤如下：

（1）将光栅放在调试好的分光计的载物台上，通过望远镜进行观察，边观察边转动载物台，当望远镜中的垂直叉丝和白色的亮条纹中心重合时，说明光栅和平行光管呈垂直状态。和图7中的情况一致。

（2）转动望远镜，仔细观察汞灯绿色谱线的各级衍射光谱，能分辨出一级光谱、二级光谱和三级光谱（分别对应 $K = \pm 1, \pm 2, \pm 3$），并在数据纸上画出衍射谱线示意图，指出看到的谱线的颜色。

（3）如图7，转回望远镜，通过望远镜观察，使垂直叉丝与0级明条纹线中心重合，通过两个游标尺读得 α_0，β_0。

（4）转动望远镜，使叉丝竖线依次对准衍射级次 $K = \pm 1, \pm 2, \pm 3$ 的绿线明条纹，每对准一次就记录一次望远镜所在位置的两个游标尺的读数 α_K，β_K，记入表1。

（5）重复步骤（4），记录衍射级次 $K = \pm 1$，$\pm 2, \pm 3$ 的紫线明条纹的两个游标尺的读数 α_K，β_K，记入表1。

（6）计算绿光和紫光各级次的衍射角。

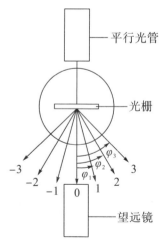

图7　测定衍射角

【数据记录及处理】

1. 将各衍射角测量数据记录到表1中，并计算各谱线的衍射角。

表 1　衍射角的测量与计算

$K=0$		$\alpha_0=$		$\beta_0=$		衍射角		
谱线	级次 K	α_{+K}	α_{-K}	β_{+K}	β_{-K}	φ_{+K}	φ_{-K}	φ_K
绿光	1							
	2							
紫光	1							
	2							

表 1 中衍射角的计算公式为

$$\varphi_{+K} = \frac{|\alpha_{+K} - \alpha_0| + |\beta_{+K} - \beta_0|}{2}$$

$$\varphi_{-K} = \frac{|\alpha_{-K} - \alpha_0| + |\beta_{-K} - \beta_0|}{2}$$

$$\varphi_K = \frac{\varphi_{+K} + \varphi_{-K}}{2}$$

2. 测定光栅常数。

（1）根据已知的汞灯绿光波长 $\lambda=546.1nm$ 和实验测得的绿光谱线的各级衍射角 φ_K，利用（5）式计算光栅常数 d_K。

（2）根据 $n=1/d$ 计算光栅的刻痕密度（线数/毫米）。

3. 测定汞灯紫光的波长。

（1）根据实验测得的光栅常数 $\bar{d}$ 和紫光谱线的各级衍射角 φ_K，利用（8）式计算紫光的波长 λ_K。

（2）将测量结果同已知的汞灯紫光波长 $\lambda_0=435.8nm$ 相比较，计算测量结果的百分偏差 $B=|\lambda_0-\bar{\lambda}|/\lambda_0\times100\%$。

注意：分光计的 B 类不确定度为 $1'$。

【注意事项】

光栅、平面镜以及平行光管和望远镜透镜的光学表面不能用手摸，也不能用镜头纸以外的东西擦拭。

【思考题】

光栅作为一种分光元件，它的刻痕密度（线数/毫米）与分光的能力有什么关系？

实验 15　迈克尔孙干涉仪

从 19 世纪初以来物理学界对光的干涉现象的大量研究，到 1881 年第一台迈克尔孙（Michelson）干涉仪的问世，标志着对光的波动性研究的日益深入和实用化。现在人们提到迈克尔孙干涉仪的时候，总会首先想到迈克尔孙在 1887 年所做的检验以太是否存在的著名实验，正是这次实验的否定结论，"催生"了爱因斯坦于 1905 年提出的狭义相对论；而同样不可忽视的是，从技术的角度出发，迈克尔孙干涉仪在当今精密测量领域仍有不可替代的应用。

迈克尔孙干涉仪是许多近代干涉仪的原型，用它可以观察光的各种干涉现象，测定单色光的波长、相干长度以及透明介质的折射率等。尤其是因为它互相垂直的两臂结构，使得两束相干光的传输是分离的，这就为研究许多物理量（如温度、压强、电场、磁场以及媒质的运动等）对光的传播的影响创造了条件。

【预习与思考题】

1. 在迈克尔孙干涉实验中，实现干涉的两个必要条件是什么？
2. 干涉条纹随光程差 d 改变而变化的规律是什么？
3. 在本实验中，如何实现干涉的第二个必要条件？
4. 迈克尔孙干涉仪的工作原理和调节方法是什么？

【实验目的】

1. 了解迈克尔孙干涉仪的原理、结构，掌握它的调节方法。
2. 了解等倾、等厚干涉的光场特征。
3. 用迈克尔孙干涉仪测量光源的波长。

【实验仪器】

迈克尔孙干涉仪、激光器、扩束镜、三角板、放大镜。

【实验原理】

迈克尔孙干涉实验是通过分振幅的双光束在仪器中形成干涉来实现的。所以应该掌握的原理包括干涉的机制、特征，以及在本仪器上实现的必要条件。

如图 1 所示，由光源发出单色（或准单色）光，入射到分光镜上，经过其后背特制的反射面，形成强度大体相等而传播方向分离的两个光束 A_1（反射光束）和 A_2（透射光束）。A_1 沿着仪器轴向（NN 方向）到达反光镜 M_1，经过反射而反向传播；A_2 则沿仪器径向（与 NN 垂直的方向）向右到达反光镜 M_2，经过反射而反向传播，再回到分光镜并由其后背特制反射面折转 $90°$ 传播（注意此光束共两次穿过与分光镜有相同厚度的补偿片），此时 A_1 和 A_2 两光束均沿 NN 方向向下方传播，构成干涉区域。

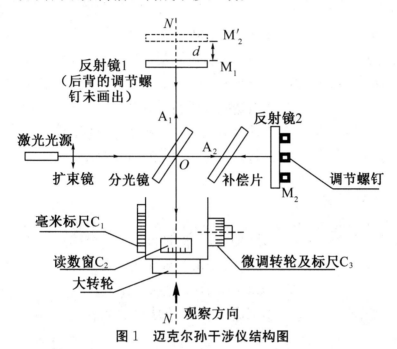

图 1 迈克尔孙干涉仪结构图

为了分析问题方便，以分光镜反射面为中心，将反射镜 M_2 映射到 NN 方向，在反射镜 M_1 附近形成 M_2 的一个虚像 M_2'，它与 M_1 的距离为 d。我们可以把 A_1 和 A_2 两光束的干涉等效于 M_1、M_2' 之间厚度为 d 的空气薄膜所产生的干涉进行研究。

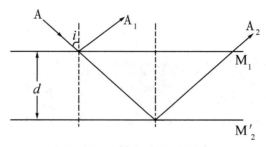

图 2 两反射光光程差示意图

通过理论课程的学习，我们已经知道，利用透明薄板的前后表面对入射光的依次反射，使入射光振幅分解为若干部分，由这些部分光波相遇时产生的干涉，称为分振幅干涉。如图 2 所示，根据折射定律，通过简单的几何关系可以推导得知，两反射光 A_1，A_2 的光程差 Δ 为

$$\Delta = 2d\cos i \quad （忽略反射表面的半波损失）\tag{1}$$

式中，i 为入射光的倾角。

当 $\Delta = k\lambda$ 时，干涉相长，光强最大；当 $\Delta = (2k+1)\dfrac{\lambda}{2}$ 时，干涉相消，光强最小，出现明暗相间的干涉条纹。下面分两种情况来讨论。

（一）等倾干涉

当 M_1 和 M_2' 完全平行时，得到等倾干涉，干涉条纹如图 3 所示。

两光束的位相差只取决于光的入射角 i，对于第 k 级亮纹而言，可得

$$2d\cos i_k = k\lambda \tag{2}$$

根据等倾干涉原理，与平行表面 M_1，M_2' 有相同入射角的光线经 M_1，M_2 反射后有相同的光程差，因而其远场干涉为同心圆。

在圆心处，$i = 0$，则

$$2d = k\lambda \tag{3}$$

可以得到 M_1 和 M_2' 的距离 d 的微小改变量 Δd 与干涉条纹级差 Δk 的关系，即

$$\Delta d = \Delta k \cdot \lambda/2 \tag{4}$$

调节 M_1 在轴向的位置，使 d 发生变化时，从（4）式可知，当干涉图每增加或减少一级时，d 就增加或减少半个波长。如果观察者的目光固定在圆心，则可看到干涉条纹不断"冒出"或"缩进"。如果在迈克耳孙干涉仪上读出始末状态走过的距离 d，数出在这期间干涉条纹变化（冒出或缩进）的条纹数 k，则可以计算出此时光波的波长 λ，即

$$\lambda = \frac{2\Delta d}{\Delta k} \tag{5}$$

这就是利用迈克尔孙干涉仪测量微小长度的原理。反之，也可以用来测量光源的波长。

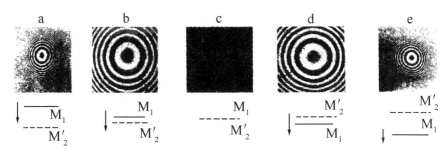

图 3 等倾干涉条纹随间距 d 变化情况

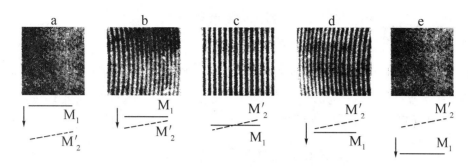

图 4 等厚干涉条纹随间距 d 变化情况

（二）等厚干涉

当 M_1 和 M_2' 不完全平行而有一个很小的夹角时，得到等厚干涉，干涉条纹如图 4 所示，此时式（4）近似成立。

严格说来，只有光程差 $\Delta = 0$ 时，所形成的一条直的干涉条纹是等厚条纹，不过靠近 $\Delta = 0$ 附近的条纹，如略去倾角的影响，也可看成等厚条纹。

随着楔形空气薄膜的厚度 d 由 0 逐渐增加，直条纹将逐渐变成双曲线、椭圆等。当空气薄膜的厚度 d 由 0 逐渐向另一方向增大时，直条纹也逐渐变成双曲线、椭圆等，只不过曲率要反号。此外，楔形空气薄膜的夹角 α 变大，条纹的间距 l 变密。

从图 3、图 4 可以直观地讨论出现在迈克尔孙干涉仪的干涉光场特征。

当反射镜 M_1 和 M_2 完全垂直时，M_1 和 M_2' 完全平行，这是图 3 的情形；当反射镜 M_1 和 M_2 "准"垂直时，M_1 和 M_2' "准"平行，这是图 4 的情形。

两图中的 a，b，c，d，e 五个子图分别代表着两个干涉面 M_1 和 M_2' 之间的距离 d 由大变小至 0，再由小变大时的干涉过程，请特别注意条纹形状和间距的变化。

（1）对于等倾干涉，图 3 中的 b，d 是最佳的测量状态，此时间距 d 很小但不为零，其中 b 是间距由大变小，条纹"缩进"；d 是间距由小变大，条纹"冒出"；a，e 是间距 d 较大时的状态，此时干涉条纹变得密集而不利于测量。需要注意 c，即间距 $d = 0$ 的状态，此时中心亮纹充满整个视场，看到的是一个光强均匀分布的光场。

（2）对于等厚干涉，首先是 a 和 e 所代表的状态，此时间距 d 较大，干涉条纹非常密集；b，d 是间距 d 较小，条纹变得稀疏的情况；同时也反映了 d 的增减对条纹弯曲方向的影响；c 是当 d 为零时，出现直的干涉条纹的状态。

综上所述，在迈克尔孙干涉仪中要实现干涉的必要条件为：
- 两光束 A_1，A_2 的光程差要小于光源的相干长度。
- 两个反射镜 M_1 和 M_2 要垂直（等倾干涉）或者接近垂直（等厚干涉）。

【仪器介绍】

图 5 为迈克尔孙干涉仪的实体图。仪器包括两套调节机构：一组控制反光镜 1 沿 NN 方向平移，包括大转轮和微调转轮；另一组控制反光镜 1，2 的空间方位，包括反光镜 1，2 背后的调节螺钉以及反光镜 2 下方的两个方向拉杆。

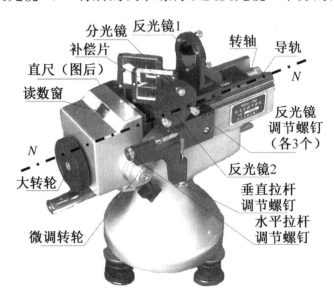

图 5　迈克尔孙干涉仪实物图

在仪器 NN 轴线和反光镜 2 的光轴交会处，安装着分光镜（参见图 1），其位置对仪器的性能有重要影响，切勿变动。分光镜的工作面为后表面，入射光在此被分为两束，分别射向反光镜 1 和反光镜 2。迈克尔孙干涉仪的工作光路可参见图 1。

反光镜 1 和反光镜 2 是通过金属弹簧片以及调节螺钉与支架弹性连接的，调节反光镜支架上的三颗调节螺钉，改变弹簧片的压力，可以改变反射镜面在空间的方位。显然，调节螺钉过紧或太松，都是不利于调节反射镜方位的错误操作。

反光镜 M_1 在 NN 方向的位置坐标值由读数装置读出。读数装置共有三组读数机构（参见图 1）：第一组位于左侧的直尺 C_1，刻度线以 mm 为单位，可准确读到毫米位；第二组位于正面上方的读数窗 C_2，刻度线以 0.01mm 为单位，可准确读出 0.1mm 和 0.01mm 两位；第三组位于右侧的微调转轮的标尺 C_3，刻度线精确到 0.0001mm，可准确读出 0.001mm 和 0.0001mm 两位。实际测量时，分别从 C_1，C_2 各读得两位准确数字，从 C_3 读得三位（包括 1 位估读）数字，组成 7 位的测量数据：

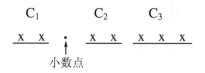

图 6　M_1 位置读数值的组成

可见，仪器对位移量的测定精度可达万分之一毫米以上，是一种非常精密的仪器。务必谨慎操作，否则很容易损坏仪器。

激光器是一种单色性和平行性很好的光源。由于它的光束发散角很小，因此必须经过扩束后才能用于迈克尔孙干涉实验，本实验使用一个较短焦距的单凸透镜为扩束镜。

【实验内容与步骤】

（一）通过等倾干涉测量激光器波长

1. 准备工作。

从光路中取出扩束镜，开启激光器并调节位置，使激光束沿反光镜 2（图 5）的光轴方向入射到分光镜的中心，这时在 NN（图 1）方向的观察屏上应该可以看到若干个激光光斑。如果光斑少于 2 个，则适当改变激光束的入射位置或方向。这些光斑分别由 A_1、A_2 光束产生，根据改变 M_1、M_2 的空间方位时光斑对应的移动情况，把全部光斑分为两组。

● 满足第一个必要条件：转动大转轮，沿 NN 方向调节 M_1 的位置，用三角板测量 M_1、M_2 的反射面到分光镜后表面中心的距离，使其大致相等，即 $d \approx 0$。

● 满足第二个必要条件：

a. 光斑重合法：对第一和第二两组光斑，根据其亮度和几何位置关系，选出两个对应光斑。细心地调节反射镜 M_1、M_2 背后的 6 个调节螺钉，注意一定要充分使用全部螺钉来控制光斑的移动。凡是试图仅通过一两个螺钉来调节使光斑直接移动的，往往难于实现光斑的重合，而且可能因为某一颗螺钉旋得太紧而破坏仪器。改变 M_1、M_2 的空间方位，使两个光斑重合在一起。通过放大镜来观察屏幕上重合的光斑，当重合很好时，可在光斑中间看到干涉条纹，这说明反射镜 M_1、M_2 基本为垂直状态了。

b. 在激光器和分光镜之间放入扩束镜，此时在观察屏上可以看到干涉条纹。由于要满足 M_1、M_2 完全垂直状态比满足接近垂直状态难得多，所以一般是先看到细密和较直的等厚干涉条纹。随着调节 M_1、M_2 逐步向垂直逼近，干涉条纹也渐渐变得粗而稀疏而且曲率半径变小，一直调节到条纹变成完全闭合的圆环为止。

如果经反复调节光斑重合，但扩束后的视场仍看不到干涉条纹，可能是光斑选择重合的对应关系错误，应该重新选配后再进行上述操作。

注意在很多时候，干涉条件已经具备，干涉也已经产生，因为受到光程差和倾角的影响，干涉条纹非常细密，这时必须细心观察，否则很容易漏掉干涉现象。同时也要注意，上述"光斑重合法"判定 M_1、M_2 的垂直程度，是在看不到干涉条纹时候的办法，一旦干涉条纹出现，就可直接根据条纹的变化来进一步调节 M_1、M_2 的垂直度了。

此外，可能出现 M_1 和 $M_2{}'$ 之间的距离 d 过小，会使出现的干涉条纹很粗且间距太大，数量太少，变化非常灵敏而难于实现从等厚到等倾的调节。这时应该先移动 M_1，使 d 变大，使干涉条纹的变化比较缓慢，然后再作 M_1 和 $M_2{}'$ 的方位调节。

c. 进一步微调反射镜 M_2 下方的水平、垂直拉杆，使干涉产生正圆形的等倾干涉条纹而且能够看到圆心，这时 M_1、M_2 已经达到完全垂直，即实现了等倾干涉。

最后，适当改变 M_1 的位置（即改变 d 的大小），使等倾干涉的同心圆环大小适度，当微调转轮旋转时可以清楚地看到圆心的"冒出"或"缩进"。一般以条纹数有 10 余条为好。

2. 测量前的仪器调试工作。

a. 消除空回误差。由于有大转轮和微调转轮两个机构控制反射镜 M_1 的移动，因此在此二者之间会存在传动时的空回误差，在开始测量前必须将它消除。方法是：顺时针（或反时针）旋转大转轮，一直到看到干涉条纹逐一从圆心"冒出"或者"缩进"为止；继而保持同一方向旋转微调转轮，当条纹再次"冒出"或者"缩进"时结束。此时仪器内两个传动机构的"空回误差"已经消除。

b. 读数机构 C_3 置零。由于反射镜 M_1 的位置是由 C_1，C_2，C_3 三组读数机构共同完成的，因此在测量前应该对它们进行置零操作。在本实验操作中，C_1 的读数基本不变，故主要是 C_3 置零。具体方法是：在消除空回误差的基础上，保持同一转向，将微调转轮 C_3 转到零刻度；然后同向转动大转轮，使读数窗 C_2 中的读数为就近的一个整数。

3. 测量读数。

如图 1 所示，从 C_1，C_2，C_3 三个机构读出此时 M_1 的位置坐标 d_0，记下 M_1 的初始位置，然后保持原旋转方向转动微调转轮（切不可改变转向，否则又会带来空回误差），使 M_1 沿着 NN 方向开始作径向微动；同时开始对干涉圆环的中心条纹计数，每数 50 个条纹（"冒出"或"缩进"），停下来记录一次 M_1 的位置 d_i，一直数完 450 个条纹为止，测量数据填入表 1 中。

（二）观察等厚干涉条纹的变化

在上一步测量的基础上，旋转大转轮改变 M_1 镜的位置，使 d 向绝对值减小（干涉圆环从外向中心收缩），可以看到干涉环逐渐变粗，弧形逐渐变直。在 d 逐渐趋近于零时，两反射镜 M_1，M_2' 微小的不平行度使干涉圆环变成等厚干涉的直条纹，再沿原方向继续旋转大转轮，此时 d 值反号，向绝对值增大的方向变化，可以观察到开口方向相反的圆弧形条纹（参见图 4 的 b，c，d）。

在数据记录纸上如实记录这三幅等厚干涉条纹图（画出草图即可）。

【实验原始数据记录】

1. 将实验测得的条纹变化数 k 和反射镜 M_1 的位置 d 分别填入表 1。

表 1　等倾干涉测激光波长

条纹移动数 k_1	0	50	100	150	200
M_1 镜位置 d_1（mm）					
k_2	250	300	350	400	450
M_1 镜位置 d_2（mm）					
$\Delta k = k_2 - k_1$	250				
$\Delta d = d_2 - d_1$（mm）					

＊半导体激光器的激光波长：$\lambda_0 = 635\text{nm}$。

2. 记录三幅等厚干涉条纹图（画出草图即可）。

【数据处理与要求】

1. 根据表 1 数据，按公式（5）计算出激光的波长 λ 值。计算测量的 A 类不确定度（B 类不确定度可忽略不计），并写出测量结果的完整表达式。

2. 把原始数据记录纸上记下的三幅等厚干涉条纹图整理画到实验报告中（数据处理栏），并注明对应的 $d=0$，$d>0$ 和 $d<0$ 状态。

3. 总结实验，得出结论。

【注意事项】

迈克尔孙干涉仪是一种精密的贵重仪器，使用时必须特别注意：

（1）仪器上的几个光学部件，包括分光镜、补偿片、反射镜 M_1 和反射镜

M_2 的安装，出厂时都已经过严格的调整，严禁自行改变。

本实验的调节，只有两项：通过大转轮和微调转轮形成反射镜 1 沿 NN 的轴向平移，以及通过反射镜 M_1、M_2 支架上的调节螺钉和 M_2 的两个调节拉杆改变它们在空间的方位，调节时需小心谨慎，不得强扳硬旋。

（2）仪器的转轴及其与部件的配合，都是非常精密的，在旋转调节的时候必须缓慢细致地进行，尤其要注意转动大转轮时，反射镜 M_1 的移动不得超出其行程范围，否则，将造成仪器的严重损坏。仪器搬动时，应托住底盘以防轨道变形。

（3）保护仪器上各个光学表面，切勿用手或硬物触摸仪器上各种光学元件的表面。若有异物，必须请老师用专门毛笔或高级镜头纸等清除。

（4）两个反射镜后背的每个调节螺钉（共六个）不能拧得过紧，避免损坏丝牙造成打滑；也不宜旋得过松。螺丝过松和过紧都会使反射镜后背的弹簧片失去张力，不利于反射镜空间方位的调节。

（5）在"光斑重合法"调节过程中，同学常困惑于自己觉得光斑已经重合，而视场里并不出现干涉条纹。应当清楚：这是一种凭主观判断的方法，只是实验在形成干涉之前调节的辅助手段。至于干涉产生与否的必要条件，一是间距 d 不能过大，二是 M_1 和 M_2 的夹角接近 $90°$。只能从这两个方面来检查没有产生干涉的原因。因此，一旦视场中出现了干涉条纹，接下去的调节就直接根据条纹特征的变化进行，不要再参照光斑的重合了。

【思考题】

从图 3 等倾条纹的变化，可以看出间距 d 对条纹有什么样的影响？图中的 c 图是 $d=0$ 的情况，为什么变成全黑而看不到条纹？

【相关科学家介绍】

迈克尔孙（Albert Abraham Michelson，1852—1931），美国物理学家。1852 年 12 月 19 日出生于普鲁士斯特雷诺（现属波兰），后来随父母移居美国，1837 年毕业于美国海军学院，曾任芝加哥大学教授，美国科学促进协会主席，美国科学院院长。曾被选为法国科学院院士和伦敦皇家学会会员，1931 年 5 月 9 日在帕萨迪纳逝世。

1887 年他与美国物理学家 E. W. 莫雷合作，进行了著名的迈克尔孙-莫雷实验，这是一个最重大的否定性实验，它动摇了经典物理学的基础。

迈克尔孙主要从事光学和光谱学方面的研究，他以毕生精力从事光速的精密测量。在他的有生之年，一直是光速测定的国际中心人物。他发明了一种用以测定微小长度、折射率和光波波长的干涉仪（迈克尔孙干涉仪）。利用对仪器干涉场中条纹移动数目的计数，测量长度时可以达到光波长的 1/50（大约 $0.01\mu m$），这大约是当时最好的显微镜分辨率的 100 倍。在角度测量方面，仪器可以感知远小于 $1''$ 的角度变化。他研制出高分辨率的光谱学仪器，在光谱学中开辟了一个全新的领域。经过对衍射光栅和测距仪作出改进，迈克尔孙首倡用光波波长作为长度基准，提出在天文学中利用干涉效应的可能性，并且用自己设计的星体干涉仪测量了恒星参宿四的直径。

迈克尔孙是一位出色的实验物理学家，他的实验以设计精巧、精确度高闻名。爱因斯坦赞誉他为"科学界的艺术家"。

因创制了精密的光学仪器和利用这些仪器所完成的光谱学和基本度量学研究，迈克尔孙于 1907 年获诺贝尔物理学奖。

【参考文献】

[1] 黄建群，胡险峰，雍志华. 大学物理实验 [M]. 2 版. 成都：四川大学出版社，2005.
[2] 沈元华，陆申龙. 基础物理实验 [M]. 北京：高等教育出版社，2003.
[3] 吕斯骅，段家忯. 基础物理实验 [M]. 北京：北京大学出版社，2001.
[4] 薛凤家. 诺贝尔物理学奖百年回顾 [M]. 北京：国防工业出版社，2003.

实验 16　数码照相及图像处理

从 1839 年发明卤化银照相术至今，已经快两百年。其间，光学镜头、记录材料以及照相机机械控制部件等都在不断进步，所记录的物体光学信息越来越精准，速度越来越快，灵敏度越来越高。但由于采用的记录材料是溴化银胶片，必须经过不可逆的暗室处理，才能得到照片，其应用发展一直受到限制。

到 20 世纪 80 年代前后，随着微电子技术和光电技术的进步，数字式照相机（即数码相机）作为一种新型影像拍摄记录工具问世（第一台商用的数码相机是索尼公司在 1981 年推出的）。这种集光学、机械和电子部件三位一体，在微处理器控制下构成的照相机，能够快速存储、实时显示图像，使用了体积小、容量大、可重复使用的存储介质，具有图片交流方便、使用成本低等优势，它一问世便得到迅猛发展。

与传统的光学胶片照相机不同，数码相机是通过半导体图像传感器，将拍摄物的模拟光信息转换为数字电信号，记录在可重复读写的存储体上，能够快速实时地完成拍摄物信息的存储、显示和修改。

把数码相机与多功能图像信息处理软件相结合，可以在电脑上非常方便地对所拍摄的图像进行后期加工处理。利用数码相机和图像信息处理技术，可以及时而准确地获得高质量的图像，节约时间，大大降低相机的后期使用成本。

值得注意的是，近年来随着智能手机的迅速普及，手机拍照成为数码相机的重要应用领域，大大促进了数码照相技术的普及。掌握数码相机的基本原理，对使用手机的拍照功能有很大的帮助。

【预习要点】

1. 参阅本教材并查找传统胶片相机的资料，比较数码相机同传统胶片相机在原理、功能和操作方面的异同。

2. 思考有哪些方面的因素决定数码相机拍照的质量。

【实验目的】

1. 学习数码相机的基本工作原理，了解数码相机同传统胶片相机的异同。
2. 掌握数码相机的基本结构，学习数码相机的使用方法。
3. 了解选择和配置数码相机的基本原则。
4. 学习基本的数字图处理方法。

【实验仪器】

数码相机，计算机（含 Photoshop 图像处理软件），激光打印机（可选配）。

【数码相机的结构原理】

数码相机是典型的光、机、电一体化的光学记录仪器。图 1 显示了数码相机的结构，图 2 是光信息在数码相机中的流程。

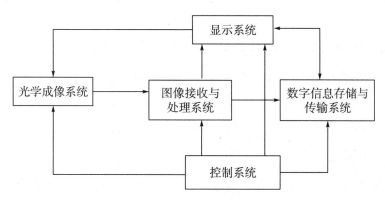

图 1　数码相机的结构

图 2　光信息在数码相机中的流程

（一）光学成像系统

数码相机的结构与传统相机基本一致，包括光学镜头、光圈、快门、聚焦等装置，作用是使拍摄物能够清晰地成像到图像接收器上。

镜头是成像的光学元件，它的质量决定了相机的品质。衡量的指标包括相对孔径、色差像差控制、焦距等。

光圈、快门、调焦伺服机构等机械部件完成拍照时的控制、调节和执行。对它们的要求是精确度、可靠性、体积和重量等。

（二）图像接收与处理系统

这是数码相机的关键部件，包括 CCD（或 CMOS）图像传感器和相关的外围电路（放大器、模数转换器、数字信号处理电路等）。图像传感器使光学影像转化为电信号，电信号的大小与入射光信号成正比。

图像传感器 CCD（Charge Coupled Device）是电荷耦合器件，它使用高灵敏度的半导体材料制成，由许多感光单元组成二维阵列，每个单元为一个像素。当 CCD 表面受到光线照射时，每个像素的电荷反映在组件上，每个感光单元所产生的电荷多少，与它受到的入射光相对应。顺序读出组件的所有的感光单元产生的电信号，就可构成一幅拍摄物的完整画面。

图像传感器的品质是数码相机非常关键的技术指标，而传感器的像素多少和几何尺寸的大小，则是衡量传感器的基本指标，要注意二者有同样的重要性。

（三）数字信号处理与控制系统

这是数码相机的核心，由微处理器和相关电路组成。

它控制相机的机械部件，使全部影像的信号采集、处理、显示、存储和传输都按照设定的程序执行，实现数码相机的智能化操作。

（四）显示系统

显示装置由液晶显示器（LCD）构成，通过它可以及时观察所拍摄的照片，也用来取景和显示操作菜单，完成工作参数的设定和修改。

（五）信息存储和传输系统

包括存储卡和接口电路，任务是完成处理后的数字图像信号存储和输出工作。

对于数码相机的使用者，在拍摄过程中接触到的部件是光学成像系统和执行与显示系统。

【数码相机的类型】

数码相机的工作原理都是一样的，其分类主要是依据相机的机械结构和应用特点。大体可分为两类，即一体化相机和可更换镜头相机。

（一）一体化相机

一体化相机的特点是上述全部光机电系统都组装在一个机身里。其最大优点就是体积小、重量轻。早期的一体机，主要是面对低端市场努力降低成本，在机器性能方面相对较简单；而现在随着技术进步及市场的变化，很多一体机在保持体积重量优势的同时，也发展了不少中高端机型。

其典型的例子就是附着于智能手机上的照相功能越来越强大，因此，可以把智能手机也归入高端一体化机之中。

（二）可更换镜头相机

这类相机的最基本特点是光学镜头与机身可以分离。这样设计的优点是可以根据拍摄的需要更换不同参数和品质的镜头。它属于由传统光学相机演变而来的高端相机，功能强大，品质好；但缺点是体积、重量很大。而且由于在成像系统中有一块反光板，用于成像和观察取景时的光线切换，在工作时会产生机械运动，因此对相机性能有一定的不利影响。

这类相机也因此准确地称为"单镜头反光相机"，简称"单反"。

针对单反相机的这些问题，近年来发展了一种取消反光板的单镜头相机，既保持了可更换镜头的优点，又极大地减小了体积和重量，而且少了因反光板运动对成像的影响。一般这种相机叫做微型单反相机，简称"微单"。

严格地讲，这种叫法是不合理的。因为在微单相机中，已经没有切换取景与成像的元件，工作中更无反光的过程，所以称为"可更换镜头微型相机"更为妥当。

表1是数码相机的分类一览。

表1　数码相机分类

类　型		特　点
一体化相机	卡片机	具有体积、重量、便于携带及价格方面的优势，但功能一般
	高端一体化（主要是一些著名品牌，如佳能、尼康、富士、徕卡等）	镜头质量高、功能强大，价格中等，体积、重量偏大
	智能手机（近年发展迅速）拍照	应用极为方便，特别是利用手机功能组合了很多图像处理操作，体积与卡片机相当，操作稍显不便
可更换镜头相机	单镜头反光	功能强大，具有大批各种性能的可选择光学镜头，适合在高画质照片要求的场合使用，但体积、重量大，价格高
	微型单反，即"微单"，目前索尼具有一定的优势	体积、重量大大减小，功能强大，可在不同场合根据需要选择镜头，目前水平照片画质尚不如大型"单反"，价格中等

【数码相机的操作要点】

数码相机的基本操作顺序如图3所示。

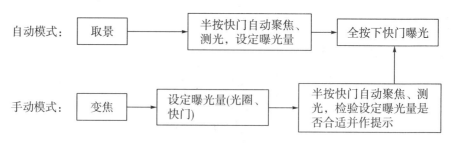

图 3　数码相机的基本操作顺序

简要说明如下：

（1）取景：从 LCD 显示器或者取景窗中观察，选定要拍摄的对象。卡片机只具有 LCD 屏，单反机则具有光学取景器；新型的微单机同时具备电子取景器（EVF）和 LCD 显示屏。

（2）变焦：这是需要手动调节的操作。在物距确定时，焦距增大，可以获得较大的影像。在取景器中，可以很直观地看到变焦的效果。

（3）测光：将相机对准拍摄对象，将快门按钮按下一半时，确定曝光量。

曝光量与光圈值 F 数（表征镜头光阑的大小）和快门值（表征曝光时间的长短，以秒为单位）有关，反映了进入相机总的曝光量。

如果相机设置为"自动"方式，相机自动完成测量和调节；在"自动方式"之外，很多相机设有"手动"挡，可以人工选定"光圈值"（光圈优先方式），也可以人工选定"快门值"（速度优先方式），另一个参数则由处理器自动完成；当选定为"全手动"挡时，光圈值和快门值可以完全独立地由人工设定。

（4）聚焦：这是将相机快门按下一半时，数码相机根据拍摄对象清晰与否，自动调节焦距而实现的。此时，高斯公式：$\dfrac{1}{物距}+\dfrac{1}{相距}=\dfrac{1}{焦距}$ 成立。

注意在聚焦完成到下一步"曝光"之间，快门按钮不能松开，使刚刚完成的测光和聚焦处于锁定状态。

在某些特殊的拍摄条件下，自动聚焦会失效，因此有的高端相机也配置了与传统相机相同的调焦环，使用时转动调焦环实现人工聚焦。

（5）曝光：完成前 4 个步骤后，接着按下快门按钮，相机快门开启，光线进入，成像到传感器表面，产生与拍摄物对应的光电信号，经过模数转换和图像预处理，影像的数字信息存储到相机的存储系统中。

【图像处理初步】

图像处理是计算机的一个重要的应用领域。本实验所涉及的图像处理是指把数码相机所存储的数字图像输入计算机，通过图像处理软件进行处理，使图片在几何尺寸、分辨率、亮度、对比度、色彩饱和度、色调等方面发生改变，以满足操作者的要求。

Photoshop 是一种公认的最好的平面图像处理软件，有着非常强大的图像处理能力，本实验中的图像处理只涉及它最基本的一些功能。

（一）数码相机的图像存储格式

相机拍摄所得的图片数据，以图像文件的形式保存，必须注意文件的格式。格式的种类很多，这里介绍常用的三种格式。

第一种是最常见的 JPEG 格式。它的特点是占用的存储空间较小（压缩比大），但是它属于有损压缩，适合显示浏览和传输。在需要高质量大幅面输出以及需用 Photoshop 反复进行处理的场合，就不能满足要求。

第二种是完全不做压缩处理的图像格式 RAW。这类文件完全不做压缩，其体积会比同样分辨率的 JPEG 文件大很多倍，优点是在 Photoshop 中可以对它进行完全无损的处理——操作者可以像回到图片拍摄当时的场景一样，调整改变各种拍摄参数进行再创作。

以上两种格式都需要在使用数码相机拍照时设定。

第三种常见的图像格式 PSD 则不同，它是因为采用 Photoshop 软件做图像处理后所产生的。它所占用的空间也很大，优点是如果一幅照片需要反复多次修改，则调入 Photoshop 中永远可以返回最原始的状态。

（二）用 Photoshop 对数码照片进行处理

数码相机拍摄的照片经常需要进行的处理大致包括几何尺寸（含分辨率）的变换和图像色彩（含亮度、对比度）的变换。前者主要是为了适应图片网络传输的需要，后者是为了改善因拍摄时条件限制或参数设置不当所形成的图片缺陷。

进入 Photoshop 之后，调入需要处理的一张或者一组图片。图 4 是它的主界面（局部），我们常用的几个主菜单文件、编辑、图像和选择如图中箭头所示。

除了主菜单命令外，Photoshop 提供的工具箱也是常用的。

下面分别对菜单命令和工具箱的工具进行介绍。

常用主菜单

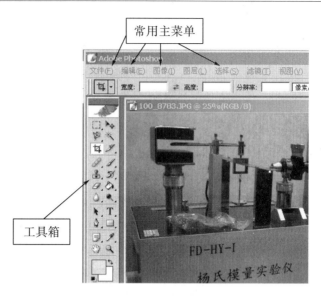

工具箱

图 4　图片处理的主界面（局部）

图 5 为展开的"文件"菜单。其中常用的命令如下：

打开：从存储有待处理图片的某文件夹打开某幅图片。

存储：修改后的图片以原名存储，旧图片被覆盖，注意这时文件格式为 PSD。

存储为：图片以新名字另作存储，如果要保存为 JPEG 格式，必须采用此命令。

图 6 为展开的"选择"菜单。其中常用的只有一个：

全选：使调入的图片整个被选中。这是为使用"编辑"菜单和某些工具所必须的准备。

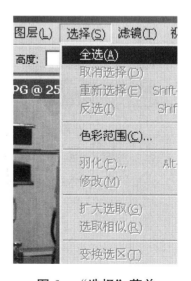

图 5　"文件"菜单　　　　　　**图 6　"选择"菜单**

图 7 为"图像"菜单。下面介绍"调整""图像大小"这两个命令。

调整：这是用得最多的一个图像变换命令，包括了众多的下级命令，下面介绍一个"调整"命令中常用到的二级命令"色阶"。

色阶命令是用得极多的一个命令。它可以有效地调整图片的亮度和对比度，同时也可以影响色度。用图像处理的专业术语讲，该命令对图片的灰度和色度直方图同时做了调整。

操作时，注意标尺下方有 3 个按钮（右边的为白色），可用鼠标分别拖动。被处理的图片作实时的变化，直到所需要的效果为止，如图 8 所示。

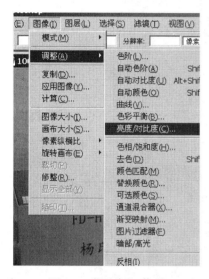

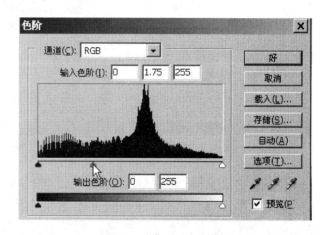

| 图 7 "图像"菜单 | 图 8 "色阶"对话框 |

图 9 显示了使用色阶命令的处理效果。左图为拍摄时曝光不足的原图，右图则为经过色阶命令调整后的修正图。

图 9 图片处理效果对比

图像大小：此命令用来改变图片的大小，包括几何尺寸和分辨率，如图 10 所示。

注意这里的"文档大小"无论是尺度还是分辨率减小，图片都会变小，一旦存储，不可再恢复，因此最好"另存为"一幅新图片而保留原始的大图片较好。还要注意此命令左下方的第二个复选框"约束比例"，勾选此项，则图片的几何比例不变。

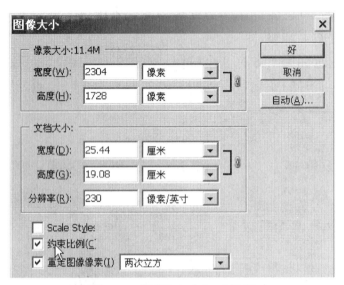

图 10 "图像大小"对话框

图 11 为"编辑"菜单，其中常用的命令如下：

剪切、拷贝和粘贴：这是同文字编辑功能相同的一组命令。要注意进行剪切或拷贝操作前，应该指定图片的操作区域。此外，本命令还可以将在其他编辑软件中剪切或拷贝的图片和文字对象粘贴到处理的图片之中。

清除：此命令常用来删除在图片中已经粘贴后而不需要的对象。

变换：此命令用来对图片进行多种几何变换，包括缩放、水平翻转、垂直翻转、自由旋转、旋转 180 度、顺时针旋转 90 度、反时针旋转 90 度等。本命令中的"自由旋转"常用来解决图片拍摄时地平线倾斜的缺陷，"缩放"命令可用于图片编辑时幅面大小的连续微调。

在"编辑"菜单里还有一个十分有用的命令：

还原××操作/重做××操作：当完成某一操作后发现效果不理想，则可以用此命令撤销操作；也可以重做前一操作，反复对比观察，找到最佳效果。

注意在"编辑"菜单里的大多数命令都必须是在选定对象后方可使用。在多数情况下，都是用"选择"菜单的"全选"，对整幅画面进行操作。

前面已提到，除了几个主菜单命令外，Photoshop 还提供了一个很有用的"工具箱"（位于界面左侧，位置可以调整），集成了大量有用的操作命令。下面列出几个常用工具，如图 12 所示。

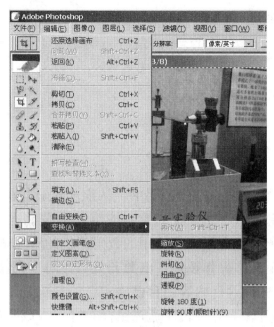

图 11　"编辑"菜单

移动工具：此命令用来对插入图片的各类对象作移动。

裁切工具：此命令用来对图片作剪裁，注意它所定义的剪裁框是既可调整大小，也可移动的。

文字工具：此命令用来在图片的任意位置插入文字，文字的字体、字号、颜色等参数都可编辑，也可以通过粘贴插入一段事先编辑好的文档。

缩放工具：此命令用于在图片显示时的放大、缩小。

说明：上述各操作都只就其功能作了说明，至于具体的操作方法，请参阅相关书籍的说明。

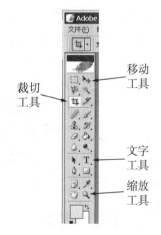

图 12　常用工具箱

根据以上对 Photoshop 的一些功能介绍，可将图片处理中最基本的处理的几项操作归纳如下：

● 图像色彩类：

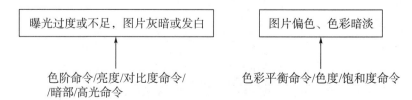

● 几何变换类：

【实验内容和数据记录要求】

1. 领到数码相机之后，阅读说明书，认识相机具体的光学成像部分（镜头）和执行与显示部分（各个主要的控制按钮以及显示器），掌握它们的操作使用方法。在数据记录纸上画出你使用的数码相机的示意图，在图中要求画出并且标注相机的 5 个基本操作按钮：电源开关、快门、变焦、显示、删除。

2. 每人拍摄一张照片。内容由自己确定。

3. 将拍摄的照片输入计算机。通过鼠标右键点击该照片图标（右键点击/属性/摘要/高级），读出并记录该照片曝光值的两个基本参数：光圈值（F值）、快门速度。

4. 用 Photoshop 软件打开该照片，进行基本的图像处理。第一，调整大小为长边 10cm（勾选"约束比例"）；第二，在照片上输入文字（利用"工具箱"中的"T"命令），学习改变文字的大小、颜色和位置。

5. 将修改后的照片保存。注意要用"存储为"（而不是"存储"），文件格式要选择为 JPEG，还要注意文件名的选择要能够区分是修改后的照片。

6. 将自己的两张照片（修改前、后各一张）拷贝到指定的计算机的指定文件夹中。

【思考题】

1. 数码相机与传统胶片相机有什么相同和不同的地方？

2. 影响数码相机拍照的成像质量的因素包括哪些？其中哪些是在使用时可以控制的？

附录 1　数码相机的基本参数、发展趋势及其评价

表 2　三款数码相机（一体机、单镜头反光、微单机）的主要性能参数

	尼康 Coolpix P3（一体机）	佳能 5D Mark Ⅱ（单镜头反光机）	索尼 ILCE-7（α7）（微单机）
上市时间	2006 年	2010 年	2015 年
当时价格	2100 元	15500 元（仅机身）	6000 元（仅机身）
有效像素	810 万像素	2100 万像素	2430 万像素
传感器类型	CCD 传感器	CMOS 传感器	CMOS 传感器
传感器尺寸	1/1.8 英寸	36×24mm（全画幅）	36×24mm（全画幅）
最大分辨率	3264×2448	5616×3744	6000×4000
光圈范围	F2.7/F5.3	视所配镜头	视所配镜头
快门	8～1/2000 秒	30～1/8000 秒	30～1/8000 秒
ISO 感光度	50、100、200、400	100～3200	100～6400
短片拍摄功能	分辨率为：640×480，320×240	全高清（1080）	全高清（1080）
存储介质	SD卡，内置23M内存	CF 卡	SD卡
照片格式	JPEG	JPEG/RAW	JPEG/RAW
LCD 液晶屏	2.5 英寸，约 15 万像素 TFT 液晶显示屏	3 英寸，92 万像素彩色液晶显示屏	3 英寸，92 万像素彩色液晶显示屏
电池续航能力	不低于 200 张	不低于 300 张	约 340 张
重量	170g	810g（仅机身）	410g（仅机身）
尺寸	92×61×31mm	152×113×751mm	126×94×48mm

　　下面对表 2 中的重要参数作简要说明，也可以作为选择数码相机的参考标准。

　　传感器指标的第一项为"有效像素"，目前做到一千万以上已经不是难事；传感器的尺寸也很重要，在像素相当时，尺寸越大，图像的像质和灵敏度更高。表中第二、三列中的"全画幅"尺寸，是指传感器与传统相机的 135 胶片的幅面相同，都是 36×24mm。这是目前数码相机传感器的最大尺寸。

　　作为光学记录仪器，数码相机同传统的胶片相机一样，光学镜头的质量是决

定图像质量的关键因素。镜头价格在数码相机中占了很大比例，它的质量也成了衡量整个照相机的主要标志。镜头有两个主要指标：一个是相对孔径，也可由光圈值来代表（F 值）。F 值越小，说明镜头的相对孔径越大，通过光线的能力越强。另一个是焦距，代表了照相机的拍摄角度，焦距越短，拍摄角度越大。

从表 2 最后两项重量、尺寸指标可以看到，一体化机最具便于携带的优势；而近年来发展迅速的微单机，则对性能指标与便携性以及价格都有兼顾。但对于专业摄影者，目前单反机仍然是第一选择，下面这条指标是最主要的原因。

相机的处理速度，包括每一次拍片后的存储时间、相机从开机或待机状态进入到拍摄状态的时间延迟等，是一体机乃至微单机的弱项，往往会比单反机慢数倍以上。它会直接影响照相的"抓拍"能力。

目前越来越广泛的"智能手机拍照"，可以说是一体机最成功的典型应用。便携性和易用性当然是其首要优势；第二个优点是利用手机的通信功能，使照片能够快速便捷地传输。而随着半导体微电子技术的飞速发展，原来相对较低的成像质量也极大提高。比如，传感器的像素已经做到 1300 万以上，F 值已经达到 2.0，其他如测光、聚焦的速度和精度都很高。

附录 2　徕卡全画幅无反数码相机

徕卡公司 2016 年 5 月发布了最新无反相机——徕卡 SL（type 601），这款相机采用的是与 M（Typ240）一样的 2400 万像素全画幅 CMOS 传感器，ISO 为 50～50000，快门速度为 1/8000 秒～60 秒；它的对焦速度可以说是目前无反相机中最快的，连拍速度可达 11 张/秒；具备 4K @ 30fps 全高清录像功能以及 HDMI 输出；整个机身采用一块铝切削而成并可以防尘防水滴。2.95 寸 104 万像素可触控显示屏；具备 440 万点分辨率 60fps 更新率的 EVF，超乎想象的清晰通透；双 SD 卡槽的设计解决内存不足的问题；内置 WiFi 和 GPS 功能。

该无反相机可用镜头：

Leica Vario—Elmarit—SL 1：2.8—4/24—90mm ASPH

Leica Apo—Vario—Elmarit—SL 1：2.8—4/90—280mm

Leica Summilux—SL 1：1.4/50mm ASPH

Summilux—TL35mm ASPH

Macro—Elmarit—TL60mm ASPH

部分参数：

型号：Leica SL Typ 601

传感器：2400 万像素全画幅 CMOS

对焦：支持自动对焦

视频：支持 4K 视频录制

光学镜头　　　　　　　　　　　　　　机身

36×24mm全画幅
CMOS传感器

　　集中这么多优点于一身的徕卡，第一次做得如此完美，真正实现了自动、全幅、变焦、WiFi……满足了所有的摄影爱好者的需求，可称为徕卡史上一次革命性的进步。

实验 17 用光电效应测普朗克常数

一定频率的光照射在金属表面时，光的能量仅有部分以热的形式被金属吸收，而另一部分则转换为金属中某些电子的能量，使这些电子能从金属表面逃逸出来，这种现象叫做光电效应（Photoelectric effect），所逸出的电子称为光电子。在光电效应中，光显示出了粒子性，这对于认识光的本性及早期量子理论的发展，具有里程碑式的意义。

人类对光的本性的认识，到麦克斯韦提出光是一种电磁波，光的波动学说似乎已完美无缺了。然而，光电效应及其规律的发现和研究，使人类对物质世界的认识发生了重大飞跃。

1887 年赫兹最先发现光电效应现象。赫兹采用两个电极做电磁波实验时，发现当紫外光照射到负电极上时有助于负电极放电，而经典的电磁理论却无法解释这个实验现象。

1900 年普朗克在对黑体辐射经验公式的解释中提出了能量子的概念 $h\nu$，普朗克由于创立了量子理论而于 1918 年获得了诺贝尔物理奖。

1905 年爱因斯坦提出光电效应方程 $h\nu = \frac{1}{2}mv_0^2 + A$ 和光量子假说，成功地解释了光电效应的实验规律。爱因斯坦由于对光电理论的重大贡献而于 1922 年获得了诺贝尔物理奖。

1904—1916 年密立根设计了高精度的实验装置，终于验证了光电效应方程的直线性，并测出普朗克常数 h，测量值与现在的公认值（$h_0 = 6.626 \times 10^{-34}$ J·s）仅相差 0.9%，证实了光量子假说，他也因此于 1923 年获得了诺贝尔物理奖。

光电效应实验告诉我们：理解微观世界要有新的观念，大自然在微观层次上是不连续的，即"量子化"的，而不是如牛顿物理所假设的在一切层次上都是连续的。

光电效应实验还告诉我们：实验是科学进程的开端，实验激发思考推动理论的产生以解释实验，而理论又在新的实验中受到检验，引发新的理论，对实验结果进行解释或统一，科学就这样发展了。

本实验侧重要求同学们学习科学家们如何从实验结果与传统理论的矛盾中，以敢于创新的精神进行科学活动的思维方式和实验方法。

【预习与思考题】

1. 什么是光电效应？它具有什么实验规律？
2. 光电效应的伏安特性的含义是什么？
3. 什么是截止电压？如何用实验来测定？
4. 本实验是采用何种方法测定普朗克常数 h 的？

【实验目的】

1. 通过光电效应实验，验证爱因斯坦方程。
2. 测定光电管的伏安特性曲线。
3. 掌握光电效应测量仪的工作原理及测量普朗克常数的一种方法。
4. 学会用作图法处理实验数据。

【实验原理】

（一）光电效应原理

当光照在物体上时，光的能量仅部分以热的形式被物体吸收，而另一部分则转换为物体中某些电子的能量，使电子逸出物体表面，这种现象称为光电效应，逸出的电子称为光电子。在光电效应中，光显示出它的粒子性。

光电效应实验电路原理如图 1 所示。图中 A、K 组成抽成真空的光电管，A 为阳极，K 为阴极。当一定频率 ν 的光射到金属材料做成的阴极 K 上时，就有光电子逸出金属。若在 A，K 两端加上电压后，光电子将由 K 定向地运动到 A，在回路中就形成光电流 I。

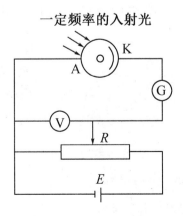

一定频率的入射光

图 1　光电效应实验电路原理

正向电压——阴极 K 接电源的负极，阳极 A 接正极。

反向电压——阴极 K 接电源的正极，阳极 A 接负极。

（二）光电效应规律

1. 光电流与入射光强度的关系。

若在阴极 K 和阳极 A 之间加正向电压 U_{AK}，它使 K、A 之间建立起来的电场对从光电管阴极逸出的光电子起加速作用，随着电压 U_{AK} 的增加，到达阳极的光电子将逐渐增多。当正向电压 U_{AK} 增加到 U_m 时，光电流达到最大，不再增加，此时称为饱和状态，对应的光电流即称为饱和光电流。饱和光电流与光强成正比，而与入射光的频率无关。

由于光电子从阴极表面逸出时具有一定的初速度，所以当两极间电位差 U_{AK} 为零时，仍有光电流 I 存在，若在两极间施加一反向电压 $U = U_A - U_K$ 变成负值（减速电压）时，光电流才迅速减小。实验指出，存在一个截止电压 U_0，当两极间电位差 U_{AK} 达到截止电压 U_0 时，光电流为零。如图 2（a）所示，图中 $I \sim U$ 曲线称为光电管伏安特性曲线。图 2（b）所示为截止电压 U_0 与入射光频率 ν 的关系。

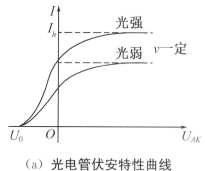

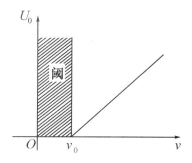

（a）光电管伏安特性曲线　　　　（b）截止电压 U_0 与入射光频率 ν 的关系

图 2

2. 光电子的初动能与入射光频率之间的关系。

光电子从阴极 K 逸出时，具有初动能，在减速电压下，光电子逆着电场方向由阴极 K 向阳极 A 运动。当 $U_{AK} = U_0$ 时，光电子不再能达到阳极 A，光电流为零，所以电子的初动能等于克服电场力所做的功，即

$$\frac{1}{2}mv^2 = eU_0 \tag{1}$$

根据爱因斯坦关于光的本性的假设，光是一粒一粒运动着的粒子流，这些光粒子称为光子。每一光子的能量为 $E = h\nu$，其中 h 为普朗克常数量，ν 为光波的频率，所以不同频率的光波对应的能量不同。光电子吸收了光子的能量之

后，一部分消耗于克服电子的逸出功 A，另一部分转换为电子动能。

$$h\nu = \frac{1}{2}mv^2 + A \qquad (2)$$

由能量守恒定律可知，式（2）称为爱因斯坦光电效应方程。式中，A 为金属的逸出功，$\frac{1}{2}mv^2$ 为光电子获及的初动能。

由此可见，光电子的初动能与入射光频率 ν 呈线性关系，而与入射光的强度无关，如图 2（b）所示。

3．光电效应有光电阈存在。

实验指出，当光的频率 $\nu < \nu_0$ 时，不论用多强的光照射到物质上都不会产生光电效应，根据（2）式，ν_0 称为截止频率。

4．光电效应是瞬间效应。

只要入射光频率 $\nu > \nu_0$，一经光线照射，立刻产生光电子。

（三）普朗克常数测量原理

普朗克常数是自然界中一个很重要的普适常数，它可以用光电效应法简单而又较准确地测出。

用爱因斯坦方程能圆满解释光电效应的实验规律，同时还提供了测量普朗克常数的方法：由式（1）和式（2）可得：$h\nu = e|U_0| + A$，当用不同频率（ν_1，ν_2，ν_3，…，ν_n）的单色光分别作光源时，就有

$$h\nu_1 = e|U_1| + A$$
$$h\nu_2 = e|U_2| + A$$
$$h\nu_n = e|U_n| + A$$

联立其中任意两个方程就可得到

$$h = \frac{e(U_i - U_j)}{\nu_i - \nu_j} \qquad (3)$$

由此，若测定了两个不同频率的单色光所对应的截止电压，即可计算出普朗克常量 h，也可由直线 $U_0 - \nu$ 的斜率求 h。

（四）普朗克常数测量条件与实际的差别

用光电效应测量普朗克常数的关键在于确定截止电压值。

为获得准确的截止电压值，要求光电管应该具备下列条件：

（1）对所有可见光谱都比较灵敏。

（2）阳极包围阴极，这样当阳极为负电位时，大部分光电子仍能射到阳极。

（3）阳极没有光电效应，不会产生反向电流。

（4）暗电流很小。

但是实际使用的光电管并不完全满足以上条件。由于存在阳极光电效应所引起的反向电流和暗电流（即无光照时的电流），所以实测的电流值实际上包括上述两种电流和由阴极光电效应所产生的反向电流三个部分，实验的伏安曲线并不与 U 轴相切，如图 3 所示。

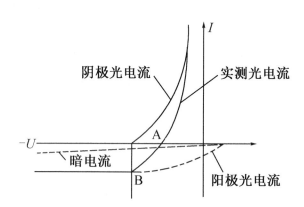

图 3　实验的伏安特性曲线

（五）普朗克常数常用的测量方法

1. 零电流法。

零电流法是直接将各谱线照射下测得的电流为零时对应的电压 U_{AK} 的绝对值作为截止电压 U_0 值。此法的前提是阳极反向电流、暗电流和本底电流都很小。用零电流法测得的截止电压 U_0 与真实值相差较小，且各谱线的截止电压 U_0 都相差 ΔU，对 $U_0 \sim \nu$ 曲线的斜率无大的影响，因此对 h 的测量不会产生大的影响。本实验要求采用该实验方法。

2. 补偿法。

补偿法是调节电压 U_{AK} 使电流为零后，保持电压 U_{AK} 不变，遮挡汞灯光源，此时测得的电流 I_1 为电压接近截止电压时的暗电流和本底电流。重新打开汞灯遮光罩，让汞灯照射光电管，调节电压 U_{AK} 使电流值至 I_1，将此时对应的电压 U_{AK} 的绝对值作为截止电压 U_0 值。用此法可补偿暗电流和本底电流对测量结果的影响。

3. 交点法。

光电管阳极用逸出功较大的材料制作，制作过程中尽量防止阴极材料蒸发。实验前对光电管阳极通电，减少其上溅射的阴极材料，实验中避免入射光直接照射到阳极上，这样可使它的反向电流大大减少，其伏安特性曲线与图 2（a）十分接近，因此曲线与 U 轴交点的电压值近似等于截止电压 U_0，此即为交点法。

4. 拐点法。

光电管阳极反向电流虽然较大，但在结构设计上，若使反向光电流能较快地饱和，则伏安特性曲线在反向电流进入饱和段后有着明显的拐点，截止电压 U_0 下移到 U_0' 点。因此测出 U_0' 点即测出了截止电压。

【实验仪器】

光电效应实验仪由汞灯及电源、滤色片（五片）、光阑（直径 4mm）、光电管、测试仪（含光电管电源和微电流放大器）构成。

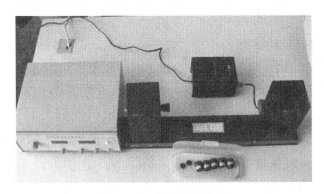

图 4　实验仪器实物图

汞灯：可用谱线波长为 365.0nm、404.7nm、435.8nm、546.1nm、577.0nm。

滤色片：五片，透射波长 365.0nm、404.7nm、435.8nm、546.1nm、577.0nm。

光阑：1 片，直径为 4mm。

光电管：光谱响应范围 320nm～700nm，暗电流 $I \leqslant 2 \times 10^{-12}$ A（$-2V \leqslant U_{AK} \leqslant 0V$）。

光电管电源：2 挡，（-2～$+2$）V，（-2～$+30$）V，三位半数显，稳定度 $\leqslant 0.1\%$。

微电流放大器：6 挡，（10^{-13}～10^{-8}）A，分辨率 10^{-13} A，三位半数显，稳定度 $\leqslant 0.2\%$。

【实验内容与步骤】

（一）测试前准备

1. 盖上光电管暗箱和汞灯的遮光盖，将光电管与汞灯距离调整并保持在 40cm 不变，接通测试仪及汞灯电源，充分预热（预热时间不得少于 30 分钟）。

（注意：汞灯一旦开启，不要随意关闭）

2. 测试仪调零：将"电压"选择 在 $-2V\sim+30V$ 挡，"电流量程"选择在 $10^{-11}A$ 挡，旋转"电流调零"旋钮使"电流表"指示为 $000.0\times10^{-11}A$。

（注意：每次调换"电流量程"，都应重新调零）

3. 调整光路：先取下光电管暗箱遮光盖，将直径为 4mm 的光阑及波长为 365.0nm 的滤光片插在光电管暗箱入射窗孔前，再取下汞灯的遮光盖，使汞灯的出射光对准光电管入射窗孔。

（注意：严禁让汞光不经过滤光片直接入射光电管）

（二）测量光电管的伏安特性

1. 将"电压选择按键"置于 $-2V\sim+30V$ 挡；"电流量程"开关置于 $10^{-11}A$ 挡，调零后开始测试。调节电压调节旋钮，从低到高调节电压，测出一系列电压 U_{AK} 所对应的光电流 I 值（建议从 $-2V$ 起，缓慢调高外加电压 U_{AK}，先注意观察一遍电流变化情况，记住使电流开始明显升高的电压值）。

2. 在暗箱光窗口装 365.0nm 滤光片和 4mm 光阑后，缓慢调节电压旋钮，令电压输出值缓慢由 $-2V$ 增加到 $+30V$，$-2V$ 到 $0V$，27V 到 30V 之间每隔 0.5V 记一次电流值。注意在电流值为零处记下截止电压值，即第一组数据必须是电流为 0，电压为截止电压，以后电流每变化一值记录一组数据于表 1 中。

3. 在暗箱光窗口上换上 435.8nm 滤光片，仍用 4mm 的光阑，重复步骤 (2)，记入表 1。

表 1 　光电管伏安特性数据表 　（光阑 $\phi=4$mm）　　记录 20 组数据

滤光片 365.0nm 光阑 4mm	U_{AK} （V）						......		+30
	$I(\times10^{-11}A)$						......		
滤光片 435.8nm	U_{AK} （V）						......		+30
	$I(\times10^{-11}A)$						......		

（三）测量普朗克常数 h

1. 将"电压选择按键"置于 $-2V\sim+2V$ 挡，将"电流量程"开关置于 $10^{-13}A$ 挡，并调零。

2. 将直径为 4mm 的光阑和 365.0nm 的滤色片装在光管电暗箱入射窗孔前，打开汞灯遮光盖。

3. 从低到高调节电压，观察电流值的变化，寻找电流为零时对应的 U_{AK}，并将数据记录于表 2 中。

4. 依次换上 404.7nm，435.8nm，546.1nm，577.0nm 的滤色片，（注

意：一定要先盖上汞灯的遮光盖再更换滤光片），测出各波长对应的截止电压 U_0，并将数据记录于表 2 中。

表 2　测量普朗克常数 h 数据表　（光阑 $\Phi=4\text{mm}$）

波长 λ_i（nm）	365.0	404.7	435.8	546.1	577.0
频率 ν_i（$\times10^{14}$ Hz）	8.214	7.408	6.879	5.490	5.196
截止电压 U_0（V）					

【数据处理与要求】

1. 根据表 1 的数据，选择合适的坐标，在坐标纸上分别作出两种光频率的光电管伏安特性 $I-U$ 曲线。（$h_0=6.626\times10^{-34}$ J·s）

2. 根据表 2 的数据，在坐标纸上作出对应的 $U_0-\nu$ 关系图，可得一直线，用该直线的斜率 K，乘以电子电荷 e（1.602×10^{-19} C），求得普朗克常数 h。将所测得的普朗克常数与公认值 h_0 作比较，并计算出百分误差 $E=\dfrac{|h-h_0|}{h_0}\times100\%$。

3. 总结实验，作出结论。

（1）根据在坐标纸上作出对应的 $U_0-\nu$ 关系图，验证光电效应的实验结果与爱因斯坦光电方程是否相符合？

（2）将实验所测得光电管伏安特性曲线和普朗克常数进行分析，得出结论。

【注意事项】

1. 为准确测量，微电流放大器必须充分预热（预热时间约 30 分钟）。光电管的入射窗口不要面对其他强光源（如窗户等），以减少杂散光的干扰。

2. 更换滤色片时，必须将汞灯光源的出光口用遮光罩盖住，严禁让汞光不经过滤光片直接入射光电管窗口。

3. 汞灯在实验中不要经常开关。若已关闭，应等一段时间（至少 5 分钟）后再重新开启。

4. 实验结束时应盖上光电管暗箱和汞灯的遮光盖。

【思考题】

1. 用光电效应法测普朗克常数的依据是什么？
2. 加在光电管两端的电压为零时，光电流为什么不为零？

【相关科学家介绍】

爱因斯坦　举世闻名的德裔美国科学家、现代物理学的开创者和奠基人。他提出的量子理论对天体物理学，特别是理论天体物理学都有很大的影响。他还创立了狭义相对论和相对宇宙学等理论。

思考，思考，再思考。

科学研究好像钻木板，

有人喜欢钻薄的，我喜欢钻厚的。

——亚伯·爱因斯坦（Albert Einstein）

1879 年 3 月 14 日，爱因斯坦生于德国的小镇乌姆，他在慕尼黑度过童年时代，未入学之前，有一件事使他终生难忘。他回忆道："在我 4 岁时，我父亲送我一只罗盘，当时我觉得宛如看到一个奇迹，我突然觉得各种事物的背后一定有某些东西隐藏着，在某种意义上来说，一件神奇的东西可以使人的思想世界飞扬起来。"

年轻时的爱因斯坦

在他高中的最后一年，父亲移民到意大利，爱因斯坦决定放弃德国国籍，前往瑞士继续学业。高中毕业之后，他进入苏黎世联邦工科大学。事实上，他并不是一个老师心目中的好学生，因为他常常被某些问题深深地吸引，而投入全部的兴趣和时间，对于不感兴趣的必修科目，一点也不想费心思。1900 年大学毕业之后，由于爱因斯坦给教授的印象不佳，使他没能如愿留校担任助教。失业两年后，他在瑞士的专利局谋得一份工作，职务是对所有的发明作初审，并将每一件发明的细节，用清晰而有系统的文字表达出来。这是一件很不容易的事，却使他有机会学到新奇的观念，对于任何提出的假设，都能很快地把握住要点和结果。1905 年，爱因斯坦 26 岁，在没有任何名师指导，缺乏研究的仪器和数据下，他利用一切空余的时间，完成了 4 篇革命性的论文，其中一篇"分子大小的新测定法"为他赢得了博士学位。光电效应由一个崭新的角度来探讨光的辐射和能量，他认为光是由分离的粒子所组成。17 年后这篇论文使他获得诺贝尔物理奖。

1827 年英国植物学家布朗做了一个实验，他将花粉洒在水里，然后用显微镜观察，发现花粉不断在舞动，这种现象称为布朗运动。爱因斯坦以独特的眼光分析是微小的水分子在作祟，还利用数学方法计算出分子的大小和阿弗加德罗常数，证明了分子的存在。3 年后，法国物理学家佩兰通过实验印证了爱因斯坦的理论。

爱因斯坦最重要的一篇论文"论运动物体的电动力学"，就是所谓的狭义相对论。它根本地改变了牛顿的时空观，改变了人类对宇宙的看法，将牛顿定律视为一个特殊例子，只有在速度很慢时才适用。狭义相对论的问题发表后，爱因斯坦着手研究广义相对论的问题，思考了整整八年。

广义相对论实质上是万有引力的问题，爱因斯坦假定重力不是一个力，而是在时空连续体中一个扭曲的场，而这种扭曲是由于质量存在造成的。这篇论文被认为是 20 世纪理论物理研究的最高峰。

统一场论是一个将电磁现象和重力理论整合在一起的理论。爱因斯坦自己认为相对论有 3 个发展阶段：狭义相对论—牛顿运动定律的修正；广义相对论—牛顿万有引力定律的改造统一；场论—广义相对论的推广。爱因斯坦不倦的思索研究了 30 多年而终未成功，晚年他曾感慨地说："统一场论将被遗忘，但在未来一定会被人们重新发现的！"

有些人批评爱因斯坦，一个问题花了 30 多年竟然得不到结果，但是，科学的重点不在寻求答案，而在发掘问题。爱因斯坦当时所发掘出来的许多问题，或许在未来会被人们所解决……1922 年 11 月，瑞典皇家科学院决定，将诺贝尔物理奖颁给爱因斯坦，因为他对光电理论及理论物理学上的重大贡献。

相对论是爱因斯坦对物理学所做的最大贡献，相对论打开了人类的眼界，使人们获得了去探究宇宙奥秘的方法，提升了人们认识宇宙的能力。

也许将来某一天，会有一位科学家说道："爱因斯坦先生，很抱歉推翻了您的理论……"我们期待着这一天的到来！

普朗克

普朗克——德国物理学家，创立了量子假说，对量子论的发展有重大贡献。

量子物理学的开创者和奠基人，1918 年诺贝尔物理学奖金的获得者。普朗克的伟大成就，就是创立了量子理论，这是物理学史上的一次巨大变革。从此结束了经典物理学一统天下的局面。

1900 年，普朗克抛弃了能量是连续的传统经典物理观念，导出了与实验完全符合的黑体辐射经验公式。在理论上导出这个公式，必须假设物质辐射的能量是不连续的，只能是某一个最小能量的整数倍。普朗克把这一最小能量单位称为"能量子"。普朗克的假设解决了黑体辐射的理论困难。普朗克还进一步提出了能量子与频率成正比的观点，并引入了普朗克常数 h。量子理论已成为现代理论和实验不可缺少的基本理论。普朗克由于创立了量子理论而获得了诺贝尔奖。

【参考文献】

[1] 杨仲耆. 大学物理学，量子与统计物理基础 [M]. 北京：人民教育出版社，1981.

[2] 沈元华，陆申龙. 基础物理实验 [M]. 北京：高等教育出版社，2003.

[3] 郭奕玲. 著名物理实验及其在物理学发展中的作用 [M]. 济南：山东教育出版社，1985.

[4] 薛凤家. 诺贝尔物理学奖百年回顾 [M]. 北京：国防工业出版社，2003.

[5] 李相银. 大学物理实验 [M]. 北京：高等教育出版社，2004.

实验 18　密立根油滴实验

【实验简介】

美国物理学家密立根（Millikan）在 1909 年至 1917 年间做了近千次实验，通过测量微小油滴所带的电荷，即油滴实验，取得了具有重大意义的结果，那就是：

（1）证明电荷的不连续性，所有电荷都是基本电荷 e 的整数倍。

（2）测量并得到了单位电荷电量，即电子电荷电量，其值为 $e = 1.60 \times 10^{-19}$ 库仑。

油滴实验因为证明了电荷的不连续性（即量子性），而成为物理学史上具有最重要意义的实验之一，对 20 世纪近代物理的发展起到了重要的促进作用。

现在公认，e 是基本电荷，目前给出的最好结果为：$e = (1.602176565 \pm 0.000000035) \times 10^{-19}$ 库仑。

正是由于这一实验成就，密立根荣获了 1923 年诺贝尔物理学奖。80 多年过去了，物理学发生了根本的变化。近年来，根据这一实验的设计思想改进的用磁悬浮的方法测量分数电荷的实验，使密立根油滴实验又焕发出青春，重新站到实验物理的前列。这说明 Millikan 油滴实验是富有巨大生命力的实验。

本实验通过对电场电压、油滴运动时间等这些可以直接测量和控制的宏观物理量的测量，来实现对微观物理量——电子电量的测量。亦即宏观的电量，通过油滴这个在宏观领域微小，但在微观领域又较大的媒介，与微观的电子电量建立了联系。

【预习思考题】

1. 为什么必须使油滴做匀速运动或静止？实验中如何保证油滴在测量范围内做匀速运动？

2. 若油滴平衡调节不好，对实验结果有何影响？

【实验目的】

1. 学习使用密立根油滴实验装置，学习和理解密立根利用宏观量测量微观量的巧妙设想和构思。

2. 通过实验对不同油滴所带电量的测量，总结出油滴所带的电量总是某一个最小固定值的整数倍，从而得出存在着基本电荷的结论。通过实验认识电子的存在，认识电荷的不连续性。

3. 求得电子电量，并将其与标准值比较。

【实验仪器】

密立根油滴实验装置通过将带电油滴置于电场和重力场中，观察油滴的运动情况，记录油滴静止或匀速上升、下降时的外电场电压以及运动固定距离所用时间，计算出油滴所带电量，从而得到电子电量的数值。

油滴法测电子电量的实验总体装置如图 1 所示，密立根油滴仪如图 2 所示。

 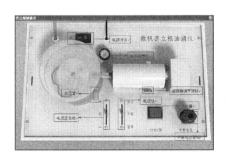

图 1　密立根油滴实验总体装置　　　图 2　密立根油滴仪

下面介绍密立根油滴仪的功能及其用法。

（1）电源开关：打开/关闭电源，控制平衡电压、提升电压和计时器。当电源关闭时，开关的指示灯为暗，此时单击鼠标，可以打开电源，电源指示灯变亮。

（2）水平调节仪：调节密立根油滴仪和桌面的水平情况。单击鼠标即可打开水平调节装置，然后对水平调节的底座旋钮进行调节，这样可以使水平调节装置的水平气泡处在中央位置。如果水平气泡不在中央位置，会影响观察油滴下落和上升时间的计量。

（3）油滴管：喷出雾状油滴。

（4）显微镜：调节显示器的油滴是否清晰可见。

（5）电压正负极挡：控制电压的正负极以及数值。

（6）电压挡：当电压挡处在"提升"挡时，此时的电压是平衡电压的 1.5 倍；当电压挡处在"平衡"挡时，此时电压显示的是平衡电压旋钮的电压；当电压挡处在"置零"挡时，此时没有任何电压，计时器开始计时。

（7）计时器：记录油滴的上升和下落的时间。

（8）平衡电压旋钮：微调电压的数值。

显示器如图 3 所示，油滴管如图 4 所示。

图 3 显示器

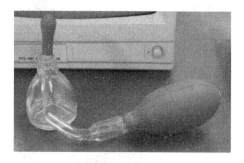

图 4 油滴管

实验原理：当某一确定带电油滴在均匀电场中达到平衡时，产生外电场的极板的电压必定是一确定值。当改变油滴所带电量时，使带电油滴再次达到平衡所需的外电场电压也会相应改变。大量实验数据表明，其值并不是连续变化的，而呈现出不连续的态势。这一事实说明油滴所带电量并非是连续的，而应该是一个量的整数倍，通过实验，发现这个量是带电体所能携带的最小电量，同时也是一个电子的电量，故称之为"电子电量"，用 e 表示，于是油滴所带电量 q 满足 $q = ne$，其中 n 为自然数。由此可见，通过测量油滴所带电量，可以得到电子电量的值。

通过调试实验仪器，使油滴在电场中以两种方式运动——匀速直线运动或静止，利用动态测量法和平衡测量法，就可以测量油滴所带电量。下面介绍这两种测量法。

方法一：动态测量法

考虑重力场中一个足够小油滴的运动，设此油滴半径为 r，质量为 m_1，空气是粘滞流体，故此运动油滴除重力和浮力外，还受粘滞阻力的作用。由斯托克斯定律，粘滞阻力与物体运动速度成正比。设油滴以匀速 v_f 下落，则有

$$m_1 g - m_2 g = K v_f \tag{1}$$

此处 m_2 为与油滴同体积空气的质量（对应于油滴在空气中的浮力），K 为比例常数，g 为重力加速度。油滴在空气及重力场中的受力情况如图 5 所示。

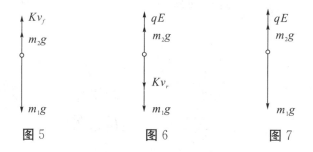

图 5   图 6   图 7

图 5 为在空气及重力场中的油滴受力示意图，图 6 为电场力中的油滴受力示意图，图 7 为处于电场中平衡时的油滴受力示意图。

若此油滴带电荷为 q，并处在场强为 E 的均匀电场中，设电场力 qE 方向与重力方向相反，如图 6 所示，如果油滴以匀速 v_r 上升，则有

$$qE = (m_1 - m_2)g + Kv_r \tag{2}$$

由式（1）和（2）消去 K，可解出 q 为

$$q = \frac{(m_1 - m_2)g}{Ev_f}(v_f + v_r) \tag{3}$$

由式（3）可以看出来，要测量油滴上的电荷 q，需要分别测出 m_1，m_2，E，v_f，v_r 等物理量。

由喷雾器喷出的小油滴半径 r 是微米量级，直接测量其质量 m_1 也是困难的，为此希望消去 m_1 而代之以容易测量的量。设油与空气的密度分别为 ρ_1，ρ_2，于是半径为 r 的油滴的视重为

$$m_1 g - m_2 g = \frac{4}{3}(\rho_1 - \rho_2)g \tag{4}$$

由斯托克斯定律，粘滞流体对球形运动物体的阻力与物体速度成正比，其比例系数 K 为 $6\pi\eta r$，此处 η 为粘度，r 为物体半径，于是可将公式（4）代入式（1），有

$$v_f = \frac{2gr^2}{9\eta}(\rho_1 - \rho_2) \tag{5}$$

因此有

$$r = \left[\frac{9\eta v_f}{2g(\rho_1 - \rho_2)}\right]^{\frac{1}{2}} \tag{6}$$

以此代入式（3）并整理，得到

$$q = 9\sqrt{2}\pi\left[\frac{\eta^3}{(\rho_1 - \rho_2)g}\right]^{\frac{1}{2}} \cdot \frac{1}{E}\left(1 + \frac{v_r}{v_f}\right)v_f^{\frac{3}{2}} \tag{7}$$

因此，如果测出 v_r，v_f 和 η，ρ_1，ρ_2，E 等宏观量，即可得到 q 值。

考虑到油滴的直径与空气分子的间隙相当，空气已不能看成是连续介质，其粘度 η 需作相应的修正，即

$$\eta' = \frac{\eta}{1 + \frac{b}{pr}}$$

式中，p 为空气压强，b 为修正常数，$b = 0.00823\text{N/m}$。因此加入修正后，有

$$v_f = \frac{2gr^2}{9\eta}(\rho_1 - \rho_2)\left(1 + \frac{b}{pr}\right) \tag{8}$$

当精确度要求不太高时，常采用近似计算方法，先将 v_f 代入式（6）计算得到近似下的小油滴半径 r_0，即

$$r_0 = \left[\frac{9\eta v_f}{2g(\rho_1-\rho_2)}\right]^{\frac{1}{2}} \tag{9}$$

再将此 r_0 值代入 η' 中，并以 η' 代入式（7），得

$$q = 9\sqrt{2}\pi\left[\frac{\eta^3}{(\rho_1-\rho_2)g}\right]^{\frac{1}{2}} \cdot \frac{1}{E}\left(1+\frac{v_r}{v_f}\right)v_f^{\frac{3}{2}}\left[\frac{1}{1+\frac{b}{pr_0}}\right]^{\frac{3}{2}} \tag{10}$$

实验中常常固定油滴运动的距离，测量它通过此距离 s 所需的时间来求得其运动速度，且电场强度 $E=U/d$，d 为平行板间的距离，U 为所加的电压，因此，式（10）可写成

$$q = 9\sqrt{2}\pi d\left[\frac{\eta^3 s^3}{(\rho_1-\rho_2)g}\right]^{\frac{1}{2}} \cdot \frac{1}{U}\left(\frac{1}{t_f}+\frac{1}{t_r}\right)\left(\frac{1}{t_f}\right)^{\frac{1}{2}}\left[\frac{1}{1+\frac{b}{pr_0}}\right]^{\frac{3}{2}} \tag{11}$$

式中，t_f 和 t_r 分别表示油滴下降和上升所用的时间。式中有些量与实验仪器以及条件有关，选定之后在实验过程中保持不变，如 d，s，$\rho_1-\rho_2$ 及 η 等，将这些量与常数一起用 C 代表，可称为仪器常数，于是式（11）简化成

$$q = C \cdot \frac{1}{U}\left(\frac{1}{t_f}+\frac{1}{t_r}\right)\left(\frac{1}{t_f}\right)^{\frac{1}{2}}\left[\frac{1}{1+\frac{b}{pr_0}}\right]^{\frac{3}{2}} \tag{12}$$

由此可知，度量油滴上的电荷，只体现在 U，t_f，t_r 的不同。对同一油滴，t_f 相同，U 和 t_r 的不同，标志着电荷的不同。

方法二：平衡测量法

平衡测量法的出发点是使油滴在均匀电场中静止在某一位置，或在重力场中作匀速运动。

当油滴在电场中平衡时，如图 7 所示，油滴在两极板间受到电场力 qE，重力 m_1g 和浮力 m_2g 达到平衡，从而静止在某一位置，即

$$qE = (m_1-m_2)g$$

油滴在重力场中作匀速运动时，情形同动态测量法，将式（4）（9）和

$$\eta' = \frac{\eta}{1+\frac{b}{pr}}$$

代入式（11）并注意到（因平衡态油滴静止，故前进 s 对应的 $t_r \to \infty$）

$$\frac{1}{t_r} = 0$$

则有

$$q = C \cdot \frac{1}{U} \left(\frac{1}{t_f} \right)^{\frac{3}{2}} \left[\frac{1}{1 + \dfrac{b}{p r_0}} \right]^{\frac{3}{2}} \qquad (13)$$

注：计算需要用到的参数值可参见后面☆部分。

【实验内容及操作指导】

学习控制油滴在电场中的运动，学习选择合适的油滴，使用平衡法和动态法测量电子电量，要求测得 6 个不同的油滴 8 次以上。

（一）选择适当的油滴并测量油滴上所带电量

要做好油滴实验，所选的油滴体积要适中。油滴太大虽然比较亮，但下降速度快，不容易测准确；油滴太小则受布朗运动的影响明显，测量结果涨落很大，也不容易测准确。因此应该选择质量适中，而带电不多的油滴。

（二）调整油滴实验装置

油滴实验装置由油滴盒、油滴照明装置、调平系统、测量显微镜、供电电源及电子停表、喷雾器等组成，其实验装置如图 8 所示。其中油滴盒是由两块经过精磨的金属平板，中间垫以胶木圆环而构成的平行板电容器。在上板中心处有落油孔，使微小油滴可以进入电容器中间的电场空间，胶木圆环上有进光孔、观察孔。进入电场空间内的油滴由照明装置照明，油滴盒可通过调平螺旋调整水平，用水准仪检查。油滴盒防风罩前装有测量显微镜，用来观察油滴。在目镜头中装有分划板。

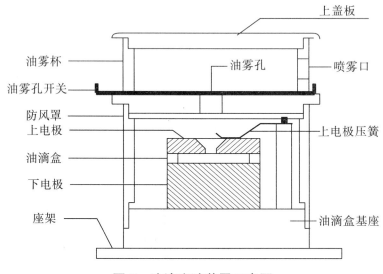

图 8　油滴实验装置示意图

电容器极板上所加电压由直流平衡电压和直流升降电压两部分组成。其中平衡电压大小连续可调，并可从显示屏上直接读数，其极性由换向开关控制，以满足对不同极性电压的需要。升降电压的大小可连续调节，并可通过换向开关叠加在平衡电压上，以控制油滴在电容器内上下的位置。

油滴实验是一个操作技巧要求较高的实验，为了得到满意的实验结果，必须仔细认真调整油滴仪。

（1）首先要调节调平螺丝，将平行电极板调到水平，使平衡电场方向与重力方向平行，以免引起实验误差。

（2）调节显微镜焦点，使油滴清晰显示在显示屏上。

（3）喷雾器是用来快速向油滴仪内喷油雾的，在喷射过程中，由于摩擦作用，可使油滴带电。

当油雾从喷雾口喷入油滴室内后，视场中将出现大量清晰的油滴，有如夜空繁星。试加上平衡电压，改变其大小和极性，驱散不需要的油滴，练习控制其中一颗油滴的运动，并记录油滴经过两条横丝间距所用的时间。

（三）正式测量

1．实验前准备工作。

（1）开始实验后，将实验仪器摆放至实验桌上。

（2）打开密立根油滴仪。

（3）打开显示器。

（4）对密立根油滴仪的水平气泡区域，打开底座水平调节装置，调节底座。观察水平调节仪中气泡的位置，当气泡处于黑圈中间时，表明水平调节成功。

2．平衡法测量电子电量。

（1）将电压正负极挡位调到"＋"，使两极板电压产生向上的电场。

（2）按动油滴管，产生雾状油滴。

（3）调节"平衡电压"旋钮，使控制的油滴处于静止状态。

（4）锁定状态，记录被控油滴的状态。

（5）将电压挡调到"提升"，使被控制油滴上升到最上面的起始位置，为下一步计时做准备。

（6）将电压挡调到"置零"，使被控制油滴匀速下落，开始计时。

（7）将电压挡调到"平衡"，使被控制油滴停止下落处于静止状态，并停止计时，然后记录平衡电压数值和油滴下落时间。

为使结果更精确，要求对每一油滴测量5~8次，测量至少6个不同油滴。

表1　平衡法测量数据记录

油滴	1	2	3	4	5	6	备注
平衡电压（V）							通过仪器直接读出
时间（s）							
油滴电量（C）							公式（11）
带电荷数 n							处理方法见计算电子电量的值
电子电量（10^{-19}C）							

　　电子电量平均值＝＿＿＿＿＿＿＿＿

3. 动态法测量电子电量。

（1）将电压正负极挡位提到"＋"位置，使两极板电压产生向上的电场。

（2）挤压油滴管，产生雾状油滴。

（3）调节"平衡电压"旋钮，使控制的油滴处于静止状态。

（4）锁定状态，记录被控油滴的状态。

（5）提升电压挡，使被控制油滴上升到最上面的起始位置，为下一步计时做准备。

（6）调到"置零"电压挡，使被控制油滴匀速下落，开始计时。

（7）调到"平衡"电压挡，使被控制油滴停止下落处于静止状态，并停止计时，然后记录油滴下落时间。

（8）调到"提升"电压挡，使被控制油滴向上匀速运动，并打开计时器开始计时。

（9）当被控制油滴运动到起始位置时，计时器停止计时，并将此时的电压值和时间进行记录。为了提高测量结果的精确度，每个油滴上下往返次数不宜少于8次，要求测得6个不同的油滴。

表2　动态法测量数据记录

油滴	状态	上升下降时间记录（s）								平衡电压值(V)	油滴电量（C）	电荷数 n	电子电量
		1	2	3	4	5	6	7	8				
1	下降												
	上升												

油滴	状态	上升下降时间记录（s）								平衡电压值(V)	油滴电量(C)	电荷数 n	电子电量
		1	2	3	4	5	6	7	8				
2	下降												
	上升												
3	下降												
	上升												
4	下降												
	上升												
5	下降												
	上升												
6	下降												
	上升												
备注		直接由仪器读出								公式(13)		处理方法见计算电子电量的值	

电子电量平均值＝_____

☆表1、表2数据处理时所需要的参数值如下：

油密度　　　　　　　　$\rho = 981\text{kg} \cdot \text{m}^{-3}$

空气密度　　　　　　　$\rho = 1.29\text{kg} \cdot \text{m}^{-3}$（20℃）

重力加速度　　　　　　查当地值

空气粘滞系数　　　　　$\eta = 1.832 \times 10^{-5}\text{kg} \cdot \text{m}^{-1} \cdot \text{s}^{-1}$（23℃）

平行板间距　　　　　　$d = 5.00 \times 10^{-3}\text{m}$

修正系数　　　　　　　$b = 8.23 \times 10^{-3}\text{N/m}$

※表 1、表 2 中的油滴电量、电荷数和电子电量的计算说明：

（1）计算电子电量的值。

①在动态法测量中，利用公式（11）使用动态法测量数据，计算每个油滴的带电量，然后计算电子电量。这里我们可采用倒过来验证的方法，即用公认的电子电量的值去除每个油滴的电量，取一个最接近的整数，再用这个整数除油滴的电量，从而得到电子电量的测量值；还可以采用作图的方法，即带电油滴的电量 q 是 e 的整数倍，因此将计算出的 6 个 q 值在图上用点表示出来，拟合出的图像的斜率即是电子电量的测量值。

②在平衡法测量中，利用公式（13）使用平衡法测量数据，计算每个油滴的带电量，然后计算电子电量。具体使用的方法和①相同。

（2）对电子电量测量结果的评估。

将电子电量的测量值与现代最精确值（$e =$（$1.602176565 \pm 0.000000035$）$\times 10^{-19}$ 库仑）进行比较，计算相对百分误差 $\dfrac{|q_{测} - q_{精}|}{q_{精}}$。

【注意事项】

取平衡电压约 200V、匀速下降时间约 20s~35s 的油滴，测量油滴匀速运动 2mm 所用的时间。如果油滴过大，则下降速度会过快；如果油滴过小，则布朗运动明显。一般要选平衡电压高一些，去掉平衡电压后下落时间长一些的油滴，这样测出的 e 值会准确可靠，因为下落时间长的油滴质量较小，带的电荷量也少，可以减少由于摩擦产生的额外电量，减小其对实验结果的影响。

【思考题】

1. 如果密立根油滴仪中产生均匀电场的极板不平行，会对结果产生什么影响？

2. 由不同带电油滴测量出来的电子电量最后是否可以通过求平均值得到电子电量的测量值？

第二部分 应用与设计性实验

设计性实验是启发学生创新思维的一个重要手段。应用性实验是使学生掌握实践本领，将课堂教学与科技开发、工程应用紧密结合的教学模式。这两种教学手段或模式均有利于挖掘和培养学生的内在潜质，有利于激发学生个性发展，更有利于促使学生养成严肃认真、实事求是的科学作风，从而为培养高素质并具有创新意识的应用型人才奠定基础。

实验 1 RLC 串联电路谐振特性的研究

RLC 串联电路谐振时，既能在无线电接收设备（如收音机）中用来选择接收信号，又能用来获取高频高压（如回旋加速器），因此在电子技术中是一种非常重要的常用电路。本实验通过测试 RLC 串联电路的谐振曲线，从实践中认识 RLC 串联电路的谐振特性，以便用它为科研和生产服务。

【预习与思考题】

1. RLC 串联电路谐振时的特性是什么？
2. 为什么说 RLC 串联电路谐振时有选择接收信号的功能？
3. 试计算电路参数 C，R，f_1，f_2，f_L，f_C。

【实验目的】

1. 通过实验认识 RLC 串联电路的谐振特性。
2. 学会测量 RLC 串联电路谐振曲线的方法。
3. 了解 RLC 串联谐振电路的主要用途。

【实验仪器】

信号发生器、交直流电阻器、标准电感（0.1H）、十进位电容箱、mV 电压表（高频）、琴键开关盒。

【实验原理】

对于如图 1 所示的 RLC 串联电路，当外加交流电压（又称激励电压）$\dot{U}$ 的角频率为 ω 时，各元件上的复阻抗分别为

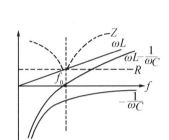

图 1 RLC 串联电路

$$\dot{Z}_R = R, \quad \dot{Z}_L = j\omega L, \quad \dot{Z}_C = \frac{1}{j\omega C}$$

则整个串联电路的总阻抗为

$$\dot{Z} = \dot{Z}_R + \dot{Z}_L + \dot{Z}_C = R + j\left(\omega L - \frac{1}{\omega C}\right)$$

$$= |Z| \angle \varphi \qquad (1)$$

(1)式中，$|Z|$ 为电路阻抗，即

$$|Z| = \sqrt{R^2 + \left(\omega L - \frac{1}{\omega C}\right)^2}$$

φ 为总电压超前电流的相位差角，$\varphi = \arctan\dfrac{\omega L - \dfrac{1}{\omega C}}{R}$

于是串联电路中的复电流 $\dot{I}$ 为

图 2 串联谐振回路中阻抗
随频率变化的曲线

$$\dot{I} = \frac{\dot{U}}{\dot{Z}} = \frac{\dot{U}}{R + j\left(\omega L - \frac{1}{\omega C}\right)} = I e^{j\varphi} \qquad (2)$$

上式中 I 为复电流的幅值，即

$$I = \frac{U}{Z} = \frac{|U|}{\sqrt{R^2 + \left(\omega L - \frac{1}{\omega C}\right)^2}} \qquad (3)$$

φ 为复电流的相角，当 $\dot{U}$ 的位相为 0 时，

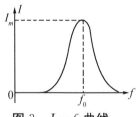

$$\varphi = \arctan\frac{\omega L - \dfrac{1}{\omega C}}{R} \qquad (4)$$

由式（1），（2），（3），（4）可见，Z，I 和 φ 均为 ω 的函数。它们随 ω 变化的情况分别如图 2，图 3，图 4 所示，ω 与 f 均表示同一物理量。

图 3 $I-f$ 曲线

当电流为极大时，表明回路处于谐振状态。由图 3 可知回路处于谐振状态时的频率为 f_0，称 f_0 为谐振频率。

由图 2 可见，当回路处于谐振状态时

$$Z(\omega_0) = R \qquad (5)$$

$$\omega_0 L - \frac{1}{\omega_0 C} = 0 \qquad (6)$$

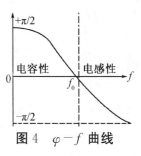

图 4　$\varphi - f$ 曲线

这说明当回路处于谐振状态时，总阻抗 $\dot{Z}$ 的电抗部分为零，总阻抗呈纯电阻并具有极小幅值 $Z(\omega_0) = R$，所以电流幅值 I 具有极大值 I_m，且相角为零（即与电压同相位）。

由（6）式可得 RLC 串联电路的谐振频率 f_0，即

$$f_0 = \frac{1}{2\pi \sqrt{LC}} \qquad (7)$$

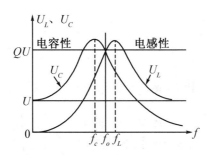

图 5　$U_L - f$，$U_C - f$ 曲线

f_0 又称该电路的固有振荡频率。当外加激励电压的频率 $f = f_0$ 时，该电路即进入振荡状态，这就是使 RLC 串联电路进入谐振状态的充分必要条件。

应用交流电路欧姆定律，RLC 串联电路各元件上的电压幅值为

$$U_R = RI = \frac{RU}{\left[R^2 + \left(\omega L - \frac{1}{\omega C} \right)^2 \right]^{1/2}} \qquad (8)$$

$$U_L = \omega L I = \frac{\omega L U}{\left[R^2 + \left(\omega L - \frac{1}{\omega C} \right)^2 \right]^{1/2}} \qquad (9)$$

$$U_C = \frac{1}{\omega C} I = \frac{U}{\omega C \cdot \left[R^2 + \left(\omega L - \frac{1}{\omega C} \right)^2 \right]^{1/2}} \qquad (10)$$

比较（3）式和（8）式可知，U_R 随 f 变化的曲线，其形状应与图 3 相似；U_L，U_C 随 f 变化的曲线如图 5 所示。谐振时有

$$U_R = U \qquad (11)$$

$$U_L = \frac{\omega_0 L}{R} U = QU \qquad (12)$$

$$U_C = \frac{I}{\omega_0 CR} U = QU \tag{13}$$

式中

$$Q = \frac{U_L}{U} = \frac{U_C}{U} = \frac{\omega_0 L}{R} = \frac{1}{\omega_0 CR} = \frac{1}{R}\sqrt{\frac{L}{C}} \tag{14}$$

Q 称为"品质因数",它只与电路本身元件 RLC 的参数有关。

以上结果如图 6 所示。谐振时,电阻 R 上的电压与外加电压相等,L 上的电压与 C 上的电压相等(相位差为 180°),且为激励电压的 Q 倍。对于一般实用的串联谐振电路,R 很小且常用 L 的电阻(即电感线圈导线内阻)代替。Q 值很高,从几十到上千,谐振时电感和电容上的电压很高。如回旋加速器的加速极就是这样一个电路,Q 值很高,就是用其谐振电压对粒子进行加速。

图 6　串联电路谐振时的矢量图

此外,值得提出的是,无论 U_L 还是 U_C,它们的极大值(比谐振时的略高)都不出现在谐振点,而是分别出现在图 5 中谐振点两侧附近的 f_L 和 f_C 处。f_L 和 f_C 的值可分别由(9)式和(10)式右边部分对 ω 的导函数为零求得

$$f_L = \frac{1}{2\pi}\sqrt{\frac{2}{2LC - R^2 C^2}} \tag{15}$$

$$f_C = \frac{1}{2\pi}\sqrt{\frac{1}{LC} - \frac{R^2}{2L^2}} \tag{16}$$

在 L,C 一定的情形下,R 越小,串联电路的 Q 值就越大,I、U_L 和 U_C 的谐振曲线越尖锐,如图 7 所示。通常规定与 $0.707 I_m$ 对应的两个频率 f_1 和 f_2 之差为通频带宽度(如图 8 所示)。根据这一定义,由(3)式可以求得

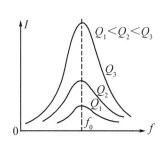

图 7　Q 与谐振曲线的关系

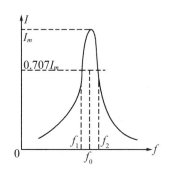

图 8　RLC 串联谐振电路的通频带宽度

$$f_1 = \frac{\sqrt{R^2 + 4L/C} - R}{4\pi L} \tag{17}$$

$$f_2 = \frac{\sqrt{R^2 + 4L/C} + R}{4\pi L} \tag{18}$$

$$\Delta f = f_2 - f_1 = \frac{R}{2\pi L} = \frac{f_0}{Q} \tag{19}$$

由此可见，Q 值越大，通频带 Δf 越小，谐振曲线越尖锐，电路的选择性越好。改写（19）式得

$$Q = \frac{f_0}{f_2 - f_1} \tag{20}$$

上式为测量振荡回路品质因数 Q 的实验依据。

归纳起来，RLC 串联电路谐振特性如下：

（1）回路电流最大，即 $I_0 = I_m$。

（2）电路阻抗最小，为纯电阻，即 $\begin{cases} Z_0 = R \\ \omega_0 L - \dfrac{1}{\omega_0 C} = 0 \end{cases}$

（3）电路中电感上的电压 U_L 与电容上的电压 U_C 相等（相位相差 $180°$），且是激励电压 U 的 Q 倍，即 $U_L = U_C = QU$。

（4）电路对激励电压具有选择性。

谐振频率：$f_0 = \dfrac{1}{2\pi\sqrt{LC}}$

通频带：$\Delta f = f_2 - f_1 = \dfrac{R}{2\pi L} = \dfrac{f_0}{Q}$

【实验内容与方法】

（一）实验内容

本实验的内容为：测量 $L = 0.1\text{H}$，谐振频率 $f_0 = 1000\text{Hz}$，品质因数 $Q = 2$ 的 RLC 串联电路的谐振曲线（$I-f$ 曲线和 U_L-f，U_C-f 曲线）。从实验中认识 RLC 串联电路的谐振特性。

（二）谐振曲线测试方法

1. 计算电路参数：C，R，f_1，f_2，f_L，f_C。

2. 按图 9 接线，校准高频 mV 表的机械零点后通电预热。

3. 置 $R = 314.2\,\Omega$，$C = 0.2533\,\mu\text{F}$。

4. 开启信号发生器电源，调整信号（正弦）频率和幅度，在保持各频率点的输出电压为 0.9V 的情况下，从 $f_0 = 1000\text{Hz}$ 开始测量出表 1 中各频率点

的 U_R，U_L，U_C。

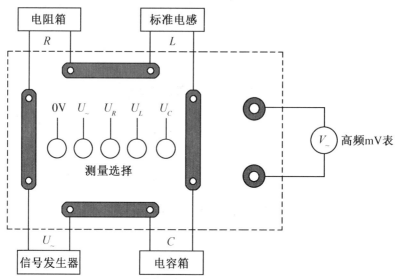

图 9　实验接线图（虚线范围内为装有琴键开关的接线盒）

【数据处理】

1. 按表 1 记录和处理数据。

表 1　测试 RLC 串联电路谐振曲线的数据记录及处理

f(Hz)		500	700	f_1	f_C	f_0	f_L	f_2	1500	2000
$Q=2$	U_L									
	U_C									
	U_R									
	I									

2. 用坐标纸按表 1 数据作出 $I-f$ 曲线和 U_L-f、U_C-f 曲线。

【总结与思考】

1. 总结出测量 RLC 串联电路谐振曲线的方法。
2. 对照图 1 说明 RLC 串联电路谐振时 U_L 和 U_C 高于激励电压的原因。
3. 在无线电接收设备中常用 RLC 串联谐振电路选择接收信号，但从不用电阻元件，请说明原因。

【参考文献】

[1] 张玉民，戚伯云. 电磁学 [M]. 合肥：中国科学技术大学出版社，2000.
[2] 朱世国. 大学基础物理实验 [M]. 成都：四川大学出版社，1991.

实验 2　霍尔效应应用实验

（一）前言

在用计算机进行监控的四遥（遥测、遥控、遥信、遥调）系统中，常常因为监控系统中的工控机与受控系统中的一些设备不能共地或者在一些受控设备中存在着噪声干扰等原因，必须在工控机与受控设备之间进行电隔离，才能保护工控机的安全和可靠的工作。在隔离中，当被监控的设备是直流开关电源及其负载（用电设备）时，所需要的隔离就不能是一般简单的隔离，而必须是高精度的静电（直流）隔离，其内容包括直流电压高精度的隔离传送和检测、直流电流高精度的隔离检测、监控量越限时准确的隔离报警。显然，要实现上述高精度的直流隔离，应用光电式传感器是不行的，因为开关电源释放的热量将引起环境温度的变化。而环境温度的变化将导致光电式传感器中光敏元件的光电流和暗电流的变化，因此，应用光电式传感器只能实现直流隔离，而无法达到高精度的直流隔离的目的。为了克服上述困难而选用了霍尔传感器，由于霍尔传感器应用了磁平衡原理和磁比例式原理，再加上霍尔元件良好的温度特性，因此它不仅具有传感精度高、线性度好，而且温度漂移小、输入与输出之间高度隔离的特性，所以能取得很好的效果，实现了直流电压高精度的隔离传输和检测、直流电流高精度的隔离检测、直流电压和直流电流越限时准确的隔离报警。

本实验介绍应用霍尔效应实现高精度静电（直流）隔离的实用知识和技术。

（二）霍尔效应的应用知识

1. 磁平衡原理。

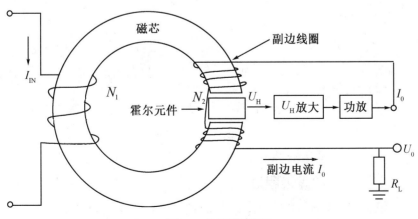

图 1　磁平衡原理

如图 1 所示，当原边电流 I_{IN} 在原边线圈 N_1 产生的磁通量与霍尔电压经放大后而形成的副边电流 I_0 通过副边线圈 N_2 所产生的磁通量平衡时，有 $I_{IN}N_1 = I_0N_2$，因此副边电流 I_0 将精确地反映出原边电流值 I_{IN}，这就是磁平衡原理。

2. 磁比例式原理。

如图 2 所示，被测电流 I_{IN} 所产生的磁场 B 与 I_{IN} 的大小成正比。根据霍尔效应原理，处在磁场 B 中并与 B 垂直的霍尔元件所产生的霍尔电压又与磁场 B 成正比，于是霍尔元件产生的霍尔电压与被测电流成比例，这就是磁比例式原理。

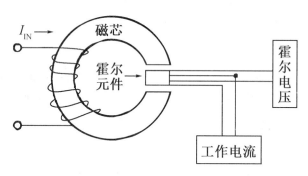

图 2   磁比例式原理图

3. 霍尔传感器的主要性能指标。

霍尔效应用于静电隔离的产品即为霍尔传感器，用于电压隔离传送和检测的产品称为霍尔电压传感器，用于电流隔离检测的产品称为霍尔电流传感器，用于电流和电压越限隔离报警的产品称为霍尔开关量传感器。因此，直流电压隔离传送实验板、直流电流隔离检测实验板、监控量越限隔离保护实验板均为传感器。衡量传感器基本性能的主要指标有很多，如：传感精度、线性度、重复性、温漂、稳定性等。在此只介绍最主要的，可用于学生实验的两个重要性能指标。

A. **传感精度**。精度，即表示测量结果与"真值"的靠近程度，一般用极限误差来表示，或者用极限误差与满量值之比按百分数给出。定义 ΔU_{max} 为霍尔传感器的电压传感精度，则有

$$\Delta U_{max} = \pm \frac{1}{2}(U_{oi\,max} - U_{oi\,min}) \tag{1}$$

B. **线性度**。线性度又称非线性，即表示传感器的输出与输入之间的关系曲线与选定的工作曲线的靠近程度。传感器的线性度用选定的工作直线与实际工作曲线之间最大的偏差与满量程输出之比表示。由于工作直线的作法不同，线性度的数值也就不同，通常采用端点线性度来表示。如图 3 所示，端点是指

与量程的上下限值对应的标定数据点。通常取零点作为端点直线的起点，满量程为终点，通过这两个端点的直线称为端点直线。根据这条直线确定的线性度称为端点线性度，用$+S$，$-S$表示。

$$+S = \frac{U_{oi\,max} - U_{on}}{U_M} \times 100\% \qquad (2)$$

$$-S = \frac{U_{oi\,min} - U_{on}}{U_M} \times 100\% \qquad (3)$$

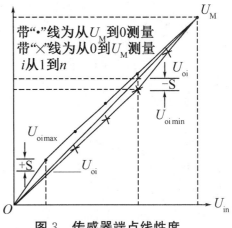

图3　传感器端点线性度

应用性实验（一）　直流电压高精度的隔离传送和检测

在隔离监控工作中，常常需要解决一个难题，那就是直流电压高精度的隔离传送和检测。

因为计算机对某些物理量（如直流稳压电源的电压和电流）的监控必须通过高精度的隔离传送一直流电压（基准电压）才能实现，同时计算机对一些精度很高的直流电压监控时必须实现对该电压高精度的隔离检测。实践证明，应用磁平衡原理研制的霍尔电压传感器可以成功地解决这个难题。

本实验将通过测量霍尔电压传感器隔离传送和检测直流电压的传感精度和线性度，从实验中学习直流电压高精度的隔离传送和检测的方法。

【预习与思考题】

1. 什么是磁平衡原理？
2. 传感精度的含义是什么？
3. 什么叫端点线性度？

【实验目的】

1. 懂得霍尔电压传感器的工作原理。
2. 学习应用磁平衡原理实现直流电压高精度隔离传送和检测的方法。
3. 测量出霍尔电压传感器隔离传送直流电压的传感精度和线性度。

【实验仪器】

霍尔效应应用技术综合实验仪，直流电压隔离传送实验板。

【实验原理】

直流电压高精度的隔离传送和检测原理为磁平衡原理。如图 4 所示，当被传电压 U_{IN} 通过 R 的电流 I_{IN} 在原边线圈 N_1 产生的磁通量与霍尔电压经放大而形成的副边电流 I_O 通过副边线圈 N_2 所产生的磁通量平衡时，有 $I_{IN}N_1 = I_O N_2$，因此副边电流 I_O 将精确地反映出原边电流 I_{IN}，I_O 在 W_2 上的电压降 U_O 将精确地反映出原边电压的电压值 U_{IN}。

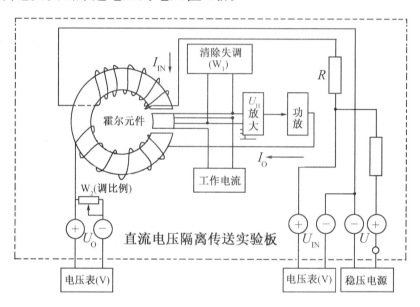

图 4 直流电压高精度的隔离传送实验电路

本实验所用仪器为霍尔效应应用技术综合实验仪和直流电压隔离传送实验板。霍尔效应应用技术综合实验仪在霍尔效应实验中已有介绍，不再重述。直流电压隔离传送实验板如图 5 所示，原理框图如图 4 所示。

图 5 直流电压隔离传送实验板

【实验内容】

1. 研究直流电压高精度的隔离传送和检测的方法。
2. 测量霍尔电压传感器隔离传送直流电压的传感精度和线性度。

【实验要求】

1. 测量出霍尔电压传感器隔离传送直流电压的精度和线性度。
2. 按表 1 的要求处理数据，并作出端点线性度曲线。
3. 总结出直流电压高精度的隔离传送和检测的方法。

【实验电路及方法】

（一）实验电路

直流电压高精度隔离传送和检测的实验电路如图 4 所示。

（二）实验方法

1. 仪表预置。测量选择：二号表、三号表掷电压端，一号表不用掷电流端。稳压源输出电压置于最小值，即左旋"电压调整"电位器到极限位置。

2. 按图 4 接线，把 6 条线接好。

3. 消除失调电压。合上电源开关，先调电压，使 $U_{IN} = 5.000V$，再调 W_2（调比例电位器）使 $U_O = U_{IN}$，试运行 5min 后断开带"0"线。调 W_1（调零电位器）使 U_O 为 0.000V。

4. 调比例，校量程。比例 $M = U_O : U_{IN} = U_{Omax} : U_{INmax}$

在本实验中取 $M = 1 : 1$，因此校量程即为当 $U_{IN} = U_{INmax}$时，调整 W_2（调比例电位器）使 $U_{Omax} = U_{INmax}$。其中：U_{Omax} 为量程，取 $U_{Omax} = 5.000V$。

方法：接好带"0"线，调"电压调整"使 $U_{IN} = U_{INmax}$，再调 W_2 使 $U_O = U_{INmax}$。

5. 断开带"0"线，再次消除失调电压，然后接好带"0"线，再次校量程。

6. 调"电压调整"使 U_{IN} 读数先从大到小，再从小到大分别为表 1 中给定的 U_{IN} 值，从 U_O 测量表上读出与之对应的 U_O 值。

【数据处理】

实验数据处理如表 1 所示。

表 1 霍尔电压传感器隔离传送直流电压的精度和线性度测试

U_{IN}(V)	1.000	2.000	3.000	4.000	5.000
$\overleftarrow{U_O}$ (V)					
$\overrightarrow{U_O}$ (V)					
ΔU_{max} (V)	$+\Delta U_{max}=$		,	$-\Delta U_{max}=$	
S	+S				
	−S				

【总结与思考】

1. 总结出直流电压高精度的隔离传送和检测的方法。
2. 在霍尔电压传感器中为什么要消除失调电压？

【参考文献】

[1] 瞿华富. 基于霍尔效应的可调式直流电压传感器的研制 [J]. 四川大学学报（自然科学版），2006（6）：1300−1304.

[2] 袁希光. 传感器技术手册 [M]. 北京：国防工业出版社，1992.

应用性实验（二）　直流电流越限时准确的隔离报警

在隔离监控中，受控物理量（又称监控量）越限时准确的隔离报警尤为重要，因为监控量越限时已经涉及设备的安全，只有做到当监控量越限时准确的隔离报警才能保护设备的安全。实践证明，应用磁比例式原理研制的霍尔开关量传感器可以成功地解决这一难题。

本实验通过测量霍尔开关量传感器在直流电流越限时隔离报警的准确性，学习直流电流越限时准确的隔离报警方法。

【预习与思考题】

1. 什么是磁比例式原理？
2. 直流电流越限时准确的隔离报警有何应用？

【实验目的】

1. 懂得磁比例式原理。
2. 学习应用磁比例式原理实现直流电流越限时准确的隔离报警的方法。

3. 测量出霍尔开关量传感器在直流电流越限时隔离报警的准确性。

【实验原理】

直流电流越限时准确隔离报警的原理为磁比例式原理，如图 6 所示。根据霍尔效应原理，霍尔元件输出的电压 U_H 与被检测的电流 I_{IN} 成正比，当 U_H 大于越限设置电压时，"A"即输出高电平（开关量）将报警信号灯点亮。由于直流电流及其他监控量越限时均输出高电平（开关量），因此常称此类霍尔传感器为霍尔开关量传感器。

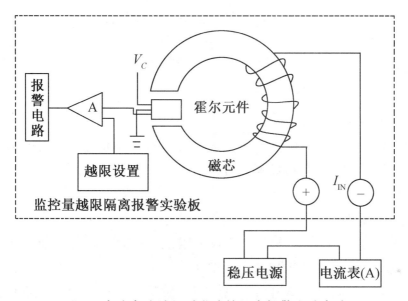

图 6　直流电流越限时准确的隔离报警实验电路

本实验所用仪器为霍尔效应应用技术综合实验仪和监控量越限隔离报警实验板。霍尔效应应用技术综合实验仪在霍尔效应实验中已经介绍，不再重述。监控量越限隔离报警实验板如图 7 所示，原理框图如图 6 所示。

图 7　监控量越限隔离报警实验板

【实验内容】

1. 研究直流电流越限时准确隔离报警的方法。
2. 测量霍尔开关量传感器隔离报警的准确性（精度）。

【实验要求】

1. 测量出霍尔开关量传感器在直流电流越限时隔离报警的准确性。
2. 按表 2 的要求处理数据。
3. 总结出直流电流越限时准确的隔离报警的方法。

【实验电路及方法】

1. 实验电路。实验电路如图 6 所示。
2. 实验方法：

（1）仪表预置。测量选择：三只表全掷电流端。稳压电源输出置最小，即左旋"电压调整"电位器到极限位置。

（2）按图 6 接线。

（3）校准及测量。

a. 先调"电压调整"，使 I_{xIN} 为表 2 中某一给定值，再调越限设置，使报警显示灯刚亮为止，记录此时的电流值 I_x（A）。

b. 调"电压调整"，减小 I_{IN} 使灯熄，然后再增加 I_{IN}，在灯刚亮时读出 I_{IN} 的值。

【数据处理】

实验数据处理如表 2 所示。

表 2　霍尔开关量传感器在直流电流越限时隔离报警的准确性测量

校准	I_{xIN}（A）	0.100	0.150	0.200	0.250
	I_x（A）				
I_{IN}（A）					
ΔI_{max}（A）					

【总结与思考】

1. 总结出霍尔开关量传感器在直流电流越限时能准确的隔离报警的方法。

2. 霍尔开关量传感器除了对直流电流越限时能准确地隔离报警外，还能在哪些监控量越限时能准确地隔离报警？

【参考文献】

袁希光. 传感器技术手册 [M]. 北京：国防工业出版社，1992.

实验 3　霍尔效应设计性实验

设计性实验（一）　直流电流高精度的隔离检测

【实验目的】

平时常见的对直流电流的测量是直接测量。这种测量很简单，只需把直流电流表串接在被测电路中就能测量出流过该电路的电流。然而在自动化和信息技术中，特别是在用计算机进行监控的"四遥"系统中，常常因为必须在检测及监控系统与被检测和被监控的设备之间进行隔离，于是要检测直流电流就不得不进行隔离检测，并且这种隔离检测还必须是高精度的。因为只有这样才能实现对直流电源及用电设备工作电流的监控，使它们安全可靠地运行。

本实验的目的就是通过测量霍尔电流传感器隔离检测直流电流的精度和线性度，学习对直流电流进行高精度的隔离检测的方法。

【实验内容及要求】

1. 设计出用霍尔电流传感器（如图 2 所示）隔离检测直流电流的实验电路。

2. 结合实验电路拟定出实验方法。

3. 测量出霍尔电流传感器隔离检测直流电流的检测精度和线性度，并作出端点线性度曲线。

4. 总结出对直流电流进行高精度的隔离检测的方法。

【实验前应了解的问题】

1. 分流器的主要用途是什么？
2. 分流器上的电压降与被测电流有何种关系？
3. 磁平衡原理的内容是什么？
4. 在磁平衡电路中 I_O 和 I_{IN} 具有何种关系？
5. 怎样实现 $I_O = I_{IN}$？
6. 检测精度（传感精度）的定义是什么？
7. 端点线性度的定义是什么？

【可提供的主要器材】

1. 霍尔效应应用技术综合实验仪。

2. 直流电流隔离检测实验板（霍尔电流传感器），该实验板如图 1 所示，原理框图如图 2 所示。

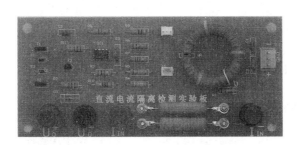

图 1 直流电流隔离检测实验板

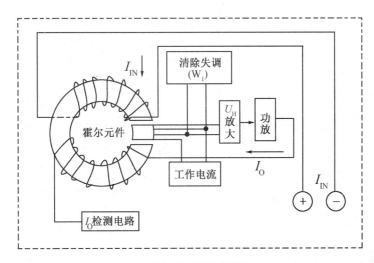

图 2 霍尔电流传感器框图

【实验报告要求】

1. 阐明实验的目的和意义。

2. 简要介绍本实验涉及的基本原理。

3. 写出设计实验电路的思路、过程和结果。

4. 写出拟定实验方法的思路、过程和结果。

5. 全过程的数据记录和处理，作出霍尔电流传感器的端点线性度曲线。

6. 记录全过程中遇到的问题及解决方法，特别是有体会有创新的内容。

7. 根据实验结果自评实验效果，再根据实验效果写出改进意见。

8. 总结出对直流电流进行高精度的隔离检测方法。

9. 本实验的用途。

【参考文献】

［1］有关电表改装方面的资料.

［2］霍尔效应的应用性实验一，直流电压高精度的隔离传送和检测.

［3］瞿华富. 基于霍尔效应的可调式直流电压传感器的研制［J］. 四川大学学报（自然科学版），2006（6）：1300－1304.

［4］袁希光. 传感器技术手册［M］. 北京：国防工业出版社，1992.

设计性实验（二） 直流电压越限时准确的隔离报警

【实验目的】

在直流稳压电源中，我们常见的过压保护（告警或断电）属于负载（用电设备）能与电源共地的一类。对于这类情况，只需用一个比较电路便可达到过压保护的目的，然而在用计算机进行监控的自动化和信息化技术中，常常因为计算机等设备不能与电源共地而必须隔离，于是计算机的报警就只能是隔离报警，并且还必须做到当直流电压越限时能准确地隔离报警，才能保护用电设备的安全。

本实验通过用自己设计的实验电路和方法测量出监控量越限隔离报警实验板（霍尔开关量传感器）在直流电压越限时隔离报警的准确性，学习对直流电压越限时能够准确地隔离报警的方法。

【实验内容及要求】

1. 设计出用监控量越限隔离报警实验板（如图 3 所示）在直流电压越限时隔离报警的实验电路。

2. 结合实验电路拟定出实验方法。

3. 测量出监控量越限隔离报警实验板在直流电压越限时隔离报警的准确性（精度）。

4. 总结出在直流电压越限时准确的隔离报警的方法。

【实验前应了解的问题】

1. 磁比例式原理。

2. 越限设置电压与霍尔电压有何关系？

3. 比较电路的工作原理。

4. 比较电路的基准电压（越限设置电压）与越限电压有何关系？

【可提供的主要器材】

1. HYS-1型霍尔效应应用技术综合实验仪。

2. 监控量越限隔离报警实验板（又名霍尔开关量传感器），该实验板如图3所示，原理框图如图4所示。

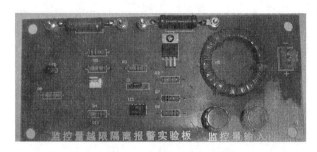

图3 监控量越限隔离报警实验板

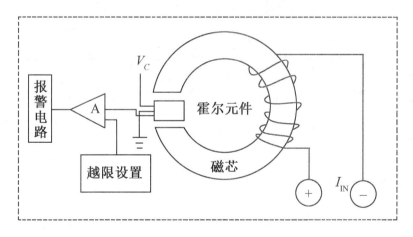

图4 霍尔开关量传感器框图

【实验报告要求】

1. 阐明实验的目的和意义。

2. 简要介绍本实验涉及的基本原理。

3. 写出设计实验电路的思路、过程和结果。

4. 写出拟定实验方法的思路、过程和结果。

5. 全过程的数据记录和处理。

6. 记录全过程中遇到的问题及解决方法，特别是有体会有创新的内容。

7. 根据实验结果自评实验效果，再根据实验效果写出改进意见。

8. 总结出当直流电压越限时准确的隔离报警的方法。

9. 本实验的用途。

【参考文献】

［1］比较电路的原理及设计.

［2］磁比例式原理.

［3］基于霍尔效应的应用性实验二，直流电流越限时准确的隔离报警.

［4］袁希光. 传感器技术手册［M］. 北京：国防工业出版社，1992.

实验 4　温度传感器的设计

电信号是最容易传输和处理的信号。在用计算机进行监控（检测、控制）的系统中，计算机对每一个物理量的监控都是通过电信号实现的。然而在这些物理量中并不是每一个都能直接产生电信号，如力、压力、位移、加速度、温度、扭矩等，而计算机又只能监控电信号。因此，要实现计算机对那些非电量物理量的监控，就必须采用一种感应转换器，把感受到的非电信号转化为电信号。所谓传感器就是能够感受某种非电信号，并能将此信号转换成电信号的器件或装置。温度传感器就是能感受温度，并能把感受到的温度信号转化为电信号的装置。

【预习与思考题】

1. 非平衡电桥的测量原理是什么？
2. 温度传感器是怎样把温度信号转换为电信号的？

【实验目的】

1. 掌握非平衡电桥的测量原理。
2. 测量负温度系数热敏电阻的电阻—温度特性，并求出材料常数。
3. 学习建立和测量温度传感器的电压—温度特性的基本方法。
4. 培养针对温度传感器的实验研究能力。

【实验仪器】

温度传感实验仪、磁力搅拌电热器、电阻箱、数字万用表、水银温度计（0～100℃）、烧杯、变压器油。

【实验原理】

（一）结构及测量原理

1. TS—B3 型温度传感器的结构。

图 1 为 TS—B3 型温度传感器原理图。R_1，R_2，R_3 三个电阻是阻值不随温度变化的固定电阻，组成电桥的三个臂。R_t 为负温度系数的热敏电阻，其阻值随温度的升高而减小，用来感受温度的变化。R_t 和 R_1，R_2，R_3 一起组

成一直流单臂电桥。A_0 为运算放大器，用来放大 ΔV_0，其接法为差分式。由图 1 的结构可见，TS－B3 型温度传感器为一单臂非平衡电桥。

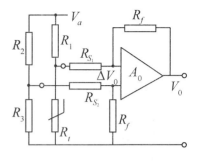

2. 测量原理。

当 $R_1 = R_2 = R_3 = R_t$ 时，电桥平衡，$\Delta V_0 = 0$，于是 $V_0 = 0$。

图 1　TS－B3 型温度传感器原理图

当 R_t 随环境温度变化时，V_0 将随 R_t 变化。V_0 随 R_t 变化的关系称为温度传感器的电压—温度特性。测量 TS－B3 型温度传感器的电压—温度特性是本实验的重点，定量分析如下：

图 2 为图 1 的等效电路，图 2 中

$$R_{G1} = \frac{R_1 \cdot R_t}{R_1 + R_t}, \quad E_{S1} = \frac{R_t}{R_1 + R_t} V_a$$

$$R_{G2} = \frac{R_2 \cdot R_3}{R_2 + R_3}, \quad E_{S2} = \frac{R_3}{R_2 + R_3} V_a$$

从 R_{G1}，E_{S_1}，R_{G2}，E_{S2} 的表达式可见，R_{G1} 和 E_{S1} 与温度有关，R_{G2} 和 E_{S2} 与温度无关。

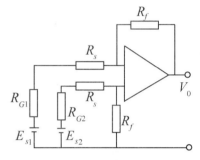

图 2　图 1 的等效电路

根据电路理论中的叠加原理，差分放大器输出电压 V_0 可表示为

$$V_0 = V_{0-} + V_{0+} \tag{1}$$

其中，V_{0-} 和 V_{0+} 分别为图 2 所示电路中 E_{S1} 和 E_{S2} 单独作用时对差分放大器输出电压的贡献，由运算放大器的理论知

$$V_{0-} = -\frac{R_f}{R_S + R_{G1}} E_{S1}, \quad V_{0+} = \left[\frac{R_f}{R_S + R_{G1}} + 1\right] V_{i+} \tag{2}$$

此处的 V_{i+} 为 E_{G2} 单独作用时运放电路同相输入端的对地电压。由于运放电路同相输入端输入阻抗很大，故

$$V_{i+} = E_{S2} \cdot R_f / (R_S + R_{G2} + R_f) \tag{3}$$

把以上结果代入（1）式，整理得

$$V_0 = \frac{R_f}{R_{G1} + R_S} \left[\frac{R_{G1} + R_S + R_f}{R_{G2} + R_S + R_f} E_{S2} - E_{S1}\right] \tag{4}$$

由于（4）式中 R_{G1} 和 E_{S1} 与温度有关，所以该式就是温度传感器的电压—温度特性的数学表达式，只要电路参数和热敏元件 R_t 的电阻—温度特性已知，（4）式所表达的输出电压 V_0 与温度 t 的函数关系就完全确定。

电路结构如图 1 所示的温度传感器在计算机温度自动检测系统中应用十分

广泛。只要把温度传感器电压—温度特性经离散化、数字化后的数据存放在计算机内，采用模数转换和线性插值技术处理，即可实现计算机温度自动检测。

（二）负温度系数热敏电阻的电阻—温度特性

具有负温度系数的热敏电阻大多数是由一些过渡金属氧化物（主要有 Mn，Co，Ni，Fe 等氧化物）在一定的烧结条件下形成的半导体金属氧化物作为基本材料制作而成。它们具有 P 型半导体的特性，随着温度升高载流子迁移率增加，半导体的电阻率下降。根据理论分析，对于这类热敏电阻的电阻—温度特性的数学表达式通常可以表示为

$$R_t = R_{t_0} \cdot e^{Bn\left(\frac{1}{273+t} - \frac{1}{273+t_0}\right)} \tag{5}$$

其中，t_0 为温度检测起点，本实验中所用热敏电阻的 t_0 为 $30℃$；R_{t_0} 为热敏电阻 $30℃$ 时的实验值；B_n 为材料常数，即

$$B_n = \frac{(273+t)(273+t_0)}{t-t_0} \ln \frac{Rt_0}{Rt} \tag{6}$$

【实验内容与方法】

（一）热敏电阻电阻值—温度特性的测量

按表 1 做升温时的 $R_{t_{实}} - T$ 测量，要做到缓慢加热，搅拌均匀，准确读数（尤其是温度）。整个过程中热敏电阻和温度计不能与烧杯壁接触。

（二）传感器电路参数的确定

衡量传感器基本性能最重要的指标有两个：一个是传感精度，另一个是线性度。因此，选择电路参数的出发点是传感精度要高、线性度要好。

从温度传感器的电压—温度特性的数学表达式（4）式可以看出，其函数关系却是非线性的，因此必须对传感器的电压—温度特性做线性化处理。方法就是适当选择电路参数，使（4）式在测温的起点、中点和终点的三个测量点的值 V_{01}，V_{02} 和 V_{03} 是一条直线上的三点（该直线是通过 $V-T$ 直角坐标原点的直线），即要求：

$$V_{01} = 0, \quad V_{02} = V_{03}/2, \quad V_{03} = V_{0max} \tag{7}$$

在图 1 所示的传感器电路中需要确定的参数有 7 个，即 R_1，R_2，R_3，R_f 和 R_s 的阻值、电桥的电源电压 V_a 和传感器的最大输出电压 V_{Omax}。这些参数的选择和计算可按以下原则进行：

（1）当温度为 t_1（$30℃$）时，电路参数应使得 $V_o = 0$。这时电桥应工作在平衡状态，差分放大电路参数应处于对称状态，即要求 $R_1 = R_2 = R_3 = R_{t1}$。

（2）为了尽量减小热敏电阻因发热对测量结果的影响，V_a 的取值应以流

过 R_t 中的电流不超过 1mA 为准，于是取 $V_a = 3.0$V。

（3）传感器最大输出电压 V_{Omax} 的值应与温度传感器连接的仪表相匹配。若温度传感器的输出是与计算机数据采集系统连接，V_{Omax} 应根据以下关系确定：

$$V_{Omax} = (t_3 - t_1) \times 50\text{mV/℃}$$

当温测范围为 30℃～70℃时，$V_{Omax} = 2000$mV。

（4）R_S 和 R_f 的确定。由于 R_S 和 R_f 很难用解析方法求出，因此必须采用数值计算技术，其程序已存入计算机中，详情请见附录 1。

（三）温度传感器的组装

将已经确定的电路参数按图 1 组装温度传感器，其方法如下：

1. 将温度传感实验仪面板上所有开关断开。
2. 调节电位器 R_{S1}、R_{S2}，使 $R_{S1} = R_{S2} = R_S$（计算值）。
3. 调节电位器 R_{f1}、R_{f2}，使 $R_{f1} = R_{f2} = R_f$（计算值）。
4. 调节电位器 R_1、R_2 和 R_3，使 $R_1 = R_2 = R_3 = R_{t0}$。
5. 接好图 1 中带"O"的两条线和 V_O 到数字表头的连线。

（四）温度传感器的零点调节和量程校准

1. 校零。所谓校零，就是当温度传感器在四个臂 R_1、R_2、R_3 和 R_{t0} 相等（即平衡状态）时，校准输出电压 $V_O = 0.000$V。方法如下：

（1）合电源开关，调节 Va 电位器，使 $Va = 3.000$V（设计值）。

（2）用 ZX21 型电阻箱代替热敏电阻 R_t，置 $R_t = R_{t0}$ 并接入桥路，观看传感器的输出电压 V_O 是否为 0（即数字表头读数为 0.000V），若为 0 即为校准；若不为 0，但相差在 ±3mV 范围内也可以，在此种情形下需微调 R_3 使 V_O 为 0 后即为校准，若相差超过 ±3mV，则应查出原因后再校零。

2. 校量程。所谓校量程，就是当温度 t 由起点 t_0 变化到终点 t_3（即 $R_t = R_{t3}$）时，校准输出电源 $V_O = V_{Omax} = 2.000$V（设计值）。方法如下：

完成校零后，将替代热敏电阻的电阻箱 $Z \times 21$ 的阻值调至 R_{t3}（即热敏电阻在终点 t_3 的阻值），看 V_O 是否为 V_{Omax}（2.000V），若是即为校准；若 V_O 不为 V_{Omax}，但相差在 ±0.1V 范围内，则调微调 Va，使 $V_O = V_{Omax}$，即为校准。若相差超过 ±0.1V，则应查出原因后再校准。

（五）传感器电压—温度特性的测量

按表 3 测量传感器的电压—温度特性，要做到缓慢加热（或降温），搅拌均匀，准确读数。整个过程中热敏电阻和温度计不能与烧杯壁接触。

【数据处理与要求】

1. 热敏电阻的阻值—温度特性测量。

（1） $R_{t实}-T$ 测试数据记录内容如表 1 所示。

表 1　$R_{t \cdot \exp}-T$ 测试数据

温度（℃）	30.0	35.0	40.0	45.0	50.0	55.0	60.0	65.0	70.0
$R_{t实}$（kΩ）									

（2） 按（6）式计算 B_{ni}，并算出 $\overline{B}_n$。

$$\overline{B}_n = \frac{1}{9} \sum_{i=1}^{9} B_{ni}$$

（3） 用（5）式按表 2 的要求处理热敏电阻的 R_t-T 特性，并记入表 2。

表 2　R_t-T 特性测量数据

温度（℃）	30	35	40	45	50	55	60	65	70
R_t（kΩ）	$R_{30实}$								

2. 传感器的电压—温度特性测量。

传感器的 $V-T$ 特性测量数据见表 3。

表 3　传感器的 $V-T$ 特性测量数据

温度（℃）	30.0	35.0	40.0	45.0	50.0	55.0	60.0	65.0	70.0
电压（V）									

3. 用坐标纸在同一直角坐标系中分别按表 1 和表 2 的实验数据作出 $R_{t实}-T$ 曲线和 R_t-T 曲线。

4. 用坐标纸在直角坐标系中按表 3 的实验数据作出温度传感器 $V-T$ 特性曲线。

【总结与思考】

1. 总结出将温度信号转化为电信号的方法。
2. 设想另一种将温度信号转化为电信号的方法。

附录 1　R_S 和 R_f 的确定方法与数值计算技术

（一）R_s 和 R_f 的确定方法

R_S 和 R_f 的值可根据（4）式和（6）式所表示的线性化条件的后两个关

系式确定，即

$$V_{03} = V_3 = \frac{R_f}{R_{G13}+R_S}\left[\frac{R_{G13}+R_S+R_f}{R_{G2}+R_S+R_f}E_{S2}-E_{S13}\right] \qquad (8)$$

$$V_{02} = \frac{V_3}{2} = \frac{R_f}{R_{G12}+R_S}\left[\frac{R_{G12}+R_S+R_f}{R_{G2}+R_S+R_f}E_{S2}-E_{S12}\right] \qquad (9)$$

其中，R_{G1i}，E_{S1i}（$i=1$，2，3）是热敏电阻 R_t 所处环境温度为 t_i 时按 R_{G1} 和 E_{S1} 的数学表达式计算所得的 R_{G1} 和 E_{S1} 值。当电桥各桥臂阻值、电源电压 V_a 和热敏电阻的电阻－温度特性以及传感器最大输出电压 V_{max} 已知后，在（8）（9）两式中除 R_S、R_f 外其余各量均具有确定的数值，这样只要联立求解（8）（9）两式就可求出 R_S 和 R_f 的值。然而（8）（9）两式是以 R_S 和 R_f 为未知数的二元二次方程组，其解很难用解析的方法求出，必须采用数值计算技术。

（二）R_s 和 R_f 的数值计算技术

如前所述，方程（8）和（9）是以 R_S 和 R_f 为未知数的二元二次方程组，每个方程式在（R_S，R_f）直角坐标系中对应着一条二次曲线，两条二次曲线交点的坐标值即为这个联立方程组的解（如附图 1 所示），这个解可以利用迭代法求得。由于在 $R_S=0$ 处与（9）式对应的曲线对 R_f 轴的截距较（8）式对应的曲线的截距大（由数值计算结果可以证明），因此为了使迭代运算收敛，首先令 $R_S=0$ 代入（9）式，由（9）式求出一个 R_f 的值，然后把该 R_f 值代入（8）式，并由（8）式求出一个新的 R_S 值，再代入（9）式……如此反复迭代，直到在一定的精度范围内可以认为相邻两次算出的 R_S 和 R_f 值相等为止。

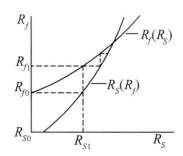

附图 1　确定 R_s 和 R_f 的数值计算技术

附录 2　选择和计算电路参数

根据由材料常数 B_n 的实验值按（5）式算得的热敏电阻的电阻－温度特

性（见表 2）和测温范围（30℃～70℃），按前面所述的原则确定 R_1，R_2，R_3，V_a 和 V_3，将 R_s 与 R_f 的关系用以下标准形式表示，即

$$AR_s^2 + BR_s + C = 0 \quad (A，B，C 中含 R_f) \tag{10}$$

其中 $A = V_3$

$B = V_3 \cdot (R_{G2} + R_{G1}(t_3) + R_f) + R_f \cdot [E_{S1}(t_3) - E_{S2}]$

$C = V_3 \cdot R_{G1}(t_3) \cdot (R_{G2} + R_f) + R_f \cdot [(R_f + R_{G2}) \cdot E_{S1}(t_3)] -$

$[R_{G1}(t_3) + R_f] \cdot E_{S2}$

$$A'R_f^2 + B'R_f + C' = 0 \quad (A',B',C' 中含 R_S) \tag{11}$$

其中 $A' = E_{S2} - E_{S1}(t_2)$

$B' = (E_{S2} - V_3/2) \cdot [R_{G1}(t_2) + R_S] - E_{S1}(t_2) \cdot (R_{G2} + R_S)$

$C' = -0.5 \cdot V_3 \cdot [R_{G1}(t_2) + R_S] \cdot (R_{G2} + R_S)$

再加上用迭代法计算电路参数 R_s 和 R_f，传感器电路所有参数均已确定。把这些参数代入（4）式，就可算出以上测温范围的温度传感器的电压—温度特性的理论值（随温度传感技术实验仪配有具有以上计算功能的程序软件）。

实验 5　音频信号光纤传输技术

光纤是光导纤维的简称。光纤通信是以光波为载频，以光导纤维为传输媒质的一种通信方式，是人类通信史上的一个重大突破。现今的光纤通信已成为信息社会的神经系统，主要优点是：频带很宽，传输容量很大；损耗小，中继距离长；抗干扰强，保密性好；耐高温、高压、抗腐蚀，不受潮，工作十分可靠；光纤材料来源丰富，可节省大量有色金属（如铜、铝）；直径小、重量轻、可绕性好，便于安装和使用。由于光纤的上述特点，从 20 世纪 70 年代始，光纤通信由起步到逐步成熟，各种速率的光纤通信系统如雨后春笋般的在世界各地建立起来，并很快替代了电缆通信，成为电信网中重要的传输手段。

光纤通信使用的波长在近红外区，即波长 800nm～1800nm，可分为短波长波段（850nm）和长波长波段（1310nm 和 1550nm），这是目前所采用的三个通信窗口。本实验采用的是短波长波段。

【预习与思考题】

1. 发光二极管 LED 的工作原理是什么？
2. 光电二极管 SPD 的工作原理是什么？
3. 光纤的传光原理是什么？
4. 音频光纤传输系统是怎样传输音频信号的？

【实验目的】

1. 熟悉半导体电光/光电器件的基本性能。
2. 了解音频信号光纤传输系统的结构。
3. 掌握半导体电光/光电器件在模拟信号光纤传输系统中的应用技术。
4. 训练音频信号光纤传输系统的调试技术。

【实验仪器】

光纤传输实验仪、信号发生器、示波器、数字万用表。

【实验原理】

（一）系统的组成及工作原理

1. 系统的组成。

图 1 为音频信号的光强调制光纤传输系统原理图，图 2 为该系统的框图。它是由 LED 及其调制、驱动电路组成的光信号发送器、传输光纤和由光电转换、I−V 变换及功放电路组成的光信号接收器三个部分组成的。光源器件 LED 的发光中心波长必须在传输光纤呈现低损耗的 $0.85\mu m$，$1.3\mu m$ 或 $1.5\mu m$ 附近，本实验采用中心波长 $0.85\mu m$ 附近的 GaAs 半导体发光二极管作光源，峰值响应波长为 $0.8\mu m \sim 0.9\mu m$ 的硅光二极管（SPD）作光电检测元件。为了避免或减少谐波失真，要求整个传输系统的频带宽度能够覆盖被传信号的频谱范围，对于语音信号，其频谱在 $300Hz \sim 3400Hz$ 的范围内。由于光导纤维对光信号具有很宽的频带，故在音频范围内，整个系统的频带宽度主要决定于发送端调制放大电路和接收端功放电路的幅频特性。

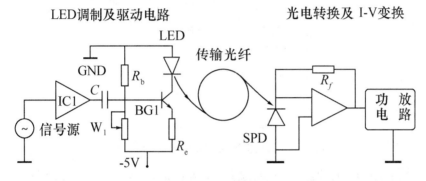

图 1 音频信号光纤传输实验系统原理图

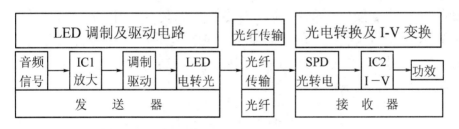

图 2 音频信号光纤传输系统框图

2. 工作原理。

调节图 1 所示电路中的 W_1 可使 LED 的偏置电流在 $0 \sim 20mA$ 的范围内变化。被传音频信号由 IC1 做成的音频放大电路放大后经电容器 C 耦合到 BG1 的基极，对 LED 的工作电流进行调制，从而使 LED 发送出的光强成为随音频信号变化的光信号，并经光导纤维把这一信号传至接收端。在接收端，光信号经 SPD 光电转换、I−V 变换和功率放大后复原成音频电信号。

（二）光导纤维的结构及传光原理

详细内容请见附录 1，其中知识点有：

1. 光导纤维的结构

光纤按其模式性质通常可以分成两大类，即单模光纤和多模光纤。无论单模或多模光纤，其结构均由纤芯和包层两部分组成，并且纤芯的折射率较包层的折射率大。按其折射率沿光纤截面的径向分布状况又可以分成阶跃型和渐变型两种光纤。对于阶跃型光纤，在纤芯和包层中折射率均为常数，但纤芯折射率 n_1 略大于包层折射率 n_2，所以，可用几何光学的全反射理论解释阶跃型多模光纤的导光原理。

本实验采用阶跃型多模光纤作为信通，下面应用几何光学理论进一步说明这种光纤的传光原理。阶跃型多模光纤的结构如图 3 所示，它由纤芯和包层两部分组成，纤芯的半径为 a，折射率为 n_1；包层的外径为 b，折射率为 n_2，且 $n_1 > n_2$。

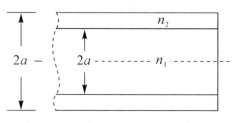

图 3　阶跃型多模光纤的结构示意图

2. 光纤的传光原理。当一光束投射到光纤端面时，进入光纤内部的光射线（子午射线）在光纤内部的行径是一条与光纤轴线相交、呈 "Z" 字形前进的平面折线，并且按子午射线的方式传播（见附录 1 中图 1）。根据 smell 定律，只要入射光的入射角 θ 较小，就能使它在光纤内部折射后投射到芯子—包层界面处的入射角，当 α 大于或等于由芯子和包层材料的折射率 n_1 和 n_2 按下式决定的临结角 α_c，即

$$\alpha_c = \arcsin\left(\frac{n_2}{n_1}\right)$$

在此情况下光射线在芯子—包层界面处发生全内反射。该射线所携带的光能就被局限在纤芯内部而不外溢，满足这一条件的射线称为传导射线。

（三）半导体发光二极管的结构、工作原理和基本特性

这部分的详细内容请见附录 2，其中知识点有：

1. 发光二极管的结构。

本实验采用 LED 作光源器件。光纤传输系统中常用的半导体发光二极管是一个如图 4 所示的 N—P—P 三层结构的半导体器件，中间层通常是由 GaAs（砷化镓）P 型半导体材料组成，称有源 S 层。其带隙宽度较窄，两侧分别由 GaAlAs 的 N 型和 P 型半导体材料组成，与有源层相比，它们都具有较宽的带

隙。

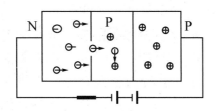

图 4　半导体发光二极管及工作原理

2. 发光原理。

当给上述结构加上正向偏压时，就能使 N 层向有源层注入电子，这些电子一旦进入有源层后，因受到右边 P−P 结的阻挡作用不能再进入右侧的 P 层，它们只能被限制在有源层与空穴复合，从而使得电子在有源层与空穴复合的过程中，有不少电子将释放出能量满足下式关系的光子，实现电光转换，即

$$h\nu = E_1 - E_2 = E_g$$

其中，h 为普朗克常数，ν 为光波的频率，E_1 是有源层内电子的能量，E_2 是电子与空穴复合后处于价键束缚状态时的能量。

（四）半导体光电二极管的结构、工作原理和基本特性

这部分的详细内容请见附录 3，其中知识点有以下两方面。

1. 光电二极管的结构。

半导体光电二极管与普通的半导体二极管一样，都有一个 P−N 结，但光电二极管在外形结构方面有其自身特点，主要表现在光电二极管的管壳上有一个能让光射入其光敏区的窗口。此外与普通二极管不同的是，它经常工作在反向偏置电压状态［如图 5（a）所示］或无偏压状态［如图 5（b）所示］。

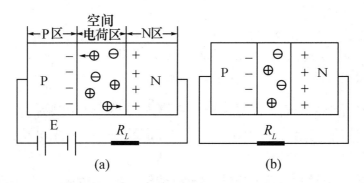

图 5　光电二极管的结构及工作方式

在反偏电压下，P−N 结的空间电荷区的势垒增高，宽度加大，结电阻增加，结电容减小，所有这些均有利于提高光电二极管的高频响应性能。无光照

时，反向偏置的 P－N 结只有很小的反向漏电流，称为暗电流。

2. 光生电原理。

当光子能量大于 P－N 结半导体材料的带隙宽度 E_g 的光波，照射到光电二极管的管芯时，P－N 结各区域中的价电子吸收光能后将挣脱价键的束缚而成为自由电子，与此同时即产生自由空穴，这些由光照产生的自由电子－空穴对统称为光生载流子。在空间电荷区的光生载流子，因为空间电荷区内电场很强，在此强电场作用下，光生自由电子－空穴对将以很高的速度分别向 N 区和 P 区运动，并很快越过这些区域到达电极，沿外电路闭合形成光电流，实现光电转换。

【实验内容与方法】

本实验采用四川大学物理学院研制的 YOF－C 型音频信号光纤传输技术实验仪进行实验。

（一）LED 伏安特性和电光特性的测量

1. 测量原理图。

测量原理图如图 6 和图 6 所示。

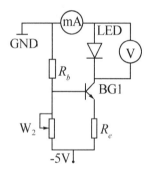
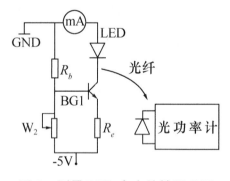

图 6　测量 LED 伏安特性原理图　　　图 7　测量 LED 电光特性原理图

2. LED 伏安特性的测量。

方法：

A. 用两端带拾音插头的电缆线一端插入 YOC－C 实验仪发送器的"LED 插孔"，另一端插入光纤信道绕纤盘上的 LED 插孔；把光电检测器件（SPD）的插头插入 YOC－C 实验仪发送器的 I－V 变换电路中的"SPD 插孔"，SPD 带光敏面的另一端插入光纤信道绕纤盘上光纤输出端的圆筒形插孔中。

B. 万用表插入发送器的单芯插孔。

C. "合"电源，调整 W_2 使万用表的读数分别为表 1 给定的电压值，同时从发送器左上角的 mA 表上分别读出相对应的电流值，记入表 1 中。

3. LED 电光特性的测量。

方法：A. 接线只需在测量 LED 伏安特性的基础上去掉万用表，SPD 的电缆插头便可与光功率计直接接通。

B. 调整 W_2 使 LED 的电流分别为表 2 中给定值时，从光功率计上分别读出相对应的 $P(\mu W)$ 值，记入表 2 中。

（二）硅光电二极管（SPD）光电特性的测量

1. 测量原理图：如图 8 所示。

2. 方法：

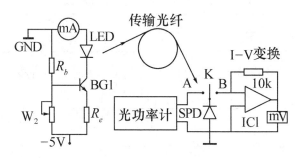

图 8　硅光电二极管（SPD）的光电特性测量原理图

A. 将万用表接在接收器 R_f 的两端监测 R_f，调整 W_2 使 $R_f = 10\text{k}\Omega$。

B. 先将接收器面板上的开关 K 用线短接后并接入接收器的 mV 表输入孔，然后"合"电源，调整 W_1 使电压表（指针）为 0.00V。

C. 把光纤的输出端接入发送器的 SPD，调整发送器上的 W_2 使其光功率分别为表 3 的给定值时，然后再把光纤输出端接入接收器的 SPD 端，从 mV 表上读出相应的电压值（单位为 mV），记入表 3 中。

D. 用公式 $I_0 = \dfrac{V_0}{R_f}$ 计算出光电流 I_0，记入表 3 中（式中 $R_f = 10\text{k}\Omega$）。

（三）信号传输实验

1. 实验电路：音频信号光纤传输系统传输音频信号实验的实验电路如图 9 所示。

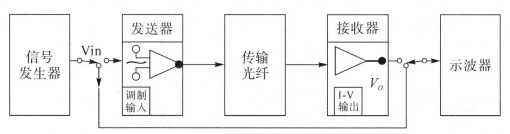

图 9　音频信号光纤传输系统传输音频信号实验的电路框图

2. 实验方法：

A. 先用示波器测试信号发生器输出的传输信号。

B. 将上述传输信号送入发送器的调制器的输入端。

C. 用示波器检测接收器 $I-V$ 输出端的输出信号。

D. 按表 4 测试和处理数据。

【数据处理与要求】

1. LED 伏安特性的测量。LED 伏安特性测量的数据记录在表 1 中。

表 1　LED 伏－安特性的测试数据

电压 V(V)	1.10	1.15	1.20	1.25	1.30	1.35	1.40	1.45	1.50
电流 A(mA)									

2. LED 电光特性的测量。LED 电光特性的测量数据记录在表 2 中。

表 2　LED 电－光特性的测试数据

电流 I(mA)	0.0	2.0	4.0	6.0	8.0	10.0	12.0	14.0	16.0	18.0	20.0
光功率 $P(\mu W)$											

3. SPD 光电特性的测量。SPD 光电特性测量的数据处理在表 3 中。

表 3　SPD 光－电特性的测试数据

发送器 $P(\mu W)$	0.0	2.0	4.0	6.0	8.0	10.0	12.0	14.0	16.0	18.0	20.0
接收器 V_0(mV)											
光电流 $I_0(\mu A)$											

表 4　音频信号光纤传输系统传输音频信号测试

信号发生器 输入信号 f（HZ）	调制输入信号测量			$I-V$ 输出信号测量		
	波形宽度（格）	扫描时间（秒/格）	实测频率 f_{in}（HZ）	波形宽度（格）	扫描时间（秒/格）	实测频率 f_0（HZ）
1000						
500						
2000						

4. 用坐标纸按表 1、表 2 中记录的实验数据分别作出 LED 的伏安特性曲线和电光特性曲线。

5. 用坐标纸按表 3 的实验数据作出 SPD 的光电特性（$P-I_0$）曲线。

【总结与思考】

1. 总结出用音频光纤传输音频信号的方法。

2. 若光纤对本实验所采用的 LED 的中心波长的损耗系数 $\alpha \leqslant 1\text{dB}$，根据实验数据估算本实验系统的传输距离是多少？

提示：光纤损耗系数 α 的定义为 $\alpha = 10\lg\ (P_{\text{in}}/P_{\text{out}})/L\,(\text{dB/km})$。

附录 1 光导纤维的结构及传光原理

衡量光导纤维性能好坏有两个重要指标：一是看它传输信息的距离有多远，二是看它携带信息的容量有多大，前者决定光纤的损耗特性，后者决定光纤的脉冲响应或基带频率特性。

经过人们对光纤材料的提纯，目前已使光纤的损耗容易做到 1dB/km 以下。光纤的损耗与工作波长有关，所以在工作波长的选用上，应尽量选用低损耗的工作波长，光纤通讯最早是用短波长 $0.85\mu\text{m}$，近来发展至用 $1.3\mu\text{m}\sim1.55\mu\text{m}$ 范围的波长，因为在这一波长范围内光纤不仅损耗低，而且"色散"也小。

光纤的脉冲响应或它的基带频率特性又主要决定于光纤的模式性质。光纤按其模式性质通常可以分成两大类：①单模光纤；②多模光纤。无论单模光纤或多模光纤，其结构均由纤芯和包层两部分组成。纤芯的折射率较包层折射率大，对于单模光纤，纤芯直径只有 $5\mu\text{m}\sim10\mu\text{m}$，在一定条件下，只允许一种电磁场形态的光波在纤芯内传播；多模光纤的纤芯直径为 $50\mu\text{m}$ 或 $62.5\mu\text{m}$，允许多种电磁场形态的光波传播，以上两种光纤的包层直径均为 $125\mu\text{m}$。单模光纤的频带较宽，适用于远距离通信；多模光纤频带较窄，只适用于近距离通信。

本实验采用阶跃型多模光纤作为信道，现应用几何光学理论进一步说明这种光纤的传光原理。当一光束投射到光纤端面时，进入光纤内部的光射线在光纤入射端面处的入射面包含光纤轴线的称为子午射线，这类射线在光纤内部的行径是一条与光纤轴线相交，呈"Z"字形前进的平面折线。参看图 1，假设光纤端面与其轴线垂直，如前所述，当一光线射到光纤入射端面时的入射面包含了光纤的轴线，则这条射线在光纤内就会按子午射线的方式传播。根据 Smell 定律及图 1 所示的几何关系有：

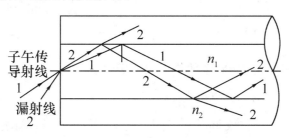

附图 1　子午传导射线和漏射线

$$n_0 \sin\theta_i = n_1 \sin\theta_z \tag{1}$$

$$\theta_z = \frac{\pi}{2-\alpha}$$

$$n_0 \sin\theta_i = n_1 \cos\alpha \tag{2}$$

式中，n_0 是光纤入射端面左侧介质的折射率。通常，光纤端面处在空气介质中，故 $n_0=1$。由（2）式可知，如果入射光线在光纤端面处的入射角 θ_i 较小，则它折射到光纤内部后投射到纤芯—包层界面处的入射角 α 有可能大于由芯子和包层材料的折射率 n_1 和 n_2 按下式决定的临界角 α_c：

$$\alpha_c = \arcsin\frac{n_2}{n_1} \tag{3}$$

在此情形下，光射线在纤芯—包层界面处发生全内反射。该射线所携带的光能就被局限在纤芯内部而不外溢，满足这一条件的射线称为传导射线。该传导射线将把音频信号传送到接收端。

随着附图 1 中入射角 θ_i 的增加，α 角就会逐渐减小，直到 $\alpha=\alpha_c$ 时，子午射线携带的光能均可被局限在纤芯内。在此之后，若继续增加 θ_i，则 α 角就会变得小于 α_c，这时子午射线在纤芯—包层界面处的全内反射条件受到破坏，致使光射线在纤芯—包层界面的每次反射均有部分能量溢出纤芯外，于是，光导纤维再也不能把光能有效地约束在纤芯内部，这类射线称为漏射线。

设与 $\alpha=\alpha_c$ 对应的 θ_i 为 $\theta_{i\max}$，由上所述，凡是以 $\theta_{i\max}$ 为张角的锥体内入射的子午射线，投射到光纤端面上时，均能被光纤有效地接收而约束在纤芯内。根据（2）式有

$$n_0 \sin\theta_{i\max} = n_1 \cos\alpha_c$$

因其中 n_0 表示光纤入射端面空气一侧的折射率，其值为 1，故

$$\sin\theta_{i\max} = n_1[1-\sin^2\alpha_c]^{1/2} = [n_1^2 - n_2^2]^{1/2}$$

通常把 $\sin\theta_{i\max} = [n_1^2 - n_2^2]^{1/2}$ 定义为光纤的理论数值孔径（Numerical Aperture），用英文字符 NA 表示，即

$$NA = \sin\theta_{i\max} = [n_1^2 - n_2^2]^{1/2} = n_1(2\Delta)^{1/2} \tag{4}$$

它是一个表征光纤对子午射线捕获能力的参数，其值只与纤芯和包层的折射率 n_1 和 n_2 有关，与光纤的半径 a 无关。在（4）式中有

$$\Delta = \frac{(n_1^2 - n_2^2)}{2n_1^2} \approx \frac{(n_1 - n_2)}{n_1}$$

被称为纤芯—包层之间的相对折射率差，Δ 愈大，光纤的理论数值孔径 NA 愈大，表明光纤对子午射线捕获的能力愈强，即由光源发出的光功率更易于耦合到光纤的纤芯内，这对于作传光用途的光纤来说是有利的，但对于通信用的

光纤，数值孔径愈大，模式色散也相应增加，不利于传输容量的提高。对于通讯用的多模光纤 △ 值一般限制在 1% 左右。由于常用石英多模光纤的纤芯折射率 n_1 的值处于 1.50 附近的范围内，故理论数值孔径的值在 0.21 左右。

附录 2　半导体发光二极管结构、工作原理和基本特性

光纤通讯系统中对光源器件在发光波长、电光效率、工作寿命、光谱宽度和调制性能等许多方面均有特殊要求，所以并非随便哪种光源器件都能胜任光纤通讯任务，目前在以上各个方面都能较好满足要求的光源器件主要有半导体发光二极管（LED）和半导体激光二极管（LD）。本实验采用 LED 作光源器件。光纤传输系统中常用的半导体发光二极管是一个如图 2 所示的 N－P－P 三层结构的半导体器件，中间层通常是由 GaAs（砷化镓）P 型半导体材料组成，称有源 S 层，其带隙宽度较窄，两侧分别由 GaAlAs 的 N 型和 P 型半导体材料组成。

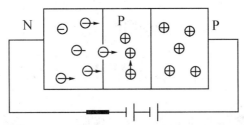

附图 2　半导体发光二极管及工作原理

与有源层相比，它们都具有较宽的带隙。当给这种结构加上正向偏压时，就能使 N 层向有源层注入电子，这些电子一旦进入有源层后，因受到右边 P－P 结的阻挡作用不能再进入右侧的 P 层，它们只能被限制在有源层与空穴复合，电子在有源层与空穴复合的过程中，有不少电子要释放出能量满足以下关系的光子：

$$h\nu = E_1 - E_2 = E_g \tag{5}$$

式中，h 是普朗克常数，ν 是光波的频率，E_1 是有源层内电子的能量，E_2 是电子与空穴复合后处于价健束缚状态时的能量。两者的差值 E_g 与 LED 结构中各层材料及其组分的选取等多种因素有关。制作 LED 时只要这些材料的选取和组分的控制适当，就可使得 LED 发光中心波长与传输光纤低损耗波长一致。

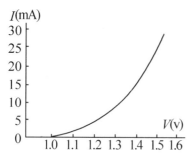

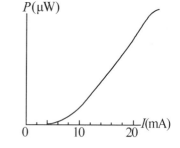

附图 3   HFRB−1424 型 LED 的正向伏安特性   附图 4   HFRB − 1424 型 LED 降为 1.5V 的伏安特性

本实验采用的 HFBR−1424 型半导体发光二极管的正向伏安特性如附图 3 所示。与普通的二极管相比，在正向电压大于 1V 以后才开始导通。半导体发光二极管在正常使用情况下，半导体发光二极管输出的光功率与其驱动电流的关系称 LED 的电光特性。为了使传输系统的发送端能够产生一个无非线性失真、而峰—峰值又最大的光信号，使用 LED 时应先给它一个适当的偏置电流，其值等于这一特性曲线线性部分中点对应的电流值，而调制电流的峰—峰值应尽可能地处于这一电光特性的线性范围内。

附录 3   半导体光电二极管的结构、工作原理和基本特性

半导体光电二极管与普通的半导体二极管一样，都有一个 P−N 结，光电二极管在外形结构方面有其自身特点，这主要表现在光电二极管的管壳上有一个能让光射入其光敏区的窗口。此外与普通二极管不同的是，它经常工作在反向偏置电压状态〔如附图 5(a) 所示〕或无偏压状态〔如附图 5(b) 所示〕。在反偏电压下，P−N 结的空间电荷区的势垒增高，宽度加大，结电阻增加，结电容减小，所有这些均有利于提高光电二极管的高频响应性能。无光照时，反向偏置的 P−N 结只有很小的反向漏电流，称为暗电流。当有光子能量大于 P−N 结半导体材料的带隙宽度 E_g 的光波照射到光电二极管的管芯时，P−N 结各区域中的价电子吸收光能后将挣脱价键的束缚而成为自由电子，与此同时也产生一个自由空穴，这些由光照产生的自由电子—空穴对统称为光生载流子。

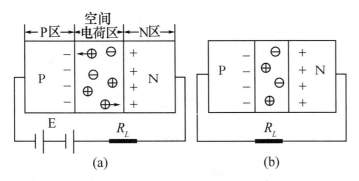

附图5　光电二极管的结构及工作方式

在远离空间电荷区（亦称耗尽区）P 区和 N 区内，电场强度很弱，光生载流子只有扩散运动，它们在向空间电荷区扩散的途中因复合而被抵消掉，故不能形成光电流。形成光电流主要靠空间电荷区的光生载流子，因为在空间电荷区内电场很强，在此电场作用下，光生自由电子—空穴对将以很高的速度分别向 N 区和 P 区运动，并很快越过这些区域到达电极沿外电路闭合形成光电流。光电流的方向是从二极管的负极流向它的正极，并且在无偏压短路的情况下与入照的光功率成正比，因此在光电二极管的 P—N 结中，增加空间电荷区的宽度对提高光电转换效率有重要作用。为达到此目的，若在 P—N 结的 P 区和 N 区之间再加一层杂质浓度很低可近似为本征半导体（用 i 表示）的 i 层，就形成了具有 P—i—N 三层结构的半导体光电二极管，简称 PIN 光电二极管，PIN 光电二极管的 P—N 结除具有较宽空间电荷区外，还具有很大的结电阻和很小的结电容，这些特点使 PIN 管在光电转换效率和高频响应特性方面与普通光电二极管相比均有很大改善。根据文献介绍，光电二极管的伏安特性可用下式表示：

$$I = I_0 \left[1 - \exp\left(qV/kT \right) \right] + I_L \tag{6}$$

式中，I_0 是无光照的反向饱和电流，V 是二极管的端电压（正向电压为正，反向电压为负），q 为电子电荷，k 为波耳兹曼常数，T 是结温（单位为 K），I_L 是无偏压状态下光照时的短路电流，它与光照时的光功率成正比。（6）式中的 I_0 和 I_L 均是反向电流，即从光电二极管负极流向正极的电流。根据（6）式，光电二极管的伏安特性曲线如图 6 所示，对应附图 5(a) 所示的反偏工作状态，光电二极管的工作点由负载线与第三象限的伏安特性曲线交点确定。由附图 6 所示可以看出：

（1）光电二极管即使在无偏压的工作状态下，也有反向电流流过，这与普通二极管只具有单向导电性相比有着本质的差别。认识和熟悉光电二极管的这一特点对于在光电转换技术中正确使用光电器件具有十分重要的意义。

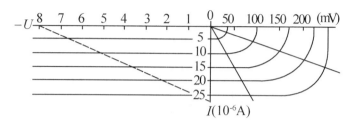

附图 6　光电二极管的伏安特性曲线及工作点的确定

（2）反向偏压工作状态下，在外加电压 E 和负载电阻 R_L 的很大变化范围内，光电流与入照的光功率均具有很好的线性关系。无偏压工作状态下，只有 R_L 较小时光电流才与入照光功率成正比，R_L 增大时，光电流与光功率呈非线性关系。无偏压状态下，短路电流与入照光功率的关系称为光电二极管的光电特性，这一特性在 $I-P$ 坐标系中的斜率为

$$R \equiv \frac{\Delta I}{\Delta P} \quad (\mu A/\mu W) \tag{7}$$

定义为光电二极管的响应度，这是表征光电二极管光电转换效率的重要参数。

（3）在光电二极管处于开路状态情况下，光照时产生的光生载流子不能形成闭合光电流，它们只能在 P-N 结空间电荷区的内电场作用下，分别堆积在 P-N 结空间电荷区两侧的 N 层和 P 层内，产生外电场，此时光电二极管表现出有一定的开路电压。不同光照情况下的开路电压就是伏安特性曲线与横坐标轴交点所对应的电压值。由附图（7）可见，光电二极管开路电压与入照光功率也呈非线性关系。

（4）反向偏压状态下的光电二极管，由于在很大的动态范围内其光电流与偏压和负载电阻几乎无关，故在入照光功率一定时可视为一个恒流源；而在无偏压工作状态下光电二极管的光电流随负载电阻变化很大，此时它不具有恒流源性质，只起光电池作用。

光电二极管的响应度 R 值与入照光波的波长有关。本实验中采用的硅光电二极管，其光谱响应波长在 $0.4\mu m \sim 1.1\mu m$ 之间、峰值响应波长在 $0.8\mu m \sim 0.9\mu m$ 范围内。在峰值响应波长下，响应度 R 的典型值在 $0.25\mu A/\mu W \sim 0.5\mu A/\mu W$ 的范围内。

附录 4　实验系统无非线性失真最大光信号的测定

实验系统无非线性失真的最大光信号与 LED 偏置电流有关。附图 7 表明了实验系统发送端在电信号同一调制幅度但 LED 偏置电流不同的情况下，电光转换后所得到的光信号幅度也不同。为了使实验系统发送端无非线性失真的

光信号最大，就必须根据 LED 的电光特性的实验数据对 LED 选择一个适当的偏置电流。至于如何选择，请同学们自行思考。

实际连线：在以上连线的基础上，用一条两头均为单声道插头的电缆线插入 YOF—C 实验仪前面板"调制输入"插孔和"正弦信号输出"插孔中，把示波器和数字万用表（$0\sim200$mV 电压表）接至 YOF—C 实验仪前面板 $I-V$ 变换电路的输出端和共地端。

测量及数据处理：调节"偏流调节"旋钮，使直流毫安表指示的 LED 偏置电流为所选定的值。调节 YOF—C 实验仪面板"输入衰减"旋钮，使正弦调制信号的幅度从零逐渐增大，直到数字万用表的读数有明显变化为止。记录这一状态下示波器所显示正弦波形的峰—峰值。这一峰—峰值就对应着实验系统在 LED 所选偏置状态下无非线性失真的最大光信号。

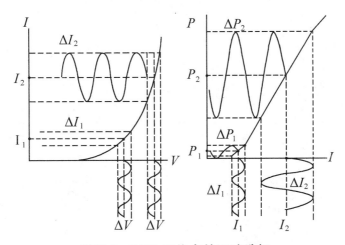

附图 7　LED 工作点的正确选择

根据 SPD 的光电特性，R_f 阻值及 $I-V$ 变换电路输出波形的峰—峰值计算本实验系统光纤输出端最大光信号光功率的峰—峰值。

附录 5　接收器允许的最小光信号幅值的估测

在保持实验系统以上连接不变的情况下，逐渐减小 LED 的偏置电流，并相应减小调制信号的幅度，使实验系统接收端 $I-V$ 变换输出电压交流分量的波形为无截止畸变的最大幅值，此后继续减小 LED 的偏流和调制信号的幅度。随着 LED 偏置电流的减小，用示波器观察到的以上交流信号最大幅值也愈来愈小，当 LED 的偏流小到某一值时，这一交流信号的幅值就可能与系统存在的噪声信号的幅值可比较，对应于这一状态的光信号的幅值就是本实验系统接收端允许的最小光信号的幅值。知道系统接收端允许的最小光信号的幅值和

LED传输光纤组件输出的最大光信号幅值后，就可根据光纤损耗计算出本实验系统的最大传输距离。

附录6　语音信号光纤传输实验

把音箱接入 YOF—C 实验仪后面板的"音箱"插孔中。语言信号源接入 YOF—C 实验仪前面板"调制输入"插孔。根据以上实验数据选择语音信号光纤传输系统 LED 最佳工作点后，进行语音信号光纤传输实验。调节 YOF—C 实验仪前面板的"输入衰减"旋钮，考察实验系统的音响效果。

实验 6　全息照相实验

自从 20 世纪 60 年代激光问世以来，全息技术得到了迅速的发展。由于它具有独特的记录全部信息的特点，已在精密干涉计量、无损检验、力学、空气动力学、信息处理和存储、医学诊断和研究及艺术和商标等领域得到了广泛的应用。

【实验目的】

1. 掌握全息照相的原理和方法。
2. 掌握全息照相的基本技术。

【预习与思考题】

1. 什么叫做全息照相？熟悉全息照相的原理。
2. 什么是物光和参考光？熟悉波前记录和波前再现的过程。
3. 全息照相的特点是什么？拍摄技术的要求是什么？

【实验原理】

全息照相技术与普通照相一样，都是记录物像的方法。普通照相是通过透镜成像系统和感光胶片来记录和显示物体的平面景象，它只是把物体发出的或反射的光波振幅大小记录在感光材料上。光波有振幅和相位两种信息，普通照相技术只记录了振幅。所以，这种照片看上去是平面的，失去了原来的立体感。

我们知道，一列单色波可表示为

$$y = A\cos\left(\omega t + \varphi - \frac{2\pi x}{\lambda}\right)$$

式中，A 为振幅，ω 为角频率，λ 为波长，φ 为初相位。一个实际物体发射或反射的光波比较复杂，但是一般可以看成是许多不同频率的单色光波的叠加。合成波可表示为

$$y = \sum_{i=1}^{n} A_i \cos\left(\omega_i t + \varphi_i - \frac{2\pi x_i}{\lambda_i}\right)$$

因此，任何光波都包含着振幅 A 和相位 $\left(\omega t + \varphi - \frac{2\pi x}{\lambda}\right)$ 两种信息。而光波的能量只与其振幅的平方成正比，普通照相感光底片上的感光强度只与物体光波经镜头所成像的强度有关，即只与光波振幅平方成正比，而反映不出相位变

化的情况，即反映不出真实立体物体的前后远近的情况，因而失去了立体感。

全息照相不仅记录物体发射或反射光波的振幅信息，而且把光波的相位信息也记录下来，所以全息照相技术所记录的是物体光波的全部信息。当物体光波被记录下来以后，即使原物体已经移去，只要照明这个记录，就能再现原始物体的光波。用眼睛观察再现的光波，就能看到该物体的立体图像。它与原始物体实际上是不可分辨的，好像物体仍在原来的位置一样。全息照相是一种两步成像方法：第一步，把物体光波的振幅和相位信息记录在感光底片上，这一过程叫做波前记录（拍摄）过程；第二步，照明记录全部信息的底片，使其再现物体的光波，叫做波前再现过程。

第一步　波前记录

怎样才能把物光的振幅和相位同时记录下来呢？由物理光学可知，利用干涉，用干涉条纹的形式就可把物光的全部信息记录下来。

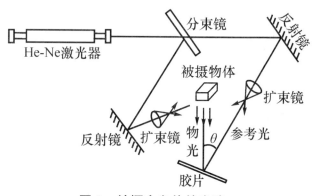

图 1　拍摄全息片的光路

如图 1 所示，用一束足够强的相干光（激光）照明物体，使从物体上反射或透射的光射到感光底片上。与此同时，将这束相干光分出一部分直接照射在感光底片上，一般称这部分相干光为参考光。物光与参考光在感光底片上叠加，发生干涉现象，出现许多明暗不同的花纹、小环和斑点等干涉图样，用感光胶片将干涉条纹记录下来，经过显影、定影后，便得到一张有干涉条纹的全息图。干涉条纹的形态反映了物光和参考光间的相位关系，而干涉条纹的明暗对比程度（叫做反差）反映了光束的振幅关系。所以全息图记录了物光波的全部信息——各点光波的振幅和相位，因而叫做全息照相。

第二步　波前再现

人之所以能看到物体，是因为从物体发射或反射的光波被人的眼睛所接收。但直接观察全息图是看不到物像的，只能看到很细密的复杂的干涉条纹。要看到原来物体的像，必须使全息图能再现原来物体发出的光波才行，这个过程叫做波前再现过程。

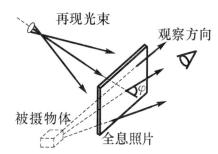

图 2　全息照片的再现观察方式

如图 2 所示，用一束相干光（激光）照射全息图，此时，全息图相当于一个光栅，使再现光衍射。通过全息图在衍射光方向进行观察时，就可以看到一个与原物完全相同的三维立体图像（虚像）。除了虚像之外，在观察者同一侧还会形成一个实像。因为相干光照射到全息图上时，被全息图上的干涉条纹所衍射，其作用和光栅相似。不过，这是一个反差不同、间距不等发生了畸变的"光栅"，在全息图后出现一系列衍射光波，它们构成了物体的两个像。其中一列 +1 级衍射波和物体在原来位置时发出的光波完全一样，这列波就构成了物体的虚像，用眼睛可直接观察到。另一列 −1 级衍射波虽然也是物光波的精确复制，但它的曲率与原物光波的曲率相反，构成了原物的共轭实像，如图 3 所示。

综上所述，全息照相从原理到方法都与普通照相不同，因此它具有以下独特的优点：

（1）由于全息图记录了物体光的全部信息，所以再现出来的物体形象和原来的物体完全一样，是一个非常逼真的立体像。当改变观察位置时，能看到远、近、上、下和左、右物像间的视差效应。

（2）由于在记录过程中，底片与物体之间没有透镜成像系统，物体上的每一点光波都照射到整个底片上，底片上每一小部分都接受到整个物体的光。因此，如果全息图被打碎以后，任何一小块都能出现与原物一样的立体像。

（3）同一张全息底片允许进行多次曝光记录，在上面可以重叠许多个像。再现时，每一个像能够不受其他像的干扰而单独再现出来。这是因为从不同景象所获得的全息图中干涉条纹的形状和分布总是不相同的。因此，要使同一张底片多次曝光记录不同的景物，在再现时为使每个物像在空间位置上不发生重叠和干扰，在每次拍摄前应稍微改变一下底片的方位（即转过一个小的角度）或改变一下参

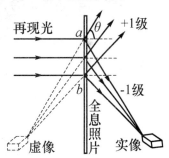

图 3　全息图衍射

考光的入射方向。在观察不同景物再现时，只要适当转动全息图片即可。

（4）全息照片没有正片和负片之分。因此，只要将全息图和未感光的底片对合压紧翻印，即可获得复制的全息照片。

（5）全息图再现的像也可放大或缩小。只要用波长不同于拍摄时的激光来再现全息图，再现的物像就会发生放大或缩小。

要全面、确切地描述再现的像的放大率，需采用横向、纵向放大率和角放大率，这里只介绍虚像的角放大率 M，即

$$M = \frac{1}{m} \cdot \frac{\lambda_c}{\lambda_R}$$

式中，λ_c 为再现时照明光的波长，λ_R 为记录时所用光波波长，m 是用于再现的全息图本身被放大和缩小的倍数。

由上式可以看出，当 λ_c 与 λ_R 不相同时，可实现再现像的放大或缩小。当 $m = 1$，$\lambda_c = \lambda_R$ 时，$M = 1$，可获得无畸变、无像差的立体像。用改变全息图本身尺寸大小的办法，亦可实现再现像的放大。

【仪器及用具】

全息照相仪（包括 He−Ne 激光器 L，分束镜 BS，全反射镜 M_1，M_2，扩束镜 L_1，L_2，曝光快门，成像透镜，载物台，底片夹等），全息感光底片（全息干板）和暗室冲洗器材（包括曝光时间停表、暗绿灯、显影液、定影液、停影液、蒸馏水、甲醇、乙醇等）。

【实验内容与步骤】

（一）光路选择和调整

透射式全息照相的光路如图 4 所示。

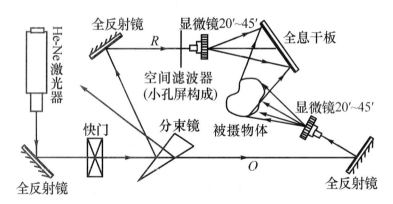

图 4　透射式全息记录的光路

（二）拍摄

光路调整好以后，关闭所有的光源，在全暗中将全息底片装于底片夹上，注意使其乳胶面对着物光，等两三分钟，待工作台及支架稳定后，打开激光光源进行曝光，曝光时间约 20s～30s，然后关上电源，取下已曝光的底片，用黑纸包好。

（三）冲洗底片

在暗室中进行显影、停影、定影及冲洗工作，在漂白液中进行漂白、漂洗、脱水处理，在通风处阴干。最后将冲洗过的底片放在白炽灯下观看是否有彩色衍射带，如有彩色带说明拍摄成功，即得到一张全息照片。

（四）观察全息图的再现像

可用图 2 所示光路，用激光照明全息图，通过全息图可以看到一个清晰的立体的物体虚像。

把全息图划碎成两片，分别置于底片夹上观察，每一片都可以看到物体的立体虚像。

对于反射式全息，实验者可以参照透射式全息进行实验。

【记录和结果】

将拍摄全息图的光路、照相条件及底片处理条件记录在实验报告上，并在报告上说明观察现象的结果。

【拍摄系统的技术要求】

为了拍摄符合要求的全息图，对拍摄系统有相当严格的技术要求。

（一）稳定性

对于全息照相的光学系统要求有特别高的机械稳定性。因为全息照相利用了干涉效应，所以如果物光和参考光的光程有不规则的变化，就会使干涉图像模糊。例如，地面震动引起工作台面的震动、光学元件及物体夹持不牢固而引起震动，强烈声波震动引起空气密度的变化等，都会引起干涉条纹的不规则漂移。因此，拍摄系统应安装在具有防震装置的铁平台上，系统中的光学元件和各种支架都用磁钢牢固地吸在钢板上，保证各元件间没有相对移动，使整个系统组成一个刚体。在曝光过程中，不走动，不高声谈话，以保证条纹无漂移。为制作一张好的全息图，在拍摄时允许的条纹移动量应限制在 $\lambda/8$ 以内，或 $d/4$ 以内，以便记录稳定的干涉条纹。

（二）光源

对光源的要求是：单色性好，相干长度大，单模输出，有较大的输出功率，且输出模式和功率稳定，寿命长。本实验采用 He−Ne 激光器，其波长为632.8nm，可利用的相干长度为 12m，单模输出。

（三）全息底片的选用

全息照相的记录介质种类很多，当选用记录材料时，最低的要求是它对所用激光波波长有较高的光谱灵敏度，800 条线/mm 以上的分辨率，不会产生全息图的形变。本实验选用 I 型全息干板，它是用极细颗粒卤化银明胶乳剂涂在玻璃上制成的，乳剂的厚度约为 $10\mu m \sim 15\mu m$，具有极高的反差，分辨率达 $(2000 \sim 30000)$ 条线/mm，对 632.8nm 激光有较高灵敏度，由于它对红光敏感，因此在处理中应在暗室全黑或暗绿灯下操作。

（四）参考光与物光光强之比

通常以 2：1 到 5：1 为宜，二者的夹角小于 45°。因为夹角越大，干涉条纹就越细（拍摄反射式全息除外）。

（五）底片处理

底片处理包括显影、定影和漂洗等工序。底片曝光后应拿到暗室中进行如下处理：

（1）显影：推荐用菲尼酮显影液或 D−19 显影液，用菲尼酮显影液时，20℃下显影 5min～7min。显影时应不断地推动显影液，使显影液能均匀地作用于乳胶。用 D−19 显影液时，20℃下显影 3min。显影过程中应不断地搅动显影液。

（2）停影：从显影液中取出干板后，在水中漂洗几秒钟，将显影液洗去，然后放入停影液（20℃）中 20s～30s。

（3）定影：干板经显影和停影后，便放入定影液中定影。推荐用酸性定影液或 F−5 定影液。酸性定影液配方略。20℃时定影 6min；F−5 定影液，20℃时定影 4min～6min，仍应不断摇动定影液。

（4）漂洗：定影后，把干板放在水中漂洗 10min。

（5）干燥：为缩短干燥时间和避免乳剂收缩，可把漂洗后的干板浸入甲醇、乙醇和水的混合液中浸泡 2min，作脱水处理，然后让其自然阴干，待乳剂干燥后便可观察全息图像。

（6）漂白：在全息技术中通常还对全息图进行漂白处理，漂白后可使振幅型全息图变为相位型全息图，再现像的亮度（衍射效率）增加，但其"噪声"也会相应增大，要漂白的全息图应使曝光时间和显影时间长些。

附　录　全息干版的使用及冲洗方法

全息干版是用极微细颗粒卤化银明胶乳剂涂在玻璃板上而制成。它具有极高的反差。使用各种全息干版时，应注意在其规定的安全灯下操作，并注意正确曝光和冲洗加工，开封及整个使用过程中都应在清洁的条件下进行，否则影响使用效果。

（一）全息干版的型号及使用范围

型号	安全灯	增感修值	增感范围
全息Ⅰ型	暗绿灯	$630\mu m$	$530\mu m\sim700\mu m$
全息Ⅱ型	暗绿灯	$690\mu m$	$560\mu m\sim780\mu m$
全息Ⅲ型	红灯	$510\mu m$	$440\mu m\sim560\mu m$

（二）冲洗加工方法

显影：推荐用 D-19 显影液，显影温度为 $(20\pm0.5)℃$，显影时间不超过 7min，在显影过程中不断地搅动显影液。

D-19 显影液配方：

米吐尔	2g	无水碳酸钠	48g
无水亚硫酸钠	90g	溴化钾	5g
对苯二酚	8g	加蒸馏水至	1000ml

停影：从显影液中取出干版后应用自来水冲洗，将显影液冲洗干净后放入停影液中进行停显 20s~30s，停影温度为 10℃~20℃。

停影液配方：

蒸馏水	1000ml	冰醋酸	13.5ml

全息干版显影和停影后，即可放到定影液中进行定影，定影液温度为 10℃~20℃，定影时间 4min~6min。

推荐 F-5 定影液配方：

蒸馏水（50℃）	800ml	硼酸（结晶）	7.5g
硫代硫酸钠	240g	钾钒	15g
无水亚硫酸钠 15g		冰醋酸	13.5ml
加蒸馏水至	1000ml		

定影后的干版在 18℃~21℃水中洗 10min~20min，即可进行干燥处理。

显影液、定影液和漂白液配方表：

1. D—19 显影液配方		2. F—5 定影液配方	
蒸馏水（45℃）	600ml	蒸馏水（45℃）	600ml
米吐尔	2g	硫代硫酸钠	240g
无水亚硫酸钠	90g	无水亚硫酸钠	15g
对苯二酚	8g	冰醋酸	13.5ml
无水碳酸钠	48g	硼酸（结晶）	7.5g
溴化钾	5g	钾矾	15g
加水至	1000ml	加水至	1000ml

3. 漂白液配方					
A 液	蒸馏水	1000ml	B 液	蒸馏水	1000ml
	重铬酸铵	3g		溴化钾	92g
	浓硫酸	5ml			

然后将 A，B 液按 1：1 混合。

【注意事项】

在配制和使用显影液、定影液和漂白液时应注意：

（1）药品按配方的顺序称量放入烧杯中，必须在一种药品溶解后再放入第二种药品。

（2）底片从显影液或定影液或漂白液中取出后，都必须经过充分的清水漂洗，最后烘干才能使用。

【参考文献】

［1］王仕璠. 信息光学理论与应用［M］. 北京：北京邮电大学出版社，2004.

［2］王仕璠. 现代光学实验教程［M］. 北京：北京邮电大学出版社，2004.

实验 7　二次曝光散斑图法测面内位移实验

二次曝光法是全息光弹法中测量微小形变量的一种重要方法。用二次曝光法测量物体的微小形变量，其误差小，精度高，结果可靠。本实验是在暗室中的全息台上放置静力封闭式加力架，用激光作为光源，在光路中放置模型，模型受力前后，在同一照相底片上两次曝光。再现时，就能看到此两物光波由于状态不同而产生的干涉条纹。根据这组干涉条纹的分布状态及理论分析就可知道模型的形变量的大小，并可进一步分析应力分布情形。

【实验目的】

1. 了解用二次曝光的激光散斑干涉图测位移的原理。
2. 掌握用二次曝光的激光散斑干涉图测位移的基本技术。

【预习与思考题】

1. 什么叫做二次曝光方法？二次曝光散斑图测面内位移的原理是什么？
2. 二次曝光的特点是什么？对拍摄技术的要求是什么？

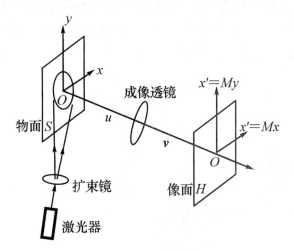

图 1　成像散斑的光路

【实验原理】

当激光束投射到一光学粗糙表面上时，出现用普通光见不到的斑点状的图样。其中的每一个斑点称为散斑，整个图样称为散斑图。物体在运动或形变前后拍二次曝光成像散斑图的光路如图 1 所示。假定位移量值大于散斑颗粒的特征尺寸，则在同一底片上记录了两个同样的但位置稍微错开的散斑图。由于各斑点都是成对出现，相当于在底片上布满了无数的"双孔"，各"双孔"的孔距和连线反映了"双孔"所在处像点的位移量值和方向。当用激光光束照射此散斑底片时，将发生杨氏双孔干涉现象。

散斑图片的处理方法有两种，即逐点分析法和全场分析法。

图 2 是逐点分析法的光路图。用细激光束照明散斑图底片，在观察屏上将看到由被照明的小区域"散斑对"产生的杨氏干涉条纹。

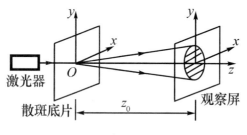

图 2　逐点分析法光路

相邻亮条纹（或暗条纹）的间隔 Δx 均满足下列关系：

$$l = \frac{\lambda z_0}{\Delta x} \tag{1}$$

式（1）为"双孔"间距（即位移量）且条纹取向与"双孔"连线（即位移方向）垂直的情况；z_0 代表散斑底片与观察屏之间的距离。上述位移量是经过透镜放大了的值，实际位移量应为

$$L = \frac{l}{M} = \frac{\lambda z_0}{M \Delta x}$$

$$M = \frac{v}{u} \tag{2}$$

式中，u，v 分别为物距和像距。

图 3 是全场分析法的光路图之一。设"散斑对"相对于光轴对称排列，且其连线与 x 轴夹角为 θ，则此散斑对可用一对 δ 函数表示成

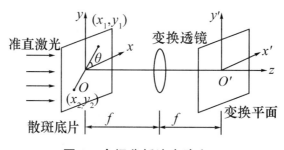

图 3　全场分析法光路之一

$$A\delta(x-x_1,y-y_1)+A\delta(x+x_2,y+y_2)=A\delta\left(x-\frac{l}{2}\cos\theta,y-\frac{l}{2}\sin\theta\right)+$$

$$A\delta\left(x+\frac{l}{2}\cos\theta,y+\frac{l}{2}\sin\theta\right)$$

在变化平面上将得到它们的频谱。应用欧拉公式并令

$$f_x=\frac{x}{\lambda f},\qquad f_y=\frac{y}{\lambda f}$$

经整理得

$$F\left[A\delta(x-x_1,y-y_1)+A\delta(x+x_2,y+y_2)\right]$$

$$=Ae^{-i2\pi\left(f_x\frac{l}{2}\cos\theta+f_y\sin\theta\right)}+Ae^{i2\pi\left(f_x\frac{l}{2}\cos\theta+f_y\sin\theta\right)}=2A\cos\left(\frac{\pi}{\lambda f}l\cdot r\right)\qquad(3)$$

变换平面上的光强分布为

$$I=4I_1\cos\left(\frac{\delta}{2}\right)$$

$$I_1=A_2$$

$$\delta=\frac{2\pi}{\lambda f}\ (l\cdot r)$$

式中，l 是位移矢量，r 是变换平面上的位置矢量，有

$$l\cdot r=\begin{cases}n\lambda f & (n=0,\ \pm1,\ \pm2,\ \cdots)\ 出现亮条纹\\\left(n+\frac{1}{2}\right)\lambda f & (n=0,\ \pm1,\ \pm2,\ \cdots)\ 出现暗条纹\end{cases}\qquad(4)$$

这些条纹分布在散斑图上，构成位移矢量 l 在 r 方向投影的等值线族。

若位移场是均匀的（刚性位移），则由式（4）有

$$l=\frac{n\lambda f}{r_l}=\frac{\lambda f}{\dfrac{r_l}{n}}\qquad(5)$$

由此得垂直于位移矢量的一族直线条纹，条纹间距等于 $\dfrac{r_l}{n}$，与式（1）类似。

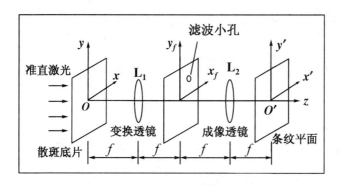

图 4　全场分析法光路之二

若位移场是非均匀的，一般在变换平面上看不到干涉条纹。这时需要在变换平面上安置一个滤波小孔，如图 4 所示。设滤波小孔位于水平位置 $(x_{f_0}, 0)$，则在像面上凡是位移分量为

$$L_x = \frac{n\lambda f}{M x_{f_0}} \qquad (n = 0, \ \pm 1, \ \pm 2, \ \cdots) \tag{6}$$

的点均出现亮条纹，由此得到水平位移相等的点的轨迹。

当滤波小孔位于竖直位置 $(0, y_{f_0})$ 时，则像面上凡是位移分量为

$$L_y = \frac{n\lambda f}{M y_{f_0}} \qquad (n = 0, \ \pm 1, \ \pm 2, \ \cdots) \tag{7}$$

的点均出现亮条纹，由此得到竖直位移相等的点的轨迹。

【实验仪器】

全息照相仪（包括 He-Ne 激光器 L，分束镜 BS，全反射镜 M_1、M_2，扩束镜 L_1、L_2，曝光快门，成像透镜，载物台，底片夹等），全息感光底片（全息干版）和暗室冲洗器材（包括曝光时间停表、暗绿灯、显影液、定影液、停影液、蒸馏水、甲醇、乙醇等）等。

【实验内容与步骤】

（一）拍摄

1. 实验装置图如图 5 所示，激光束通过电磁开关 K 照射在夹持试件的端头（或试件）上，经过反射回来的激光束被透镜聚集成像在屏 P 上。待调试好后将屏换成全息 I 型干版经拍照，得到散斑图。

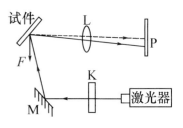

图 5　测量示意图

2. 对拍摄物体加力，保持干版等实验装置不动，静待片刻后再拍下物体受力产生微小形变后的散斑图。

3. 两次曝光时间相等，均为 2s～3s，显影时间 2min～3min。

（二）底片处理

1. 底片曝光后，拿到暗室中进行如下处理：

显影：用 D-19 显影液（配方见附录），20℃下显影 3min。显影过程中应不断地搅动显影液。

停影：从显影液中取出干版后，在水中漂洗几秒钟，将显影液洗去，然后

放入停影液（20℃）中 20s～30s。（停影液配方见实验 6 附录）。

定影：干版经显影和停影后，便放入定影液中定影。用 F－5 定影液，在 20℃时，定影 4min～6min，仍应不断摇动定影液。（定影液配方见实验 6 附录）

漂洗：定影后，把干版放在水中漂洗 10min。

干燥：为缩短干燥时间和避免乳剂收缩，可把漂洗后的干版浸入甲醇、乙醇和水的混合液中浸泡 2min，作脱水处理，然后让其自然阴干，待乳剂干燥后便可将干版放回光路按图 2 测量条纹间距 Δx。

2. 测量物距 u 和像距 v。

【数据处理要求】

自行设计表格，将测量得到的数据代入（2）式，计算位移量 l。

实验 8　自组迈克尔孙干涉仪测空气折射率

【预习和实验说明】

本实验是在"迈克尔孙干涉仪"实验的基础上的应用性设计性实验。通过本实验，一方面可以加深对迈克尔孙干涉原理的理解，对干涉条件有更深入的认识；另一方面，希望学生通过本实验的内容，学习根据实验目的和基本原理，自行设计实验方案、确定实验设备，最终获得结果的思路和方法。

要完成本实验，要求学生做好以下准备工作：

1. 复习已经完成的"迈克尔孙干涉仪"实验，包括原理、干涉条件、干涉条纹特征等。

2. 查阅气体物性中关于压力（压强）和折射率等相关知识。

3. 拟定实验步骤、数据记录的内容格式，以及数据处理的要求。

4. 如果实验室不具备全息台来搭建迈克尔孙干涉仪，请考虑如何利用现有的迈克尔孙干涉仪来完成实验。

5. 设计一个在现有的迈克尔孙干涉仪上测量空气折射率的实验方案。

【实验目的】

1. 利用分离元件搭建迈克尔孙干涉仪，加深对干涉仪工作原理和调节方法的掌握。

2. 学习用干涉法测空气折射率的方法。

【实验仪器】

小型全息台及附件、激光器、扩束镜、三角板、钢卷尺、分光镜（1∶1）、反射镜、观察屏、带打气囊和气压计的透明气室。

【实验原理】

通过迈克尔孙干涉仪的基础实验已经知道，干涉亮纹的条件是两光束的光程差为光波长的整倍数，即

$$\Delta = k\lambda \quad （k \text{ 为条纹级次}） \tag{1}$$

光程差则由光所通过的介质（相对）折射率和长度确定，即

$$\Delta = nL = (n - n_0)L = (n - 1)L \tag{2}$$

式中，$n_0 = 1$ 为真空折射率，L 为介质长度。

理论证明，当温度和湿度不变、气压在小范围变化时，气体折射率和气压的变化成正比，即

$$\frac{n - 1}{p} = \frac{\Delta n}{\Delta p} = 常数 \tag{3}$$

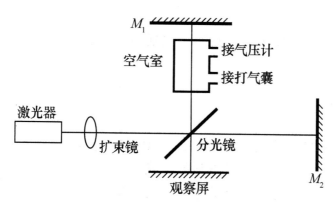

图1　实验装置图

如图 1 所示，当把一个长度为 L 的空气室放入迈克尔孙干涉仪的光路中时，将给干涉仪带来附加的光程差 2Δ。向空气室充气，设压强的变化量为 Δp，对应折射率的变化量为 Δn，光程差的变化量则为

$$\Delta = 2\Delta n \cdot L \tag{4}$$

条纹数也随之改变（条纹中心不断冒出或陷入）。如果条纹改变量为 Δk，则有

$$2\Delta n \cdot L = \Delta k \cdot \lambda \tag{5}$$

$$\Delta n = \frac{\Delta k \cdot \lambda}{2L} \tag{6}$$

由（3）式和（6）式可得

$$n = 1 + \frac{\Delta k \cdot \lambda}{2L} \cdot \frac{p}{\Delta p} \tag{7}$$

即只要任意设定气压的初值 p，记录气压的 Δp，并且记录相应的干涉条纹变化量 Δk，即可得到气体的折射率。

对压强和条纹数作多点测量，可以寻找空气折射率随压强的变化规律。

【实验要求】

1. 设计方案。根据光学全息台（包括部件）、激光器（包括电源）、空气

室（包括部件）的大小，确定自组迈克尔孙干涉仪的结构布局和尺度。

（1）根据实验原理和计算公式，确定空气折射率的测量内容、方法和步骤。

（2）根据计算公式和测量内容，设计出实验数据的记录表格。

2．测量并记录数据。观察实验现象，测定实验数据，并填入记录表。

3．数据处理和结果分析。计算空气折射率，并就实验结果及其误差作分析讨论（可作曲线图）。

4．实验结论。对实验做出总结，包括原理、设计方案、操作、仪器使用、实验结果等方面。

【注意事项】

1．半导体激光器波长：$\lambda = 650nm$，氦氖激光器波长：$\lambda = 633nm$。

2．注意光学全息台上各种夹具的正确使用。

3．禁止用手触摸光学元件的工作面（光学表面）。

4．根据在迈克尔孙干涉仪上实现干涉的条件，细致地调节各相关元件。观察到干涉条纹随压强的变化后，尽可能准确地对条纹的增减计数。

【思考题】

1．在自组迈克尔孙干涉仪时，对原仪器光路（实验11中图1）中的补偿板如何处理？

2．与本实验类似，还可以考虑用迈克尔孙干涉仪做一些什么测量？

【参考文献】

[1] 张映辉. 大学物理实验 [M]. 大连：大连海事大学出版社，2002.

[2] 吕斯骅，段家忯. 基础物理实验 [M]. 北京：北京大学出版社，2001.

[3] 张进治. 大学物理实验 [M]. 北京：电子工业出版社，2003.

实验 9　利用分光计测量三棱镜的顶角

【预习和实验说明】

本实验是基础性实验"分光计的调节与使用"后续的应用性设计型实验。

分光计是一种重要的分光测角仪器，具有高可靠性和高测量精度，在光学教学、科研领域都有广泛的用途。分光计又是一种结构比较复杂的精密光学仪器，掌握它的调节和使用方法，尤其是仪器的聚焦和准直，对于学习使用光学仪器具有很典型的意义。希望学生通过本实验的内容，进一步熟练和巩固分光计的调节方法、学习根据实验目的和基本原理自行设计实验方案，确定步骤自行拟定器材，最终获得实验结果的思路和方法。

要完成本实验，要求学生做好以下准备工作：

1. 复习已经完成的"分光计的调节与使用"实验，熟悉分光计的结构组成。

2. 复习分光计的调节要点，重点要清楚聚焦（包括望远镜、平行光管）和准直（载物台同望远镜、平行光管之间的位置关系）的方法。

3. 根据实验目的和实验原理，拟定出实验步骤、数据记录的内容格式以及数据处理的要求。

【实验目的】

1. 利用分光计用反射法测量三棱镜的顶角。
2. 学习分光计的调节方法。
3. 学习分光计测量角度的方法。

【实验仪器】

分光计、三棱镜，其他所需要的器材自行拟定。

【实验原理】

三棱镜是一个正三棱柱，如图 1 所示，上下底面为非工作面；三个侧面中，有两个工作面（为光学表面）和一个底面（毛面）。使用时可以手持非工作面，而工作面则禁止触摸。

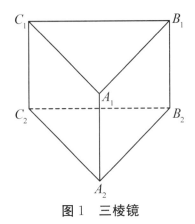

图 1　三棱镜

● 侧面 $A_1A_2B_2B_1$，$A_1A_2C_2C_1$ 为光学工作面，严禁触摸。

● 两工作面的夹角称为三棱镜的顶角。

● 侧面 $B_1B_2C_2C_1$ 以及上、下底面 $A_1B_1C_1$ 和 $A_2B_2C_2$ 为非工作面。

三棱镜两个工作面之间的夹角称为顶角，一般用角 A 表示。用分光计测量三棱镜顶角的方法有反射法和自准直法。反射法的测量原理如图 2 所示。

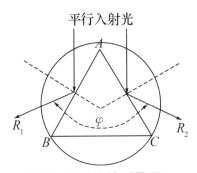

图 2　反射法的测量原理

当平行光入射到三棱镜的两个工作面 AB，AC 上时，分别产生 R_1，R_2 两束反射光。在分光计上分别测量出 R_1，R_2 的角位置，即可求得 R_1，R_2 的夹角 φ（参见基础实验"分光计的调节和使用"，请读者自行推导出具体的计算公式）。

再根据几何关系，可以得到

$$\angle A = \frac{\varphi}{2} \tag{1}$$

测量顶角的自准直法，又称为法线法。测量时不需要使用平行光管，原理与反射法类似，同学可以自行推导。

【实验要求】

1. 设计方案。

（1）测量出三棱镜的顶角 A，并表示为结果的标准表达式：$A = (\overline{A} \pm$

ΔA）度。

（2）根据实验原理和计算公式以及要求（1），确定测量的方法和步骤。

（3）根据计算公式和测量内容，设计出实验数据的记录表格。

2．测量并记录数据。观察实验现象，测定实验数据，并填入记录表。

3．数据处理和结果分析。计算三棱镜顶角，并就实验结果及其误差作分析讨论。

4．实验结论。对实验作出总结，包括原理、设计方案、操作、仪器使用、实验结果等方面。

【注意事项】

1．注意分光计的正确调节方法，包括望远镜、平行光管的调焦；望远镜与平行光管的共轴；载物台法线与载物台转轴的共轴；转轴与光轴的垂直（即准直要求）。具体操作方法可参见基础实验"分光计的调节""分光计的使用"。

2．注意三棱镜的顶角应该摆放在载物台的中心附近，以保证左右的反射光都可以进入到望远镜中。

3．禁止用手触摸光学元件的工作面（光学表面）。

【思考题】

1．如果望远镜（平行光管）的光轴与载物台转轴不垂直，会给测量带来什么样的影响？

2．用自准直法测量顶角，其中的"自准直"是针对分光计的什么部件而言的？实现"自准直"后，为实验测量提供了什么保证？

【参考文献】

[1] 黄建群，胡险峰，雍志华. 大学物理实验[M]. 成都：四川大学出版社，2005.
[2] 钱锋，潘人培. 大学物理实验 [M]. 北京：高等教育出版社，2005.

第三部分 研究性实验

　　研究性实验是在学生完成基础性实验内容后，由实验室给出相关的研究性实验题目。选题具有明显的研究价值，也具有较好的研究条件，在教师的指导下，可以通过自己的努力完成的题目。

　　进行研究性物理实验最重要的是创新，在各个环节，都要有创新的意识。创新的基础是知识的继承和积累，新的科学发现也是在前人工作的积累下发展起来的，现在的科学和技术的发展更加复杂和深化，所以在进行研究性实验时需要不断地进行学习和总结，逐步积累起广博和深厚的知识基础，才能有所发现，有所突破，有所创造。

　　在研究性实验阶段，每位学生根据所学物理知识及自己的兴趣和能力选题。选题确定以后，学生要根据自己选定的方向，在教师的指导下查阅文献，查阅文献不仅要上网查阅电子文献，还要到图书馆现场查阅。阅读文献也是进行研究性实验比较重要的一环，同学们不仅要学会阅读中文文献，还要学会阅读原始英文文献。

　　在研究性实验教学中，通过自行准备、互相讨论、查阅文献、动手实践、仪器使用等训练，了解科研的环节和方法，学到更多书本以外的知识，培养科学研究能力。与此同时，也要利用教师与学生直接交谈的机会，培养学生良好的道德品质和心理素质，引导学生拼搏进取、勇于创新，养成实事求是的优良品质和执著追求的科学精神。

　　时代在前进，科学在发展，研究性实验不像基础性实验和综合性实验那样稳定，它必须不断推陈出新。有些实验经过几届学生研究后，已没有多少内容可供研究了，就应该淘汰。年年增加新内容，是研究性实验能保持其先进性、创新性和有效性的关键。正因为如此，在研究性实验中我们只选择了两个研究方向在此介绍，其他研究性实验内容，可参考实验室提供的资料，按照指导教师的要求进行。

实验 1　超导磁悬浮实验的研究

【实验研究背景】

1911 年，荷兰低温物理学家昂尼斯（H. K. Onnes）发现，有些导体在特定的极低温度下完全没有电阻，这个特定的极低温度称为转变温度或临界温度，具有这种性质的材料称为超导材料或超导体。昂尼斯因此贡献获得了 1913 年的诺贝尔物理学奖。在后来的 1933 年，德国物理学家迈斯纳（Meissner）和奥克森菲尔德（Oschenfeld）发现，这种超导材料处于超导状态时还具有完全抗磁性，即处在超导状态的物体完全排斥磁场，磁力线不能穿过超导体内部，通常该性质也叫迈斯纳效应。

自发现超导现象到 1986 年为止的几十年中，虽已发现了大量的超导材料，但其临界温度均不超过 23.2K（约−250℃），所以超导材料的超导现象必须用液氦冷却才会出现。液氦是一种温度最低的液体，在一个标准大气压时沸点为 4.2K（约−269℃），但由于氦为稀有元素，价格贵，以及液化和冷却效率低等原因，使这种低温超导材料的应用受到了极大的限制。

1986 年，瑞士物理学家缪勒（K. A. Muller）和德国物理学家贝德诺兹（J. G. Bednorz）发现了高温氧化物超导体，把超导临界温度从 4.2K（−269℃）提高到 77K（−196℃），这样可用廉价的液氮来冷却，为超导的应用做出了卓越的贡献，为此获得了 1986 年的诺贝尔物理学奖。在一个标准大气压下，液氮的沸点为 77.3K，从而避免了低温超导的技术复杂、设备庞大、制冷费过高等缺点，使超导材料的大规模研究和应用成为可能。

超导材料的零电阻性、抗磁性和隧道效应已在许多产品上得到了成功应用，如临床医学的超导磁共振成像（磁共振 CT）、超导计算机、超导发电机、超导磁悬浮等。

所谓超导磁悬浮列车，就是在列车上安装强大的超导磁体，地上的轨道为永磁体，当列车行驶在轨道上方时，车上的超导磁体排斥轨道上的永磁体，两者的斥力将列车悬浮在轨道上方，车辆在电机牵引下前进，时速可达 500km·h^{-1}。本实验主要研究超导材料的基本性质及磁悬浮原理。

【建议研究内容】

1. 了解超导材料的基本特性及发展应用状况。

2. 应用电磁感应定律，分析磁悬浮产生的原理。

3. 从理论及实验上理解超导材料的零电阻特性。

【预习与思考题】

1. 电磁感应定律的内容是什么？电磁感应定律的发现，在科学技术上具有什么重大意义？

2. 为什么说磁悬浮技术就是建立在电磁感应定律基础上的？

3. 钕铁硼系永磁材料在剩磁、矫顽力和磁能积等方面具有何种优势？

【实验原理】

（一）磁悬浮原理

法拉第电磁感应定律可以表述为：不论任何原因，当通过回路面积的磁通量发生变化时，回路中产生的感应电动势与磁通量对时间的变化率成正比，即

$$\varepsilon = -k\frac{\mathrm{d}\phi}{\mathrm{d}t} \tag{1}$$

式中，负号影响了感应电动势的方向，一般先要标定闭合回路绕行的方向，并规定电动势的方向与绕行方向一致时为正。可见由电磁感应定律判断感应电动势方向是比较繁琐的，电动势方向可以由楞次定律方便地判断出来，即感应电流产生的磁场总是阻碍原来的磁场的变化。式（1）中 k 为比例系数，其值决定于各物理量所用的单位。如果使用国际单位制，则 $k=1$。如果感应回路是 N 匝串联，那么在磁通量变化时，每匝线圈都将产生感应电动势，若每匝中通过的磁通量相同，则有

$$\varepsilon = -N\frac{\mathrm{d}\phi}{\mathrm{d}t} \tag{2}$$

在本实验中，如图 4 超导小车与钕铁硼磁体做相对运动，产生的"悬浮力"和"拖拽力"可以理解为与通过小车单位面积内磁通量的大小有关。如果与磁体相对运动的速度足够快时，在垂直方向上，穿越小车的磁通量增大，小车产生的磁力线与导轨磁体的相反，产生"悬浮力"；同时，在倒挂"悬浮"时，由楞次定律可知，远离磁体运动的超导小车，都会因感应电流的磁场总是阻碍原磁场的变化而产生"拖拽力"。

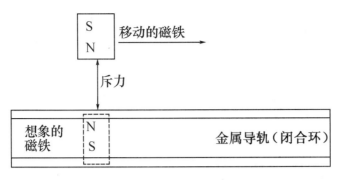

图1　磁悬浮原理图

当导轨某处上方有磁铁经过时，此处导轨的内部磁场会发生变化。磁场变化产生涡旋电场，导轨内的电子形成涡电流，由涡电流产生磁场。根据楞次定律，感应电流产生的磁场总是阻碍原来磁场的变化，这个磁铁与在它上方经过的磁铁，由于极性相同而产生斥力。当此斥力足以克服重力时，就产生磁悬浮。

由于对列车磁铁产生的斥力与列车重力的平衡，是不稳定的平衡，因此保证悬浮控制的稳定性是磁悬浮技术的一大难点。

（二）磁铁

发展磁悬浮列车，列车内部的磁铁是关键技术。这种技术有两种：一种是常规的，非超导的，以电力驱动的电磁铁，这对自动化要求比较高。德国当年发展磁悬浮列车技术，推动了本国自动化技术的发展。另一种是超导的。超导体有两个基本特征：一是零电阻，二是可以近似看作完全抗磁体。用超导线制作的电磁铁，在超导状态下，可以毫无耗损地传导电流。超导线圈一旦出现电流，电流就会永远流动下去。因此，在临界温度下，将超导线圈与电池接通就会产生电流，再断开电源，就制成了一个超导磁铁，只需加入液态氮维持运作即可。

（三）超导体电阻失踪的原因

1911年，超导之父昂尼斯用当时最纯的金属水银作低温下的导电性测量，结果发现，水银的电阻在温度降到4.2K附近突然消失了，如图2所示。他称这种零电阻状态为超导态。对于水银来说，4.2K是其正常态和超导态之间的转变温度，常用T_0表示，也称为临界温度。

为理解超导体电阻失踪的原因，首先看一下正常金属的导电性。按导电能力分，世界上的所有物质可分为导体和绝缘体。常见的导电能力较强的良导体有金、银、铜、铁等。图3是典型的正常金属和超导体的电阻与温度的关系。温度较高时（如室温），金属的电阻随温度降低而下降，当温度很低时，电阻就几乎不随温度降低而变化，与温度无关的这一部分电阻称为"剩余电阻"。

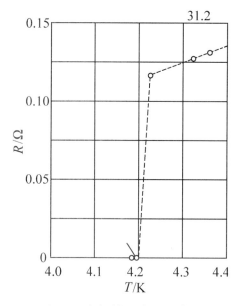

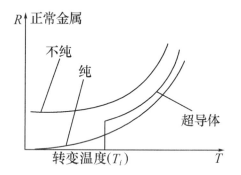

图2 水银的零电阻现象

图3 正常金属和超导体的电阻与温度的关系

（四）高温超导磁悬浮原理

高温超导磁悬浮的原理可以简单地比喻为两个极性相同的常规永久磁体的排斥。当处于超导态的高温超导体放入永久磁铁的磁场中时，永久磁铁的磁场会在高温超导体中引起屏蔽电流而实现磁悬浮。常规磁体之间的排斥是不可能实现稳定悬浮的。而只有在高温超导磁悬浮中，由于高温超导体内部独特的钉钯中心对永久磁铁磁力线的钉钯作用，使得高温超导体能将永久磁铁的磁场牢牢抓住，以此实现稳定磁悬浮。

【实验装置】

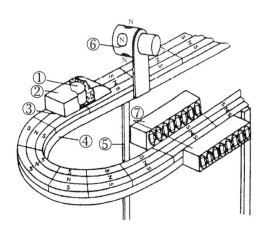

图4 实验装置结构图

①超导样品；②列车模型；③磁轨道；④磁轭；⑤磁轨道支架；⑥旋转磁场加速装置；⑦直线电机加速装置

其中：

①为具有细微弥散 Y 系（211 相）$Y_1Ba_2Cu_3O_{7-\delta}$ 熔融结构生长法制备的超导样品。

②列车模型。模型外壳为上盖可开启的封闭铝壳，两侧的铝板在列车模型通过直线电机加速装置时，其感生电流产生的磁场推动列车模型向前运动；上侧的铝板在列车模型通过旋转磁场加速装置时起到上述相同的推动作用；底部的铝板产生的磁阻尼可使列车模型运行平稳。

③磁轨道。由约 300 块（Nd—Fe—B）永磁材料并排拼接而成。表面磁场约为 0.3T，三排永磁材料的磁极按 S—N—S 相间排列以对运动着的列车模型形成磁束缚，使列车模型不从轨道上滑出。

④磁轭。用宽 40mm，厚 6mm 的碳钢板加工而成，形成周长为 1.73m 的椭圆形轨道。

⑤磁轨道支架。两根长杆架起椭圆形的磁轨道，使悬浮运动着的列车模型清晰可见。支架顶端的轴杆可使磁轨道倒转，为"磁倒挂"时使用。

⑥旋转磁场加速装置。由镶嵌在高分子材料制成的圆柱体内的 4 块（Nd—Fe—B）永磁材料构成，两块磁体之间在圆柱上相间 90°。高分子材料圆柱体由直线电机带动。

⑦直线电机加速装置。所谓直线电机，可以看成是将普通旋转式电机的定子沿径向剖开，将电机的圆周展开为一直线，这样原来旋转运动的转子变成了直线运动方式，这种运动方式正好作为推进处于悬浮状态列车模型前进的动力（也可以用竹夹子轻轻推动）。

【实验基本要求】

1. 实验原理：理解图 1 所示内容，重点阐明磁悬浮原理。
2. 了解超导体的两个基本特性，并说明在本实验中的应用。
3. 进行磁悬浮实验，要求观察现象：
(1) 小车悬浮的高度。
(2) 小车运动的圈数（包括磁悬浮运动和磁倒挂运动的圈数）。
(3) 小车是否出轨道。
用所学理论分析解释以上物理现象。
4. 进行磁倒挂实验，要求从实验现象中理解图 5 所示的吸引力、排斥力与相对与离的关系。
5. 通过实验认识新型磁性材料 Nd—Fe—B 的作用。
6. 分析总结实验现象，得出结论。

7. 查阅文献资料，完成复习题 1。

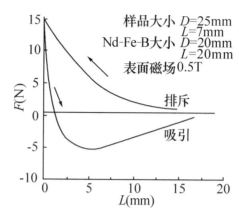

图 5　吸引力和排斥力与相对距离的关系

【注意事项】

1. 为防止超导体摔坏，实验时要求用布接在轨道下方。

2. 液氮的沸点为 77K，在空气中放置时会将空气中的氧气液化，而成为液态空气，液态空气的沸点为 93K，高于超导样品的临界转变温度（90K）。若用这样的液氮进行实验，将导致实验失败。

3. 皮肤直接接触液氮可能造成灼伤，操作时应防止液氮溅到皮肤上和眼睛中。

【思考题】

1. 在超导研究领域内先后有几位学者荣获诺贝尔物理学奖？查阅文献，分别列出他们的姓名、获奖时间及获奖内容，并注明他们的国籍。

2. 查阅文献，简述超导体的零电阻特征。

3. 在磁悬浮实验中，如果有两个大小相同而超导品质不同的样品，能否通过实验判断哪一个质量更佳？为什么？

附　录　磁悬浮简介

（一）历史简介

20 世纪 60 年代，美国科学家詹姆斯·鲍威尔和高登·丹比提出了磁悬浮列车的设计，但没有被美国政府重视，反而受到日本和德国的重视。德国克劳斯·马马菲公司和 MBB 公司于 1971 年研制成功常规电磁铁的磁悬浮模型试验车，最高时速达 450km。1977 年制成了 ML500 型超导电磁铁悬浮列车的实验车，时速达 517km。1987 年 3 月，日本完成了超导电磁铁磁悬浮列车的原型车，其外形呈流线型，车重 17 吨，可载 44 人，最高时速为 420km。

美国第一个商用磁悬浮列车系统研究从 1995 年开始。据报道，美国第一个研制成功了"磁悬浮飞机"，目前世界上还没有一个国家应用这种技术。之所以称"飞机"，是因为自动控制系统、方向舵、车厢、卫星定位系统等设备都是按飞机标准设计的。磁悬浮列车在机头装有类似飞机的翼部，机尾装有类似飞机的尾翼。保证列车在运行时，无论前、后、左、右所坐的乘客重量是否相近，都能保持它的平衡与稳定性。

我国上海市修建的一条实验线路，西起上海地铁 2 号线，东至浦东国际机场，全长约 30km，最高时速 430km/h，运行时间 7min，是我国国防科技大学领衔建造的，拥有全部自主知识产权的中低速磁悬浮列车试验线，在实现 2 000km 无故障运行后，已通过中试验收评审。我国成为世界上少数能研制和开发磁悬浮列车及运营线路的国家。

（二）比较磁悬浮列车的优势

1. 速度快。超导磁悬浮列车速度达 600km/h。它在 1 000km～1 500km 的距离范围内与航空竞争。

2. 能耗低。磁悬浮列车在 500km/h 速度下，每座位/km 的能耗仅为飞机的 1/3～1/2。

3. 维修少。磁悬浮列车属无磨损运行。维持正常运行的清理工作量小，时间短，劳动强度低，维修主要集中在电子技术方面。据德国专家介绍，每年线路维护费用仅为建设费用的 1.2%。

4. 污染小。磁悬浮列车采用电力驱动，它不用燃油，不排放有害气体，噪音小，时速达 300km/h 以上时，仅有 65dB，是名副其实的绿色交通工具。

5. 旅客配送方便。磁悬浮列车的每一节车厢的动力来自该车厢自身的电磁铁而可以独自前进，不用火车头驱动。普通列车，旅客只能到火车站统一下车，而磁悬浮列车一靠近城市，可使列车断开，每一节车（或几节车厢）可在不同地点转入慢车道，把旅客分达到几个小站，不论是在市中心或郊区。

6. 安全性好。如果两列列车相互靠近，磁波就会相互作用，使较快的列车慢下来，直到速度一致，一起前进，这个过程完全是自动调整的。例如，在低速时（<35km/h），因悬浮力不够，列车落在轨道上，这时速度小，即使出轨，也没什么危险。当列车速度增大（>35km/h）后，列车浮起，速度越快，浮力越大，即使有地震也可以跑一段时间。在德国对磁悬浮列车进行的安全性评价，已确认它是目前世界上最安全的交通系统。从1984年试运行开始，已试验了三代（TR06，TR07，TR08）产品，运行里程达6.7×10^5 km，这趟乘客达26.3万人，试验线上没有出过一次行车事故。磁悬浮列车路轨寿命为80年，车辆寿命35年，安全性比普通列车约高250倍，比飞机约高20倍，比汽车约高700倍。

（三）前景

展望未来，随着现代高科技的发展，高速、平稳、安全、无污染的磁悬浮列车系统，将成为21世纪人类理想的交通工具。它不仅用于平面运载，也可以用于海上运载，甚至用于垂直发射。例如，利用地面能源把列车作为航天器的载体，将卫星和二级以上的火箭送入太空轨道，以降低发射成本。

【参考文献】

[1] 丁世英. 神奇的超导材料 [M]. 北京：科学出版社，2003.

[2] 张礼. 近代物理学进展 [M]. 北京：清华大学出版社，1997.

[3] 叶瑞英. 定性与半定量物理实验（修订版）[M]. 成都：四川大学出版社，2005.

[4] 李相银. 大学物理实验 [M]. 北京：高等教育出版社，2004.

[5] Bednory J G，Müller K A. Possible High Tc Superconductivity in the Ba—La—Cu—O System [R]. 2 Phys. B，1986.

实验 2　CO_2 激光器的研究和应用

【实验研究背景】

由于激光具有很好的单色性、相干性、方向性和高能量密度，因此它已渗透到各个学科领域。激光产业正在我国逐步形成，其中包括激光音像、激光通讯、激光加工、激光医疗、激光检测、激光印刷设备及激光全息等，这些产业正在作为我国新的经济增长点而引起高度重视。

激光技术是 20 世纪与原子能、半导体和计算机齐名的四项重大发明之一。30 多年来，以激光器为基础的激光技术在我国得到了迅速的发展，现已广泛用于工业生产、通讯、信息处理、医疗卫生、军事、文化教育以及科学研究等各个领域，取得了很好的经济效益和社会效益，对国民经济及社会发展发挥愈来愈重要的作用。

CO_2 激光器是高功率激光器，其激光输出功率可由几十瓦提高到几万瓦以上，它在材料加工方向发挥着愈来愈重要的作用，是目前用于材料加工的主要激光器。

CO_2 激光器加工相对于传统的加工方法具有以下优点：

1. 它使难熔材料的加工成为可能。
2. 它是无接触、无应力加工，具有很高的重复性。
3. 它具有很好的聚焦性能。

虽然 CO_2 激光器的价格偏高，但运行费用却比传统加工方法低得多，并有很长的使用寿命。

【建议研究内容】

1. 了解 CO_2 激光器的基本原理和结构。
2. 对 CO_2 激光器具有较大输出功率的特点有感性认识。
3. 侧重研究 CO_2 激光器无接触、无应力的加工特点。

【预习与思考题】

1. 如何利用两张偏振片来鉴别所加工的材料是否为无应力加工？鉴别的物理依据是什么？
2. CO_2 激光器的基本原理是什么？为什么气体温度升高会导致输出功率

下降？

3. 与其他类型激光器相比，CO_2 激光器具有什么显著的优点？

【实验原理】

玻尔理论指出，原子只能够处于一系列具有分立能量的状态，称为定态。这些定态与电子绕核运动的一系列分立轨道相对应，分立轨道的半径取值为

$$R = 0.529 \times 10^{-10} n^2 \text{m}, \qquad n = 1, 2, 3 \cdots$$

$n = 1$ 对应能量最低状态，其轨道半径最小，$R = 0.529 \times 10^{-10} \text{m}$，此时的定态称为基态，其余定态则称为激发态。处于基态的原子通常需要外加能量方可跃迁到高能级。原子体系在两个定态之间发生跃迁时，必须满足频率条件，即

$$h\nu = E_n - E_k$$

式中，h 为普朗克常数，E_n，E_k 分别为原子处于两个定态的能量。

设某一原子或分子的能级在 E_1 和 E_2 时的原子或分子密度（以下统称为粒子数）为 n_1 和 n_2，如图 1(a) 所示，在热平衡状态下温度 $T > 0$，$E_1 < E_2$ 的能量状态是处于 $n_1 > n_2$ 的状态，也就是能级高的粒子数少于能级低的粒子数。但如果用某些方法从外部给原子或分子提供能量，则它们就能从 E_1 能级被抽运到 E_2 能级，即处于激发态，粒子数就变成 $n_1 < n_2$，如图 1（b）所示。因 $T < 0$，是负温度状态，能级与粒子数的关系与热平衡状态时相反，故称为粒子数反转分布状态。要产生激光振荡必须达到粒子数反转分布，原子或分子的状态由高能级向低能级转移，即产生受激跃迁，此时发出固有频率的光。

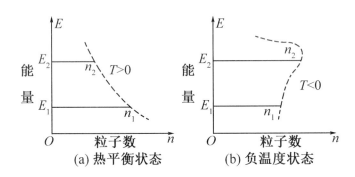

（a）热平衡状态　　　（b）负温度状态

图 1　能级和粒子图

一般来说，利用电子碰撞能进行抽运，产生气体激光。

CO_2 是三原子分子，这种分子当放电产生的电子碰撞而得到能量时，就被激发而振动。振动的基本模式是分散的，即具有阶跃能级，由三位数字表示：第一位数字表示对称模，记为（100），（200）等；第二位数字表示弯曲

模，记为（010），（020）等；第三位数字表示非对称模，记为（001），（002）等。数字越大意味着能级越高，图2说明了CO_2分子的能级。在CO_2中添加N_2和He可使CO_2激光器的功率大大增加。在CO_2中，如果添加$1\sim2$倍的N_2，使这种混合气体放电，起初就产生电子与N_2的碰撞。N_2是双原子分子，它受抽运而被激励到能级V=1，进行对称振动。N_2再与CO_2分子碰撞，因为对称振动的N_2与CO_2的非对称模（001）的能级大体相似，其差仅为0.002eV，所以能够很有效地用N_2激励CO_2。碰撞后的N_2不发射光便回到基态（000）。CO_2在比基态（000）高的能级上属于对称模的有（100），（200），属于弯曲模的有（010），（020）。而非对称模（001）的自然寿命比较长，为数微秒，因此粒子在这个能级容易积累，由此向对称模（100）跃迁时就发出波长为10600nm的光。处于（100）的粒子向（020）进而向（010）跃迁，然后回到基态。

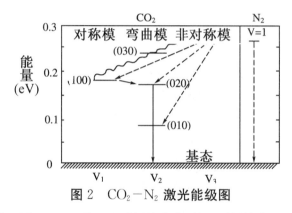

图2 CO_2-N_2 激光能级图

振荡器内充有CO_2，N_2及He的混合气体，其混合比随厂家和机型的不同而显著不同。通常这三种气体的比例依次为$3\%\sim10\%$，$10\%\sim40\%$，$50\%\sim87\%$，He量最多。

大功率CO_2激光器的原理框图见图3。它由以下部件组成：放电室（由阴极和阳极构成）、光腔、气体循环泵或风机、热交换器、电源、机械泵及混合气体（CO_2，N_2，He）。

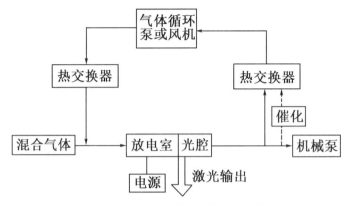

图 3　大功率 CO_2 激光器的原理框图

放电室的作用是维持均匀和稳定的放电。放电发生后，气体被激活，跃迁辐射是随机的。被放大以后，各自的频率、相位、偏振状态和传播方向仍是不相关的，只有从中取出一定频率和一定方向的光，使其享有最优越的条件进行放大，同时抑制其他方向和频率的光信号，从而获得方向性、单色性很好的强光束——CO_2 激光。光腔（即光学谐振腔）就是为此目的而设计的装置。

CO_2 激光器的光电转换效率的典型值约 15%，因此有 85% 左右的能量将要对混合气体加热，变成气体的热能。气体温度升高会使输出功率下降，到某一临界温度时，输出功率甚至为零，性能良好的热交换器用于及时将剩余的热量交换出去，同时采用风机加速气体的对流冷却。

本实验所用的 CO_2 激光器功率较小（<100W），技术指标要求也没有工业用机那样高，因此在图 3 中某些部件可略去。

【实验基本要求】

1. 了解 CO_2 激光器的基本原理和结构，对 CO_2 激光器具有较大输出功率的特点有感性认识。

2. 通过偏振片检验 CO_2 激光器无接触、无应力加工的特点。

3. 分析实验数据并根据表 1 数据作图，总结得出结论。

4. 查阅文献，完成复习题 2。

【实验装置】

1. CO_2 激光器一台。

2. 专用电源一台。

CCL－Ⅱ型 CO_2 激光器的技术指标如下：

激光波长：10600nm；输出功率 0～10W；工作电流 0～10A；激光焦距

67.5mm；焦点光斑直径小于 0.5mm。

CCL－Ⅱ型 CO_2 激光器的结构如图 4 所示。

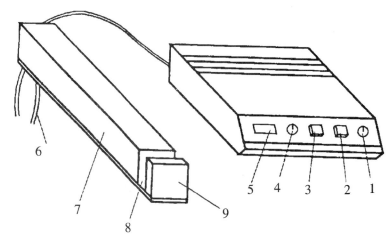

1. 电源开关
2. 高压开
3. 高压断
4. 功率调节旋钮
5. 激光功率指示
6. 进出水橡胶管
7. 激光箱体
8. 测试空间
9. 箱体前盖

图 4　CCL－Ⅱ型 CO_2 激光器的结构

【实验方法】

1. 打开"电源开关"，机内循环水泵开始工作，待水充满激光器的水冷层后，再进行下一步操作。

2. 将"功率调节"旋钮逆时针旋到最小。

3. 将被测样品放入激光箱体前端 6mm 宽的缝隙测试空间。

4. 打开"高压开"，顺时针调节"功率调节"旋钮，直到输出功率能满足实验要求为止。

5. 实验完成后，先关"高压断"，再关"电源开关"。

6. 实验时，如果电流超过额定限度时，高压会自动断掉，这时应先关"高压断"，将"功率调节"旋钮逆时针调到零，并待激光功率显示器指示为零时，再开"高压开"，重复 4，5 步骤。

【实验数据记录】

表 1　打孔实验数据记录（时间一定）

实验次数	1	2	3	4	5	6	样品材料
样品厚度一定							
功率（W）							
孔直径（mm）							

表 2 样品受应力情况实验数据记录（时间一定）

实验次数	1	2	3	4	样品材料
功率（W）					
孔直径（mm）					
偏振片检验结果					

【注意事项】

1. CO_2 激光器为不可见光，而且功率较大，开机时切不可将激光箱体前盖去掉，以确保安全。

2. 如有异常情况，应迅速将"高压断"关掉，以免发生危险。

【复习题】

1. 与其他类型激光器相比，为什么 CO_2 激光器能够更广泛地应用于工业、国防等领域？

2. 在 CO_2 激光器中，气体温度升高会导致输出功率下降，为什么？

【参考文献】

［1］蔡伯荣等. 激光器件［M］. 长沙：湖南科学技术出版社，1988.

［2］李力钧. 现代激光加工及其装备［M］. 北京：北京理工大学出版社，1993.

［3］叶瑞英. 定性与半定量物理实验（修订版）［M］. 成都：四川大学出版社，2005.

附录Ⅰ　中华人民共和国法定计量单位

我国的法定计量单位包括：

（1）国际单位制的基本单位（见表1）。

（2）国际单位制的辅助单位（见表2）。

（3）国际单位制中具有专门名称的导出单位（见表3）。

（4）国家选定的非国际单位（见表4）。

（5）由以上单位构成的组合形成单位。

（6）由词冠和以上单位所构成的十进倍数和分数单位（词冠见表5）。

表1　国际单位制的基本单位

量的名称	单位名称	单位符号
长度	米	m
质量	千克（公斤）	kg
时间	秒	s
电流	安［培］	A
热力学温度	开［尔文］	K
物质的量	摩［尔］	mol
发光强度	坎［德拉］	cd

表2　国际单位制的辅助单位

量的名称	单位名称	单位符号
平面角	弧度	rad
立体角	球面度	sr

表3　国际单位制中具有专门名称的导出单位

量的名称	单位名称	单位符号	其他表示示例
频率	赫［兹］	Hz	s^{-1}
力、重力	牛［顿］	N	$kg \cdot m/s^2$
压力、压强、应力	帕［斯卡］	Pa	N/m^2
能量、功、热量	焦［耳］	J	$N \cdot m$
功率、辐［射能］通量	瓦［特］	W	J/s
电荷、电量	库［仑］	C	$A \cdot s$
电位、电压、电动势	伏［特］	V	W/A
电容	法［拉］	F	C/V
电阻	欧［姆］	Ω	V/A

量的名称	单位名称	单位符号	其他表示示例
电导	西［门子］	S	Ω^{-1}
磁通量	韦［伯］	Wb	V・s
磁通密度、磁感应强度	特［斯拉］	T	Wb/m^2
电感	亨［利］	H	Wb/A
摄氏温度	摄氏度	℃	K
光通量	流明	lm	cd・sr
［光］照明	勒［克斯］	lx	lm/m^2
［放射性］活度	贝可［勒尔］	Bq	s^{-1}
吸收剂量	戈［瑞］	Gy	J/kg
剂量当量	希［沃特］	Sv	J/kg

表4　国家选定的非国际制单位

量的名称	单位名称	单位符号	换算关系和说明
时间	分	min	1min＝60s
	［小］时	h	1h＝60min＝3 600s
	日［天］	d	1d＝24h＝86 400s
平面角	［角］秒	(″)	$1''＝(\pi/648\,000)$ rad
	［角］分	(′)	$1'＝60''＝(\pi/1\,800)$ rad
	度	(°)	$1°＝60'＝(\pi/180)$ rad
旋转速度	转每分	r/min	$1r/min＝(1/60)\ s^{-1}$
长度	海里	n mile	1n mile＝1 852m （只用于航行）
速度	节	kn	1kn＝1n mile/h ＝(1 852/3 600) m/s （只用于航行）
质量	吨	t	$1t＝10^3\,kg$
	原子质量单位	u	$1u≈1.660\,540×10^{-27}\,kg$
体积	升	L，(1)	$1L＝1dm^3＝10^{-3}\,m^3$
能	电子伏特	eV	$1eV≈1.602\,177×10^{-19}\,J$
级差	分贝	dB	
线密度	特［克斯］	tex	$1tex＝10^{-6}\,kg/m$

表 5　用于构成十进倍数和分数单位的词冠

所表示因素	词冠名称	词冠符号
10^{18}	艾［可萨］	E
10^{15}	拍［它］	P
10^{12}	太［拉］	T
10^{9}	吉［伽］	G
10^{6}	兆	M
10^{3}	千	k
10^{2}	百	h
10^{1}	十	da
10^{-1}	分	d
10^{-2}	厘	c
10^{-3}	毫	m
10^{-6}	微	μ
10^{-9}	纳［诺］	n
10^{-12}	皮［可］	p
10^{-15}	飞［母托］	f
10^{-18}	阿［托］	a

注：①周、月、年（年的符号为 a）一般常用时间单位。

②［ ］内的字，在不混淆的情况下，可以省略。

③（ ）内的字为前者的同义语。

④角度单位度、分、秒的符号不处于数字后时，用括弧。

⑤升的符号中，小写字母 l 为备用符号。

⑥r 为转的称号。

⑦日常生活和贸易中，质量习惯称为重量。

⑧公里为千米的俗称，符号为 km。

⑨$10^{4}$ 称为万，10^{8} 称为亿，10^{12} 称为万亿，这类数字的使用不受词冠名称的影响，但不应与词冠混淆。

附录 Ⅱ　物理学常数表[①]

表 1　物理学基本常数

物理量	符号	主值	计算使用值
真空中光速	C	$2.99\,792\,458 \times 10^{8}$ 米/秒	3.00×10^{8}

---

① 肖苏，任红. 物理实验教程［M］. 合肥：中国科技大学出版社，1998.

续表1

万有引力恒量	G	$6.672\,0\times10^{-11}$ 牛顿·米^2/千克^2	6.67×10^{-11}
阿伏伽德罗常数	N_A	$6.022\,045\times10^{23}$/摩尔	6.02×10^{23}
波尔兹曼常数	K	$1.380\,622\times10^{-23}$ 焦耳/开尔文	1.38×10^{-23}
理想气体在标准状态下的摩尔体积	V_m	$22.413\,6\times10^{-3}$ 米^3/摩尔	22.4×10^3
摩尔气体常数（普适气体常数）	R	$8.314\,41$ 焦耳/摩·升	8.31
洛喜密脱常数	n	$2.686\,78\times10^{25}$ 分子/米^3	2.687×10^{25}
普朗克常数	h	$1.626\,176\times10^{-34}$ 焦·秒	6.63×10^{-34}
基本电荷	e	$1.602\,189\,2\times10^{19}$ 库仑	1.602×10^{-19}
原子质量单位	u	$1.660\,565\,5\times10^{-27}$ 千克	1.66×10^{-27}
电子静止质量	m_e	$9.109\,543\times10^{-31}$ 千克	9.11×10^{-31}
电子荷质比	e/m_e	$1.758\,804\,7\times10^{11}$ 库/千克	1.76×10^{11}
质子静止质量	m_p	$1.672\,648\,5\times10^{-27}$ 千克	1.673×10^{-27}
中子静止质量	m_n	$1.674\,954\,3\times10^{-27}$ 千克	1.675×10^{-27}
法拉第常数	F	$9.648\,465\times10^4$ 库/摩	9.65×10^4
真空电容率	ε_0	$8.854\,187\,818\times10^{-12}$ 法/米	8.85×10^{-12}
真空磁导率	μ_0	$1.256\,637\,061\,44\times10^{-6}$ 亨/米	$4\pi\times10^{-7}$
里德伯常数	R_∞	$1.097\,373\,177\times10^7$/米	1.097×10^7

表 2　我国某些城市的重力加速度（单位：米/秒^2）

地名	纬度（北）	重力加速度	地名	纬度（北）	重力加速度
北京	39°56′	9.801 22	宜昌	30°42′	9.793 12
张家口	40°48′	9.799 85	武汉	30°33′	9.793 59
烟台	40°04′	9.801 12	安庆	30°31′	9.793 57
天津	39°09′	9.800 94	黄山	30°18′	9.793 48
太原	37°47′	9.796 84	杭州	30°16′	9.793 000
济南	36°41′	9.798 58	重庆	29°34′	9.791 52
郑州	34°45′	9.796 65	南昌	28°40′	9.792 08
徐州	34°18′	9.796 64	长沙	28°12′	9.791 63
南京	32°04′	9.794 42	福州	26°06′	9.791 44
合肥	31°52′	9.794 73	厦门	24°27′	9.799 17
上海	31°12′	9.794 36	广州	23°06′	9.788 31

表3　一般固态物质的密度（克/厘米³）

物质	密度	物质	密度
软木	0.24	象牙	1.8～1.9
木炭	0.3～0.9	混凝土	1.8～2.4
木头	0.4～0.8	石墨	1.9～2.3
书写用纸	0.7～1.2	湿砂	2.0
石蜡	0.87～0.92	食盐	2.1～2.5
冰	0.88～0.92	瓷	2.1～2.5
蜡	0.95～0.99	花岗石	2.4～2.8
马来树胶	0.96～0.99	玻璃	2.5～2.7
干土	1.0～2.0	大理石	2.5～2.8
松香	1.07	云母	2.6～3.2
沥青	1.07～1.5	石英	2.65
萘	1.15	金刚石	3.4～3.6
赛璐珞	1.4	金刚砂	4.0
砖	1.4～2.2	磁铁	5.0
干砂	1.5	生铁	7.0
黏土	1.5～2.6	钢	7.8
石棉	1.5～2.6	黄铜（铜锌）	8.5
潮湿砂	1.8	青铜（铜锡）	8.8
硬橡胶	1.8		

表4　液体密度（克/厘米³）

液体	密度	液体	密度	液体	密度
汽油	0.70	植物油	0.9～0.93	盐酸（40%）	1.20
乙醚	0.71	橄榄油	0.92	无水甘油	1.26
石油	0.76	鱼肝油	0.945	二硫化碳	1.29
酒精	0.79	蓖麻油	0.97	蜂蜜	1.40
木精	0.80	纯水（4℃）	1.00	硝酸（91%）	1.50
煤油	0.80	海水	1.03	硫酸（87%）	1.80
松节油	0.855	牛奶	1.03	溴	3.12
苯	0.88	醋酸	1.049	水银	13.6
矿油	0.9～0.93	人血	1.054		

表5　几种物质的绝对折射率和临界角

物质	折射率	临界角	物质	折射率	临界角
空气	1.000 291 9	88.5°	甘油	1.47	42.9°
水蒸气	1.025 5	77.2°	麻油	1.47	42.9°
二氧化碳	1.045 3	73.1°	桐油	1.50	41.8°
盐酸	1.25	53.1°	苯	1.50	41.8°
冰	1.31	49.8°	轻冕牌玻璃	1.51	42.5°
水	1.33	48.7°	水晶	1.54	40.5°
甲醇	1.33	48.7°	岩盐	1.54	40.5°
乙醚	1.35	47.8°	加拿大树胶	1.54	40.5°
酒精	1.36	47.3°	二硫化碳	1.62	38.1°
硝酸	1.40	45.6°	溴	1.66	37.0°
松节油	1.41	45.2°	各种玻璃	1.4~2.0	45.6°~30°
硫酸	1.43	44.4°	金刚石	2.44	24.6°

表6　水的表面张力系数 α 随温度 t 的变化

$t(\text{℃})$	$\alpha(\times 10^{-3}\text{N/m})$	$t(\text{℃})$	$\alpha(\times 10^{-3}\text{N/m})$	$t(\text{℃})$	$\alpha(\times 10^{-3}\text{N/m})$
0	75.49	15	73.26	30	71.03
5	74.75	20	72.53	35	70.29
10	74.01	25	71.78	40	69.54

表7　常用光谱灯的可见谱线波长（mm）

	低压汞灯	低压钠灯
紫	404.656 407.78	
蓝	433.923 434.750 435.834	
草绿	546.073 567.58	567.58 568.28 568.83

黄	576.960 579.066	588.997 589.593
红	607.263 612.347 623.435 690.707 708.20	